다변수 미적분학 & 코딩

Multivariable
Calculus & Coding

이상구 with 이재화, 유주연, 함윤미

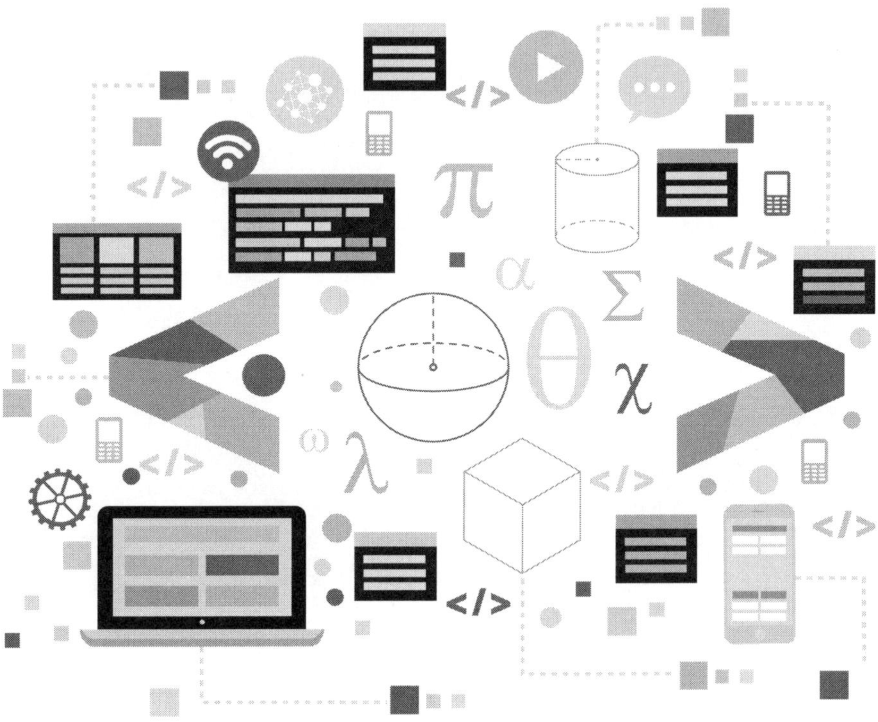

KM 경문사

서문

이 책은 대학 과정의 다변수 미적분학 지식 전반을 필요로 하는 마이스터 고등학교 졸업생은 물론 문·이과 구분 없이 모든 대학 신입생과 직장인 및 평생교육기관에서 사용하는 데 최적화된 교재이다.

Math & Coding을 활용하여 수학적 배경이 다른 모든 학생이 일변수 미적분학 내용을 학습한 후 바로 다변수 미적분학 내용을 Learning by Doing으로 습득하고 실제 현장에서의 다양한 문제해결력을 갖추도록 만드는 데 목적이 있다. 다변수 미적분학 학습에 필요한 선형대수학 관련 지식을 첫 2주 강의에 온전하게 담은 것이 큰 장점이다.

*실습실 : http://matrix.skku.ac.kr/KOFAC/ https://sagecell.sagemath.org/

강의록 : http://matrix.skku.ac.kr/M-Calculus/

저자소개

◤ 주저자 : 이상구 교수 (성균관대학교 수학과)

학력/경력/연구성과 목록: http://matrix.skku.ac.kr/sglee/vita/LeeSG.htm

◤ 공저자: 이재화 박사

2009년 중국과학원에서 최적화이론과 계산수학으로 이학박사 학위를 받았다. 성균관대학교 BK21 수학적 모델링 HRD 사업단 박사 후 연구원을 거치며 첨단과 전통 수학을 연결하는 데 관심을 갖고, 계산수학과 사회수학 분야의 연구를 수행하고 있다. 최근 대학수학교육과 동아시아 수학사에 관한 다수의 논문을 발표하고, 본 저서의 코드를 개발하였다. 현재 성균관대학교 에너지환경융합 KIURI 연구단의 박사 후 연구원이다. 『(빅북) 선형대수학』, 『최신 공학수학 with Sage』, 『인공지능을 위한 기초수학 입문』(공저) 등의 저서가 있다.

◤ 공저자: 유주연 박사

한양대학교에서 응용수학으로 이학박사 학위를 받았다. 성균관대학교 데이터사이언스학과 겸임교수와 ㈜디비디스커버 데이터 사이언스팀의 수석으로 인공지능 프로젝트를 수행하다가 현재 성균관대학교 기초과학연구소 선임연구원으로 한국연구재단 과제를 수행 중이다.

◤ 공저자: 함윤미 교수

미국 유타주립대학교에서 편미분방정식으로 이학박사 학위를 받았다.
서울대학교 SRC PostDoc을 거쳐 경기대학교 수학과 교수로 여성수리과학회 부회장, 경기대학교 도서관장, 경기대학교 인재개발처장을 역임했다. 경기대 우수연구상과 우수교육상을 동시에 수상하였으며, 『Calculus with Sage』, 『인공지능을 위한 기초수학 입문』(공저) 등의 저서가 있다.

복습: 미적분학(Single Variable Calculus) 강의계획서와 교안/실습실/동영상강의

주(월*일)	진 도	비 고 (교안/실습실/동영상강의)
1	강좌 소개 및 복습 (Math & Coding) 9학년(중3) 수학, 10학년(고1) 수학	http://matrix.skku.ac.kr/S-calculus/W1/ https://youtu.be/dvreK7t4UIY
2	복습: 11학년(고2) 수학 1, 수학 2	http://matrix.skku.ac.kr/S-calculus/W2/ https://youtu.be/j0EI6z2xjSw
3	복습: 12학년(고3) 미적분 함수의 그래프와 방정식의 해	http://matrix.skku.ac.kr/S-calculus/W3/ https://youtu.be/2k0PJ4zs9q4 https://youtu.be/zQnjYU4pyR8
4	역삼각 함수, 쌍곡선 함수, 역쌍곡선 함수	http://matrix.skku.ac.kr/S-calculus/W4/ https://youtu.be/JFAsjc3E70U
5	함수의 극한, 극한 정리 연속함수, 중간값 정리	http://matrix.skku.ac.kr/S-calculus/W5/ https://youtu.be/Didz3qkHCqM https://youtu.be/Vde0ah_FcJo
6	도함수, 접선의 방정식, 미분 법칙	http://matrix.skku.ac.kr/S-calculus/W6/ https://youtu.be/269uVGhQg6s
7	연쇄법칙, 음함수의 미분법 매개변수함수, 매개변수함수의 미분법	http://matrix.skku.ac.kr/S-calculus/W7/ https://youtu.be/1bnoS27s1xw
7-1	발표평가/중간고사	https://youtu.be/CYLugm1mFN8 https://youtu.be/j7josDk1Bg8 https://youtu.be/iEtNpeBzY90
8	삼각함수 미분법, 역삼각함수 미분법 지수함수 미분법, 로그함수 미분법, 선형근사	http://matrix.skku.ac.kr/S-calculus/W8/ https://youtu.be/9aSLI9cG4ZM
9	쌍곡선함수 미분법, 역쌍곡선함수 미분법 평균값 정리, 로피탈의 법칙(부정형의 극한)	http://matrix.skku.ac.kr/S-calculus/W9/ https://youtu.be/YMJcVlbwy6M
10	극댓값과 극솟값(최댓값, 최솟값)	http://matrix.skku.ac.kr/S-calculus/W10/ https://youtu.be/gQYucuXMYgc
11	부정적분, 치환 적분법, 부분 적분법 정적분, 정적분의 기본정리, 이상적분	http://matrix.skku.ac.kr/S-calculus/W11/ https://youtu.be/6EhJxj8n_-E
12	넓이, 부피, 호의 길이, 극좌표, 극방정식 극좌표의 그래프, 넓이와 길이	http://matrix.skku.ac.kr/S-calculus/W12/ https://youtu.be/xKu-ajdhNyY https://youtu.be/uOThnTVZPvw
13	수열, 급수, 급수의 수렴, 발산 판정법 거듭제곱 급수에 의한 함수의 표현 테일러 급수와 매클로린 급수	http://matrix.skku.ac.kr/S-calculus/W13/ https://youtu.be/yGhJ7yoX1XI https://youtu.be/jBsj6gPg-gM
14/15	[종합평가] PBL 보고서 / Project 발표 / 기말고사	

다변수미적분학(Multivariable Calculus) 10주 집중학기 강의계획서

주(월*일)	진 도	비 고
1	다변수 미적분학 강좌 소개 벡터, 행렬, 선형연립방정식	https://youtu.be/BS0TwwzrDzg http://matrix.skku.ac.kr/M-calculus/W1/ https://youtu.be/Cgyw0Hua4ls https://youtu.be/HdTy1qTC1hE https://youtu.be/-OnMe__HsP0 https://youtu.be/jYwzTIA8Nac https://youtu.be/wWoKQnUK4Hs
2	벡터의 노름, 내적, 외적, 직선 및 평면의 방정식	http://matrix.skku.ac.kr/M-calculus/W2/ https://youtu.be/R7wOfK_n86E https://youtu.be/s-CDwnzAhU8 https://youtu.be/L9P4XZanTmA https://youtu.be/ZUROq49IrP4
3	벡터함수와 공간곡선, 다변수함수의 편미분 (복습/실습) https://youtu.be/qu21h2i7a08	http://matrix.skku.ac.kr/M-calculus/W3/ https://youtu.be/vftAGSM1hYc https://youtu.be/DD8QcLCp7vI https://youtu.be/xFwsUndf9tk https://youtu.be/BUz46sdWmvY https://youtu.be/FPiPpXDDaGk https://youtu.be/b3ZYIILK4ts https://youtu.be/Zt083g98D2k https://youtu.be/3gvi-qaPTWw https://youtu.be/bfCA20zvr9w https://youtu.be/Q8EIZCtj8k0
4	편미분, 연쇄 법칙, 방향 도함수, 그래디언트 벡터	http://matrix.skku.ac.kr/M-calculus/W4/ https://youtu.be/1Ldq-t7TuCo https://youtu.be/RFNaLQ2qhL8 https://youtu.be/8lNAyBWymt4 https://youtu.be/zJ73VP7FNUk https://youtu.be/XglqNGO6_L4 https://youtu.be/If4CLj87LDY https://youtu.be/nJFxqnmbCbw
4-1	**발표평가/중간고사** 영어 버전 보고서 양식 (MS Word) http://matrix.skku.ac.kr/PBL/PBL-Report-Form-English.docx	[PBL 보고서 양식 다운로드)] 한글버전 (HWP) http://matrix.skku.ac.kr/PBL/PBL-Report-Form-Korean.hwp ← 위의 양식을 본 강좌에 맞게 수정하여 사용하시면 됩니다.
5	이변수함수의 극대, 극소, 최대 최소 (복습/실습) https://youtu.be/keppcSrCgYA	http://matrix.skku.ac.kr/M-calculus/W5/ https://youtu.be/_KB9ZoWHcKU https://youtu.be/GknC8e7Or18 https://youtu.be/keppcSrCgYA
6	이중적분 (복습/실습) https://youtu.be/9YcdCBG_ud8	http://matrix.skku.ac.kr/M-calculus/W6/ https://youtu.be/qDWva7tDI2Y https://youtu.be/u0uHKNO-ROc https://youtu.be/6rBS9YbRFWw
7	극좌표계에서의 이중 적분, 삼중 적분 (복습/실습) https://youtu.be/JAs96oSrhHs	http://matrix.skku.ac.kr/M-calculus/W7/ https://youtu.be/PNRRqF-CxGM https://youtu.be/AzNitIp7Zz4 https://youtu.be/1wNlUMPodn4

주(월*일)	진 도	비 고
8	원기둥 좌표에서의 삼중 적분 구면 좌표에서의 삼중 적분	http://matrix.skku.ac.kr/M-calculus/W8/ https://youtu.be/0X_j_zzjxW0 https://youtu.be/Rw30UiJHRQQ https://youtu.be/I8U8ucG9FF8
9	벡터 미적분학(Vector Calculus)	http://matrix.skku.ac.kr/M-calculus/W9/ https://youtu.be/ctPQHksKMJk https://youtu.be/UaAjIiiTsts https://youtu.be/NxtPEBqOUeU https://youtu.be/TUyCKK_R9js https://youtu.be/Km1Dj0ZSovg
10	복소수와 복소함수	http://matrix.skku.ac.kr/M-calculus/W10/ https://youtu.be/9c1Kf6MO2mw
10-1	**[종합평가] PBL 보고서 / Project 발표 / 기말고사**	

차례 Contents

[PBL 보고서 양식 다운로드)]
한글버전 (HWP) http://matrix.skku.ac.kr/PBL/PBL-Report-Form-Korean.hwp
English version (MS Word) :http://matrix.skku.ac.kr/PBL/PBL-Report-Form-English.docx
← 위의 양식을 스스로 본 강좌에 맞게 수정하여 사용하시면 됩니다.

[0주차 preview] 선형대수학의 주요 개념

[벡터, vector] 힘, 속도, 가속도 등과 같이 크기와 방향을 포함하는 대상.

n차원 공간의 벡터는 $\mathrm{x}=\begin{bmatrix} x_1 \\ \vdots \\ x_n \end{bmatrix}=(x_1, \cdots, x_n)$ 으로 표현한다.

[벡터공간, vector space] 집합 V에 덧셈(+)과 스칼라배(·)의 **2가지 연산이 정의**되고, 이 두 연산에 대하여 **닫혀 있으며, 8개의 연산 성질을 만족하면** $(V, +, \cdot)$을 **벡터공간**이라 한다.

벡터 (Vector)

[부분공간, subspace] 벡터공간 $(V, +, \cdot)$의 $\varnothing$이 아닌 부분집합 W가 다시 벡터공간이 될 때, $(W, +, \cdot)$를 V의 부분공간이라 한다.

[부분공간 test] 벡터공간 V의 $\varnothing$이 아닌 부분집합 W가 V의 부분공간이기 위해서는 임의의 두 벡터 $\mathrm{u}, \mathrm{v} \in W$와 임의의 실수 $\alpha \in \mathbb{R}$에 대하여, $\mathrm{u}+\mathrm{v} \in W$, $\alpha\mathrm{u} \in W$**을 만족하면 된다.**

[일차결합, linear combination] $\{\mathrm{u}_1, \mathrm{u}_2, \ldots, \mathrm{u}_n\} \subseteq V$에 대하여 $\mathrm{u}_1, \mathrm{u}_2, \cdots, \mathrm{u}_n$의 일차결합은

$\mathrm{v}=\alpha_1\mathrm{u}_1+\alpha_2\mathrm{u}_2+\cdots+\alpha_n\mathrm{u}_n \quad (\alpha_1, \cdots, \alpha_n \in \mathbb{R})$으로 표현되는 v를 말한다.

[일차결합들의 집합, span] $\{\alpha_1\mathrm{u}_1+\alpha_2\mathrm{u}_2+\cdots+\alpha_n\mathrm{u}_n : \alpha_i \in \mathbb{R}, \mathrm{u}_i \in V\} := \langle \mathrm{u}_1, \mathrm{u}_2, \ldots, \mathrm{u}_n \rangle$

[일차독립, linear independence] $U=\{\mathrm{u}_1, \mathrm{u}_2, \cdots, \mathrm{u}_n\}$이 **일차독립**

$\Leftrightarrow \quad \alpha_1\mathrm{u}_1+\alpha_2\mathrm{u}_2+\cdots+\alpha_n\mathrm{u}_n=0$ **이면** $\alpha_1=\alpha_2=\cdots=\alpha_n=0$

[일차종속, linear dependence] $U=\{\mathrm{u}_1, \mathrm{u}_2, \cdots, \mathrm{u}_n\}$이 **일차종속**

$\Leftrightarrow \alpha_1\mathrm{u}_1+\alpha_2\mathrm{u}_2+\cdots+\alpha_n\mathrm{u}_n=0$을 만족하는 **모두는** 0**이 아닌 스칼라** $\alpha_1, \cdots, \alpha_n$ **이 존재한다.**

[기저, basis] 집합 B가 벡터공간 V의 기저 $\Leftrightarrow$ B가 일차독립이고 $V=\langle B \rangle$

[차원, dimension] 벡터공간 V의 차원은 V의 기저 B를 이루는 벡터의 개수. $\dim V=|B|$

행렬 (Matrix)

[행공간, row space] 행렬 A의 행벡터들의 일차결합을 모두 모은 집합. Row(A)

$A=[A^{(1)} : A^{(2)} : \cdots : A^{(n)}]=\begin{bmatrix} A_{(1)} \\ A_{(2)} \\ \vdots \\ A_{(m)} \end{bmatrix}$의 행공간 $=\langle A_{(1)}, A_{(2)}, \cdots, A_{(m)} \rangle$

[열공간, column space] 행렬 A의 열벡터들의 일차결합을 모두 모은 집합. Col(A)

A의 **열(column)공간** $=\langle A^{(1)}, A^{(2)}, \cdots, A^{(n)} \rangle$

[계수, rank] 행렬 A의 **열(column)공간의 차원**. rank(A)=dim Row(A)=dim Col(A)

rank(A) = 일차독립인 행(열)의 개수 = RREF(A) 안의 선행성분 1(leading 1)의 개수.

* **[해공간, solution space]** 연립방정식 $A\mathrm{x}=0$의 해들의 집합 = **null space(A)**

null space(A)의 차원 = nullity(A)

[Rank-Nullity 정리] $m\times n$행렬 A에 대하여 rank(A)+**nullity(A)**$=n$

[행렬식(determinant)**과 고윳값**(eigenvalue), **고유벡터**(eigenvaector)] [SVD] ■

1 주차 벡터, 행렬, 선형연립방정식

학습목표	이번 주차에서는 선형대수학의 기본 내용인 벡터, 행렬, 선형연립방정식에 대하여 학습한다.
핵심개념	벡터, 행렬, 선형연립방정식, 가우스 소거법, **선형연립방정식의 해집합**
실습실	http://matrix.skku.ac.kr/M-calculus/W1/

1.1 순서쌍과 벡터(Vector)

데이터는 순서쌍(ordered pair, 순서조 n-tuple)으로 표현할 수 있다. 예를 들어, 어떤 사람의 키, 몸무게, 연령, 성별 등은 그 사람에 관한 데이터가 될 수 있고, 이는 다음과 같이 순서쌍(4-tuple)으로 나타낼 수 있다. 여기서 키, 몸무게, 나이, 성별 각각은 데이터를 이루는 성분이다.

사람	키(㎝)	몸무게(㎏)	연령(세)	성별(1:남성, 2:여성)		데이터 표현
김**	160	80	19	1	→	(160, 80, 19, 1)
이**	170	70	27	2	→	(170, 70, 27, 2)
박**	180	56	30	1	→	(180, 56, 30, 1)

특히 성분이 2개(3개)로 이루어진 2차원(3차원) 데이터는 좌표평면(좌표공간) 위의 한 점을 나타낸다. 마찬가지로 4차원 이상의 데이터는 우리 눈으로 볼 수 있도록 시각화할 수는 없지만, 고차원 공간상에 놓인 점이라고 볼 수 있다. 예를 들어, 다음의 왼쪽 그림에서 a_1, a_2를 성분으로 하는 데이터 $(a_1,\ a_2)$는 좌표평면 위의 한 점 A를 나타낸다. 이때 시작점을 원점 O, 끝점을 A로 하는 화살표로 나타낸 것을 **벡터**(vector)라 하고 $\overrightarrow{OA} = \mathrm{a} = (a_1,\ a_2)$로 표기한다. 그리고 벡터를 이루는 각각의 성분은 하나의 숫자로 이루어져 있는데 이를 스칼라(scalar)라고 한다.

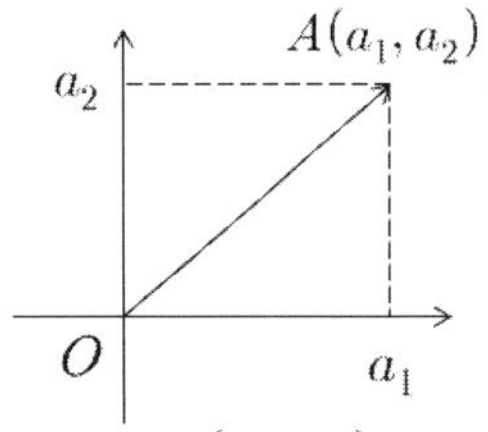

$\mathrm{a} = (a_1, a_2)$

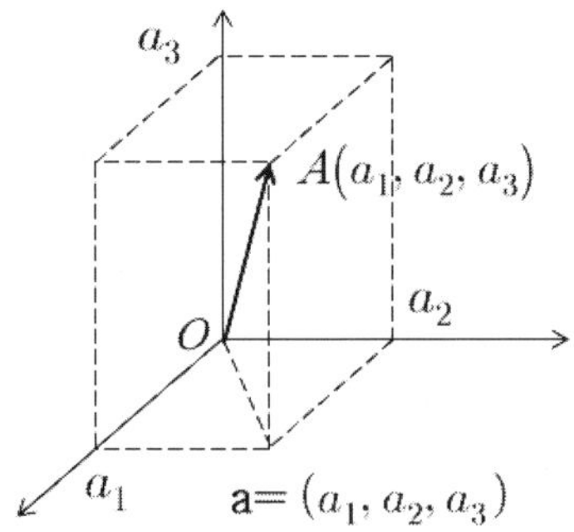

$\mathrm{a} = (a_1, a_2, a_3)$

같은 방법으로 n개의 실수 x_1, …, x_n을 성분으로 하는 벡터를 $\mathrm{x} = (x_1, x_2, \cdots, x_n)$와 같이 표기할 수 있다. 이를 n**차원 벡터**라 한다. 그리고 n차원 벡터 전체의 집합을 n**차원 공간**(n-dimensional space)이라 하고 $\mathbb{R}^n = \{(x_1, x_2, \cdots, x_n) : x_i \in \mathbb{R}, i = 1, 2, \cdots, n\}$으로 나타낸다. 특히, 모든 성분이 0인 벡터를 **영벡터**(zero vector)라고 하며 $\mathbf{0}$으로 나타낸다.

두 벡터 $\mathrm{x} = (x_1, x_2, \cdots, x_n)$와 $\mathrm{y} = (y_1, y_2, \cdots, y_3)$에 대하여 대응하는 성분이 모두 같으면, 즉 $1 \le i \le n$에 대하여 $x_i = y_i$이면 x와 y는 **서로 같다**(equal)고 하고 $\mathrm{x} = \mathrm{y}$로 나타낸다.

벡터에는 다음과 같은 연산이 정의된다.

(1) **덧셈**(vector addition) : 두 벡터 (a, b), (c, d)에 대하여

$$(a, b) + (c, d) = (a + c, b + d), \qquad (1, 2) + (3, 4) = (1 + 3, 2 + 4) = (4, 6)$$

(2) **실수배**(scalar multiplication) : 실수 k와 벡터 (a, b)에 대하여

$$k(a,\ b) = (k\,a,\ k\,b), \qquad 2(1, 2) = (2 \times 1,\ 2 \times 2) = (2,\ 4)$$

특히, $(-1)\mathrm{x} = -\mathrm{x}$로 나타내며, $\mathrm{x} - \mathrm{y} = \mathrm{x} + (-\mathrm{y})$로 정의한다. $-\mathrm{x}$를 x의 **음벡터**(negative vector)라 한다.

벡터의 덧셈과 실수배에 관하여 다음이 성립한다. x, y, z는 $\mathbb{R}^n$의 벡터이고, h, k는 스칼라이다.

① $\mathrm{x} + \mathrm{y} = \mathrm{y} + \mathrm{x}$ **(덧셈의 교환법칙)**
② $(\mathrm{x} + \mathrm{y}) + \mathrm{z} = \mathrm{x} + (\mathrm{y} + \mathrm{z})$ **(덧셈의 결합법칙)**
③ $\mathrm{x} + \mathbf{0} = \mathrm{x} = \mathbf{0} + \mathrm{x}$ **(덧셈에 대한 항등원)**
④ $\mathrm{x} + (-\mathrm{x}) = \mathbf{0} = (-\mathrm{x}) + \mathrm{x}$ **(덧셈에 대한 역원)**
⑤ $k(\mathrm{x} + \mathrm{y}) = k\mathrm{x} + k\mathrm{y}$ **(분배법칙)**
⑥ $(h + k)\mathrm{x} = h\mathrm{x} + k\mathrm{x}$ **(분배법칙)**

⑦ $(hk)\mathbf{x} = h(k\mathbf{x})$

⑧ $1\mathbf{x} = \mathbf{x}$

예제 1 두 벡터 $\mathbf{v} = (1, 2, -4)$, $\mathbf{w} = (-1, 3, 1)$와 스칼라 $k = 3$에 대하여 $\mathbf{v} + \mathbf{w}$와 $k\mathbf{v}$를 계산하시오.

풀이. $\mathbf{v} + \mathbf{w} = (1, 2, -4) + (-1, 3, 1) = (1-1, 2+3, -4+1) = (0, 5, -3)$

$k\mathbf{v} = 3(1, 2, -4) = (3\times 1, 3\times 2, 3\times(-4)) = (3, 6, -12)$

http://matrix.skku.ac.kr/KOFAC/

```
v = vector([1, 2, -4])                  # 벡터 생성
w = vector([-1, 3, 1])
k = 3
print ("v + w =", v + w)                # 벡터의 덧셈
print ("k*v =", k*v)                    # 벡터의 실수배
```

답. v + w = (0, 5, -3)

k*v = (3, 6, -12) ■

$\mathbb{R}^n$의 벡터 중에서 다음 n개의 벡터를 **기본단위벡터**(standard unit vector)라 한다.

$$\mathbf{e}_1 = (1, 0, 0, \cdots, 0),\ \mathbf{e}_2 = (0, 1, 0, \cdots, 0),\ \cdots,\ \mathbf{e}_n = (0, 0, 0, \cdots, 1)$$

기본단위벡터를 사용하면 $\mathbb{R}^n$의 임의의 벡터 $\mathbf{x} = (x_1, x_2, \cdots, x_n)$를 다음과 같이 나타낼 수 있다.

$$\mathbf{x} = x_1\mathbf{e}_1 + x_2\mathbf{e}_2 + \cdots + x_n\mathbf{e}_n$$

참고 $\mathbb{R}^2$와 $\mathbb{R}^3$에서는 관습적으로 $\mathbf{e}_1$, $\mathbf{e}_2$, $\mathbf{e}_3$ 대신에 $\mathbf{i}$, $\mathbf{j}$, $\mathbf{k}$를 사용하기도 한다.

① $\mathbb{R}^2$에서는 $\mathbf{i} = (1, 0)$, $\mathbf{j} = (0, 1)$이고, 임의의 벡터 $\mathbf{x} = (x_1, x_2) = x_1(1, 0) + x_2(0, 1)$를 $\mathbf{x} = x_1\mathbf{i} + x_2\mathbf{j}$로 표현 가능하다.

② $\mathbb{R}^3$에서는 $\mathbf{i} = (1, 0, 0)$, $\mathbf{j} = (0, 1, 0)$, $\mathbf{k} = (0, 0, 1)$이고, 임의의 벡터 $\mathbf{x} = (x_1, x_2, x_3)$를 다음과 같이 표현 가능하다.

$$\mathbf{x} = (x_1, x_2, x_3) = x_1(1, 0, 0) + x_2(0, 1, 0) + x_3(0, 0, 1) = x_1\mathbf{i} + x_2\mathbf{j} + x_3\mathbf{k}$$

1.2 행렬(Matrix)

앞서 언급한 어떤 사람의 키, 몸무게, 나이, 성별에 대한 데이터를 하나로 모아 다음과 같이 직사각형 모양(rectangular array)으로 괄호 안에 배열할 수 있다. 이를 **행렬**(matrix)이라 한다. 그리고 행렬에 배열되는 수(혹은 문자, 함수)를 행렬의 성분(entry) 또는 원소(element)라 한다.

데이터 표현
(160, 80, 19, 1)
(170, 70, 27, 2)
(180, 56, 30, 1)

$$\rightarrow \quad A = \begin{bmatrix} 160 & 80 & 19 & 1 \\ 170 & 70 & 27 & 2 \\ 180 & 56 & 30 & 1 \end{bmatrix}_{3\times 4}$$

즉 행렬은 벡터를 여러 개 쌓아서 만든 것으로 이해해도 된다. 이때 가로를 행(row), 세로를 열(column)이라 하고, 행의 개수가 m, 열의 개수가 n인 행렬을 크기가 $m\times n$인 행렬이라고 한다. 따라서 벡터는 $1\times n$ 행렬(행벡터) 또는 $n\times 1$ 행렬(열벡터)로 이해할 수 있다.

행렬은 대문자 A, B, C, $\cdots$ 또는 $A=[a_{ij}]$로 나타낸다. 그리고 a_{ij}는 행렬 A의 i번째 행과 j번째 열에 위치한 성분을 나타내는 것으로 행렬 A의 (i, j) 성분이라고 한다.

다음과 같이 행의 개수와 열의 개수가 같은 행렬을 **정사각행렬**(또는 정방행렬, square matrix)이라고 한다.

$$A = [a_{ij}]_{n\times n} = \begin{bmatrix} a_{11} & a_{12} & \cdots & a_{1n} \\ a_{21} & a_{22} & \cdots & a_{2n} \\ \vdots & \vdots & \ddots & \vdots \\ a_{n1} & a_{n2} & \cdots & a_{nn} \end{bmatrix}$$

이때 행의 번호와 열의 번호가 같은 위치에 놓인 성분 a_{11}, a_{22}, $\cdots$, a_{nn}을 행렬 A의 **주대각선**(main diagonal) **성분**이라고 한다. 특히 주대각선 성분 이외의 모든 성분이 0인 정사각행렬을 **대각선행렬**(diagonal matrix) 이라 한다. 주대각선 성분이 a_{11}, a_{22}, $\cdots$, a_{nn}인 대각선행렬 $\mathrm{diag}(a_{11},\ a_{22},\ \cdots,\ a_{nn})$은 다음과 같이 쓴다.

$$\mathrm{diag}(a_{11},\ a_{22},\ \cdots,\ a_{nn}) = \begin{bmatrix} a_{11} & 0 & \cdots & 0 \\ 0 & a_{22} & \ddots & \vdots \\ \vdots & \ddots & \ddots & 0 \\ 0 & 0 & 0 & a_{nn} \end{bmatrix}_{n\times n}$$

모든 성분이 0인 행렬을 **영행렬**(zero matrix)이라고 하고 O로 나타낸다. 다음은 다양한 크기의 영행렬이다.

$$\begin{bmatrix} 0 & 0 \\ 0 & 0 \end{bmatrix},\ \begin{bmatrix} 0 & 0 & 0 \\ 0 & 0 & 0 \end{bmatrix},\ \begin{bmatrix} 0 \\ 0 \\ 0 \end{bmatrix},\ [0\ 0\ 0\ 0],\ \cdots,\ O_{m\times n}$$

만일 $m \times n$의 두 행렬 A, B에 대하여 대응하는 성분들(corresponding elements)이 모두 같으면, 즉 $1 \leq i \leq m$, $1 \leq j \leq n$에 대해 $a_{ij} = b_{ij}$이면, A와 B는 **서로 같다**(equal)고 하고 $A = B$로 나타낸다.

1.3 행렬 연산(Matrix Operations)

행렬에는 다음과 같은 연산이 정의된다.

(1) **덧셈**(addition) : $m \times n$ 행렬 $A = [a_{ij}]$, $B = [b_{ij}]$에 대하여 A와 B의 합(sum)은 같은 위치에 있는 성분끼리의 합 $A + B = [a_{ij} + b_{ij}]$으로 정의된다. 그러므로 크기가 서로 다른 행렬끼리는 더할 수 없다.

$$\begin{bmatrix} a & b \\ c & d \end{bmatrix} + \begin{bmatrix} e & f \\ g & h \end{bmatrix} = \begin{bmatrix} a+e & b+f \\ c+g & d+h \end{bmatrix}, \quad \begin{bmatrix} 1 & 2 \\ 3 & 4 \end{bmatrix} + \begin{bmatrix} 5 & 6 \\ 7 & 8 \end{bmatrix} = \begin{bmatrix} 1+5 & 2+6 \\ 3+7 & 4+8 \end{bmatrix} = \begin{bmatrix} 6 & 8 \\ 10 & 12 \end{bmatrix}$$

(2) **실수배**(scalar multiple) : $m \times n$ 행렬 $A = [a_{ij}]$와 스칼라 c의 곱(product)은 $cA = [ca_{ij}]$로 정의된다.

$$k\begin{bmatrix} a & b \\ c & d \end{bmatrix} = \begin{bmatrix} k \times a & k \times b \\ k \times c & k \times d \end{bmatrix}, \quad 2\begin{bmatrix} 1 & 2 \\ 3 & 4 \end{bmatrix} = \begin{bmatrix} 2 & 4 \\ 6 & 8 \end{bmatrix}$$

특히, $(-1)A = -A$로 나타내며, $A - B = A + (-B)$로 정의한다.

(3) **행렬곱셈**(matrix product) : $m \times p$행렬 A와 $p \times n$행렬 B의 곱(product) $AB = C = [c_{ij}]$는 (i, j) 성분이 다음과 같이 정의되는 $m \times n$행렬이다. [세종대왕(King Sejong)의 `ㄱ' 법칙]

$$c_{ij} = a_{i1}b_{1j} + a_{i2}b_{2j} + \cdots + a_{ip}b_{pj} = \sum_{k=1}^{p} a_{ik}b_{kj} \quad (1 \leq i \leq m, \ 1 \leq j \leq n)$$

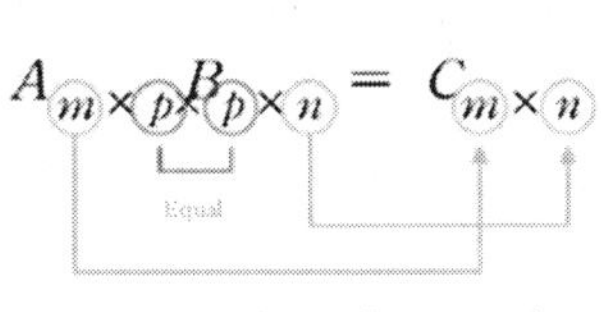

$$AB = \begin{bmatrix} a_{11} & a_{12} & \cdots & a_{1p} \\ \vdots & \vdots & & \vdots \\ a_{i1} & a_{i2} & \cdots & a_{ip} \\ \vdots & \vdots & & \vdots \\ a_{m1} & a_{m2} & \cdots & a_{mp} \end{bmatrix} \begin{bmatrix} b_{11} & \cdots & b_{1j} & \cdots & b_{1n} \\ b_{21} & \cdots & b_{2j} & \cdots & b_{2n} \\ \vdots & & \vdots & & \vdots \\ b_{p1} & \cdots & b_{pj} & \cdots & b_{pn} \end{bmatrix}$$

즉, C의 (i, j) 성분은 A의 i행과 B의 j열의 대응하는 성분끼리 곱하여 모두 더한 값으로 정의된다. 따라서 **앞의 행렬의 열의 개수와 뒤의 행렬의 행의 개수가 같아야 한다.** 예를 들어, 2×3행렬과 3×2행렬의 곱은 다음과 같이 2×2행렬이 된다. (아니면 정의가 안된다.)

$$\begin{bmatrix} 1 & 2 & 3 \\ 4 & 5 & 6 \end{bmatrix}\begin{bmatrix} 1 & 2 \\ 3 & 4 \\ 5 & 6 \end{bmatrix} = \begin{bmatrix} 1\times1+2\times3+3\times5 & 1\times2+2\times4+3\times6 \\ 4\times1+5\times3+6\times5 & 4\times2+5\times4+6\times6 \end{bmatrix} = \begin{bmatrix} 22 & 28 \\ 49 & 64 \end{bmatrix}$$

예제 2 $A = \begin{bmatrix} 3 & 5 & -1 \\ 4 & 0 & 2 \\ -6 & -3 & 2 \end{bmatrix}$와 $B = \begin{bmatrix} 2 & -2 & 3 & 1 \\ 5 & 0 & 7 & 8 \\ 9 & -4 & 1 & 1 \end{bmatrix}$에 대하여 AB를 구하시오.

풀이. $AB = \begin{bmatrix} 3 & 5 & -1 \\ 4 & 0 & 2 \\ -6 & -3 & 2 \end{bmatrix}\begin{bmatrix} 2 & -2 & 3 & 1 \\ 5 & 0 & 7 & 8 \\ 9 & -4 & 1 & 1 \end{bmatrix} = \begin{bmatrix} 22 & -2 & 43 & 42 \\ 26 & -16 & 14 & 6 \\ -9 & 4 & -37 & -28 \end{bmatrix}$

http://matrix.skku.ac.kr/KOFAC/

```
A = matrix(3, 3, [3, 5, -1, 4, 0, 2, -6, -3, 2])
B = matrix(3, 4, [2, -2, 3, 1, 5, 0, 7, 8, 9, -4, 1, 1])
A*B                                   # 곱하기 부호(*)를 잊으면 안 된다.
```

답.
```
[ 22  -2  43  42 ]
[ 26 -16  14   6 ]
[ -9   4 -37 -28 ]
```
■

위의 **예제 2** 에서 B의 열의 수와 A의 행의 수가 다르므로, BA는 정의되지 않는다. 만일 행렬 BA가 정의되더라도,일반적으로 $AB \neq BA$이며, $AB = AC$이 $B = C$를 반드시 의미하지는 않는다. 예를 들어,

$$A = \begin{bmatrix} 3 & 0 \\ 2 & 0 \end{bmatrix},\ B = \begin{bmatrix} 1 & 3 \\ 5 & 7 \end{bmatrix},\ C = \begin{bmatrix} 1 & 3 \\ 1 & 4 \end{bmatrix} \Rightarrow AB = \begin{bmatrix} 3 & 9 \\ 2 & 6 \end{bmatrix} = AC$$

이지만 $B = \begin{bmatrix} 1 & 3 \\ 5 & 7 \end{bmatrix} \neq \begin{bmatrix} 1 & 3 \\ 1 & 4 \end{bmatrix} = C$이다. 마찬가지로 다음과 같이 $AB = O$이 $A = O$ 또는 $B = O$를 반드시 의미하지는 않는다.

$$AB = \begin{bmatrix} 1 & 0 \\ 1 & 0 \end{bmatrix}\begin{bmatrix} 0 & 0 \\ 0 & 1 \end{bmatrix} = \begin{bmatrix} 0 & 0 \\ 0 & 0 \end{bmatrix} = O,\ BA = \begin{bmatrix} 0 & 0 \\ 0 & 1 \end{bmatrix}\begin{bmatrix} 1 & 0 \\ 1 & 0 \end{bmatrix} = \begin{bmatrix} 0 & 0 \\ 1 & 0 \end{bmatrix} \neq O$$

행렬의 덧셈, 실수배, 곱셈에 대하여 다음이 성립한다. 이때 A, B, C는 각 연산이 정의될 수 있는 적당한 크기의 행렬이고, a, b는 스칼라이다.

① $A + B = B + A$ **(덧셈의 교환법칙)**
② $A + (B + C) = (A + B) + C$ **(덧셈의 결합법칙)**
③ $A + O = A,\ A + (-A) = O$ **(덧셈에 대한 항등원, 역원)**
④ $A(BC) = (AB)C$ **(곱셈의 결합법칙)**

⑤ $A(B+C)=AB+AC$ **(분배법칙)**

⑥ $(B+C)A=BA+CA$ **(분배법칙)**

⑦ $a(B+C)=aB+aC$

⑧ $(a+b)C=aC+bC$

⑨ $(ab)C=a(bC)$

⑩ $a(BC)=(aB)C=B(aC)$

⑪ $1A=A$

예제 3 다음 행렬에 대하여 $A+B$, AC, $2A$를 계산하시오.

$$A=\begin{bmatrix} 1 & 2 & -4 \\ -2 & 1 & 3 \end{bmatrix},\ B=\begin{bmatrix} 0 & 1 & 4 \\ -1 & 3 & 1 \end{bmatrix},\ C=\begin{bmatrix} 3 & -1 \\ 0 & 5 \\ 7 & 1 \end{bmatrix}$$

풀이. $A+B=\begin{bmatrix} 1 & 2 & -4 \\ -2 & 1 & 3 \end{bmatrix}+\begin{bmatrix} 0 & 1 & 4 \\ -1 & 3 & 1 \end{bmatrix}=\begin{bmatrix} 1 & 3 & 0 \\ -3 & 4 & 4 \end{bmatrix}$,

$$2A=2\begin{bmatrix} 1 & 2 & -4 \\ -2 & 1 & 3 \end{bmatrix}=\begin{bmatrix} 2 & 4 & -8 \\ -4 & 2 & 6 \end{bmatrix},$$

$$AC=\begin{bmatrix} 1 & 2 & -4 \\ -2 & 1 & 3 \end{bmatrix}\begin{bmatrix} 3 & -1 \\ 0 & 5 \\ 7 & 1 \end{bmatrix}=\begin{bmatrix} -25 & 5 \\ 15 & 10 \end{bmatrix}$$

http://matrix.skku.ac.kr/KOFAC/

```
A = matrix([[1, 2, -4], [-2, 1, 3]])
B = matrix([[0, 1, 4], [-1, 3, 1]])
C = matrix([[3, -1], [0, 5], [7, 1]])
print ("A + B =")                          # 행렬의 덧셈
print (A + B)
print ()                                   # 한 줄 비움
print ("2*A =")                            # 행렬의 실수배
print (2*A)
print ()                                   # 한 줄 비움
print ("A*C =")                            # 행렬의 곱
print (A*C)
```

답.

```
A + B = [ 1  3  0 ]
        [-3  4  4 ]
  2*A = [ 2  4 -8 ]
        [-4  2  6 ]
```

```
A*C = [-25   5 ]
      [ 15  10 ]
```
■

예제 4 행렬과 스칼라를 임의로 생성하여 행렬의 덧셈과 실수배, 곱셈을 확인하시오.

http://matrix.skku.ac.kr/KOFAC/

```
# -10부터 9까지의 정수를 성분으로 하는 4x5 행렬 A를 임의로 생성
A = random_matrix(ZZ, 4, 5, x = -10, y = 10)
# -5부터 4까지의 정수를 성분으로 하는 4x5 행렬 B를 임의로 생성
B = random_matrix(ZZ, 4, 5, x = -5, y = 5)
# -5부터 4까지의 정수를 성분으로 하는 5x3 행렬 C를 임의로 생성
C = random_matrix(ZZ, 5, 3, x = -5, y = 5)
# -5부터 4까지 정수 k를 임의로 생성
k = ZZ.random_element(x = -5, y = 5)
print ("A =")                    # 행렬 A 출력
print (A)
print ()                         # 한 줄 비움
print ("B =")                    # 행렬 B 출력
print (B)
print ()                         # 한 줄 비움
print ("C =")                    # 행렬 C 출력
print (C)
print ()                         # 한 줄 비움
print ("k =", k)  # 스칼라 k 출력
print ()                         # 한 줄 비움
print ("A + B =")                # 행렬의 덧셈
print (A + B)
print ()
print ("k*A =")                  # 행렬의 실수배
print (k*A)
print ()
print ("A*C =")                  # 행렬의 곱셈 A*C
print (A*C)
```

답.
```
A = [ 4 -5  3 -7  0]
    [-8  5  1 -9 -3]
```

```
    [-1 -5  6  1  6]
    [ 8 -3  1 -3  2]
B = [ 0  2 -2 -3 -2]
    [-5 -3  0 -4  1]
    [-1  4 -2 -4 -2]
    [-1  1  4  4  3]
C = [ 4 -2  0]
    [ 4  3 -2]
    [ 2 -1  4]
    [-1  0  3]
    [-2 -2  1]
k = -1
A + B = [  4  -3   1  -10  -2]
        [-13   2   1  -13  -2]
        [ -2  -1   4   -3   4]
        [  7  -2   5    1   5]
k*A = [-4  5 -3  7  0]
      [ 8 -5 -1  9  3]
      [ 1  5 -6 -1 -6]
      [-8  3 -1  3 -2]
A*C = [  9  -26    1]
      [  5   36  -36]
      [-25  -31   43]
      [ 21  -30    3]
```
■

(4) **전치행렬**(transpose matrix) : 행렬 A의 행과 열을 바꾸어 얻어진 행렬을 A의 전치행렬이라 하고 A^T로 나타낸다. 예를 들어, A가 2×3 행렬이면 A^T는 3×2의 행렬이 된다.

$$\begin{bmatrix} a & b & c \\ d & e & f \end{bmatrix}^T = \begin{bmatrix} a & d \\ b & e \\ c & f \end{bmatrix} \qquad \begin{bmatrix} g & h \\ i & j \end{bmatrix}^T = \begin{bmatrix} g & i \\ h & j \end{bmatrix} \qquad [\, k \;\; l \;\; m \,]^T = \begin{bmatrix} k \\ l \\ m \end{bmatrix}$$

2×3 3×2 2×2 2×2 1×3 3×1

두 행렬 A, B 와 임의의 스칼라 k에 대하여 전치행렬은 다음 식을 만족한다.

① $(A^T)^T = A$

② $(A+B)^T = A^T + B^T$

③ $(AB)^T = B^T A^T$ http://matrix.skku.ac.kr/sglee/linear/ocu/img/pf1-3-4.gif

④ $(kA)^T = kA^T$

예제 5 다음 행렬들의 전치행렬을 각각 구하시오.

$$A = \begin{bmatrix} 1 & -2 & 3 \\ 4 & 5 & 0 \end{bmatrix},\ B = \begin{bmatrix} 1 & 2 & -4 \\ 3 & -1 & 2 \\ 0 & 5 & 3 \end{bmatrix}$$

풀이. $A^T = \begin{bmatrix} 1 & 4 \\ -2 & 5 \\ 3 & 0 \end{bmatrix},\ B^T = \begin{bmatrix} 1 & 3 & 0 \\ 2 & -1 & 5 \\ -4 & 2 & 3 \end{bmatrix}$

http://matrix.skku.ac.kr/KOFAC/

```
A = matrix([[1, -2, 3], [4, 5, 0]])
B = matrix([[1, 2, -4], [3, -1, 2], [0, 5, 3]])
print ("A^T =")
print (A.transpose())                    # 행렬의 전치행렬 A.transpose() 구하기
print ()
print ("B^T =")
print (B.transpose())
```

답.
```
A^T = [ 1  4]
      [-2  5]
      [ 3  0]
B^T = [ 1  3  0]
      [ 2 -1  5]
      [-4  2  3]
```
■

(5) **대각합**(trace) : 정사각행렬 $A = [a_{ij}]_{n \times n}$의 대각합은 주대각선성분들의 합으로 다음과 같이 정의된다.(대각합은 앞으로 배울 행렬의 고윳값들의 합과 일치하므로 중요한 개념이다.)

$$\text{tr}(A) = a_{11} + a_{22} + \cdots + a_{nn} = \sum_{i=1}^{n} a_{ii}$$

같은 크기의 두 정사각행렬 A, B와 스칼라 c에 대하여 다음이 성립한다.

① $\text{tr}(A) = \text{tr}(A^T)$ ② $\text{tr}(cA) = c\,\text{tr}(A)$ $(c \in \mathbb{R})$

③ $\text{tr}(A+B) = \text{tr}(A) + \text{tr}(B)$ ④ $\text{tr}(AB) = \text{tr}(BA)$

(증명 : http://matrix.skku.ac.kr/LA-K/Ch-3/LA-Lab-kor-Ch-3.html)

참고 (다른 것은 간단하고) 대각합의 성질 ④는 A, B가 같은 크기의 정사각행렬이 아닌 경우라도 AB, BA가 모두 정의되기만 하면 항상 성립한다. 예를 들어, $A=[a_{ij}]_{m\times n}$, $B=[b_{ij}]_{n\times m}$에 대하여 AB는 $m\times m$의 행렬이고, BA는 $n\times n$의 행렬이다. 그러면 다음이 성립한다.

$$\begin{aligned}\mathrm{tr}(AB) &= (a_{11}b_{11}+a_{12}b_{21}+\cdots+a_{1n}b_{n1})+(a_{21}b_{12}+a_{22}b_{22}+\cdots+a_{2n}b_{n2}) \\ &\quad +\cdots+(a_{m1}b_{1m}+a_{m2}b_{2m}+\cdots+a_{mn}b_{nm})=\mathrm{tr}(BA)\end{aligned}$$

예제 6 같은 크기의 두 정사각행렬 A, B를 임의로 생성하여 $\mathrm{tr}(AB)=\mathrm{tr}(BA)$가 성립함을 확인(Mathematical verification)하시오.

http://matrix.skku.ac.kr/KOFAC/

```
A = random_matrix(ZZ, 4, 4, x = -10, y = 10)
B = random_matrix(ZZ, 4, 4, x = -10, y = 10)
print ((A*B).trace())                # 행렬 AB의 대각합
print
print ((B*A).trace())                # 행렬 BA의 대각합
```

답. 112

112 ■

◪ 열린 문제 1 앞서 배운 벡터와 행렬에 대한 연산을 다른 교재의 행렬에 적용하는 행렬연산을 시행해 보시오. [http://matrix.skku.ac.kr/KOFAC/ 에서 실습]

1.4 특수 행렬(Special Matrices)

이제 자주 활용되는 특수 행렬들(special matrices)을 소개하자.

(1) **단위행렬**(identity matrix) : 주대각선성분이 모두 1인 대각선행렬로 I_n으로 나타낸다.

$$I_n=\begin{bmatrix}1&&&\\&1&&\\&&\ddots&\\&&&1\end{bmatrix}_{n\times n}$$

단위행렬은 행렬의 곱셈에 대한 항등원 역할을 한다. 즉, 다음이 성립한다.

$$m\times n \text{ 행렬 } A\text{에 대하여 } I_mA=A=AI_n$$

(2) **스칼라행렬**(scalar matrix) : 주대각선성분이 모두 k인 대각선행렬로 kI_n로 나타낸다.

$$\begin{bmatrix} k & 0 & \cdots & 0 \\ 0 & k & \cdots & 0 \\ \vdots & \vdots & \ddots & \vdots \\ 0 & 0 & \cdots & k \end{bmatrix}_{n\times n}, \quad \begin{bmatrix} 2 & 0 & 0 \\ 0 & 2 & 0 \\ 0 & 0 & 2 \end{bmatrix}$$

(3) **하삼각행렬**(lower triangular matrix) : 주대각선 위의 모든 성분이 0인 정사각행렬을 말한다.

(4) **상삼각행렬**(upper triangular matrix) : 주대각선 아래 모든 성분이 0인 정사각행렬을 말한다. 예를 들어, 일반적인 4×4 삼각행렬은 다음과 같은 형태이다.

$$\begin{bmatrix} a_{11} & a_{12} & a_{13} & a_{14} \\ 0 & a_{22} & a_{23} & a_{24} \\ 0 & 0 & a_{33} & a_{34} \\ 0 & 0 & 0 & a_{44} \end{bmatrix} : \text{상삼각행렬} \qquad \begin{bmatrix} a_{11} & 0 & 0 & 0 \\ a_{21} & a_{22} & 0 & 0 \\ a_{31} & a_{32} & a_{33} & 0 \\ a_{41} & a_{42} & a_{43} & a_{44} \end{bmatrix} : \text{하삼각행렬}$$

(5) **대칭행렬**과 **반대칭행렬** : 정사각행렬 A가 $A^T = A$를 만족할 때, A를 대칭행렬(symmetric matrix)이라 하고, $A^T = -A$을 만족하면 A를 반대칭행렬(skew-symmetric matrix)이라 한다.

$$\begin{bmatrix} 20 & 120 & 200 \\ 120 & 10 & 150 \\ 200 & 150 & 30 \end{bmatrix} : \text{대칭행렬}, \qquad \begin{bmatrix} 0 & 1 & -3 \\ -1 & 0 & -2 \\ 3 & 2 & 0 \end{bmatrix} : \text{반대칭행렬}$$

임의의 정사각행렬 A에 대하여 $A + A^T$는 대칭행렬이 되고, $A - A^T$는 반대칭행렬이 된다. 이를 활용하면 **모든 정사각행렬 A는 다음과 같이 대칭행렬과 반대칭행렬의 합으로 유일하게 분해된다.**

$$A = \frac{1}{2}(A + A^T) + \frac{1}{2}(A - A^T)$$

(6) **역행렬**(inverse matrix) : $n\times n$ 정사각행렬 A에 대하여 다음을 만족하는 행렬 B가 존재하면 A는 **가역**(invertible, nonsingular)**행렬**이라고 한다.

$$AB = I_n = BA$$

이때 B를 A의 **역행렬**(inverse matrix)이라 하며, A^{-1}로 나타낸다. 이러한 B가 존재하지 않으면 A는 **비가역**(noninvertible) **행렬** 또는 특이행렬(singular matrix)이라고 한다. 일반적으로 $n\times n$의 정사각행렬 A, B가 가역(역행렬이 존재)이고 k가 0이 아닌 스칼라일 때, 다음이 성립한다.

① A^{-1}은 가역이고, $(A^{-1})^{-1} = A$이다.

② AB는 가역이고, $(\boldsymbol{AB})^{-1} = \boldsymbol{B}^{-1}\boldsymbol{A}^{-1}$ **이다.**

③ kA는 가역이고, $(kA)^{-1} = \frac{1}{k}A^{-1}$이다.

④ $(A^T)^{-1} = (A^{-1})^T$ [증명: $A^T(A^{-1})^T = (A^{-1}A)^T = I^T = I_n$]

[참고] http://matrix.skku.ac.kr/sglee/linear/ocu/img/pf1-5-2.gif

2×2 정사각행렬 A에 대하여 $A = \begin{bmatrix} a & b \\ c & d \end{bmatrix}$의 역행렬은 $ad-bc \neq 0$일 때 다음과 같이 구한다.

$$A^{-1} = \frac{1}{ad-bc}\begin{bmatrix} d & -b \\ -c & a \end{bmatrix} = \begin{bmatrix} \frac{d}{ad-bc} & \frac{-b}{ad-bc} \\ \frac{-c}{ad-bc} & \frac{a}{ad-bc} \end{bmatrix}$$

이때 $|A| = \begin{vmatrix} a & b \\ c & d \end{vmatrix} = ad-bc$를 2×2행렬 $A = \begin{bmatrix} a & b \\ c & d \end{bmatrix}$의 행렬식(determinant)이라고 한다.

예제 7 행렬 $A = \begin{bmatrix} 3 & 5 \\ 1 & 2 \end{bmatrix}$의 역행렬을 구하시오.

풀이. $A = \begin{bmatrix} 3 & 5 \\ 1 & 2 \end{bmatrix}$의 행렬식은 $3\cdot 2 - 1\cdot 5 = 1 \neq 0$이므로 A의 역행렬은 다음과 같다.

$$A^{-1} = \frac{1}{3\cdot 2 - 1\cdot 5}\begin{bmatrix} 2 & -5 \\ -1 & 3 \end{bmatrix} = \begin{bmatrix} 2 & -5 \\ -1 & 3 \end{bmatrix}$$

http://matrix.skku.ac.kr/KOFAC/

```
A = matrix(2, 2, [3, 5, 1, 2])
print ("A =")
print (A)
print (A.det())                    # A의 행렬식(determinant)
print ()
print ("inverse of A =")
print (A.inverse())                # A의 역행렬 구하기, 형식은 A.inverse()
```

답. A =

```
[3 5]
[1 2]
1                  # A의 행렬식(determinant)
inverse of A =
[ 2 -5]
[-1  3]
```

■

예제 8 행렬 $A = \begin{bmatrix} 1 & 4 & 3 \\ 2 & 5 & 6 \\ 0 & 0 & 0 \end{bmatrix}$는 가역(invertible)행렬인지 아닌지를 판단하시오.

http://matrix.skku.ac.kr/KOFAC/

```
A = matrix(QQ, [[1, 4, 3], [2, 5, 6], [0, 0, 0]])     # QQ는 유리수 연산 의미
A.is_invertible()                                     # 행렬이 가역인지 확인 A.is_invertible()
```

답. False   # 행렬이 가역이 아니다

따라서 행렬 $A = \begin{bmatrix} 1 & 4 & 3 \\ 2 & 5 & 6 \\ 0 & 0 & 0 \end{bmatrix}$는 가역행렬이 아니므로, 역행렬이 존재하지 않는다. ■

열린 문제 2 인터넷이나 다른 교재에서 5차 (이상) 행렬을 찾아서, 전치행렬과 역행렬이 존재하는지를 확인하고, 존재하면 찾아보시오.

과 제 이번 주에 본인이 요약/실습/질문/답변한 내용에 깨우친 점을 문의게시판에 코멘트로 달아보시오.
http://matrix.skku.ac.kr/math4ai/PBL-Record/
http://matrix.skku.ac.kr/2020-Math4AI-PBL/

참고자료 역행렬 http://matrix.skku.ac.kr/K-MOOC-LA/cla-week-3.html

1.5 선형연립방정식(System of Linear Equations)

[참고] http://matrix.skku.ac.kr/math4ai-intro/W4/

다음과 같이 미지수 x와 y에 관하여 일차식으로 표현되는 방정식을 x, y에 관한 일차방정식(一次方程式, linear equation) 또는 **선형방정식**(線型方程式)이라고 한다.

$$2x - 3y = 1$$

이 식을 만족하는 순서쌍 (x, y)를 좌표로 하는 모든 점을 좌표평면 위에 나타내면 그래프는 직선(line)이 된다. 위 방정식을 Sage를 이용하여 직접 그릴 수 있다.

http://matrix.skku.ac.kr/KOFAC/

```
var ('x, y')                          # 변수 선언
implicit_plot (2*x-3*y == 1, (x, -2, 2), (y, -2, 2))
```

답.

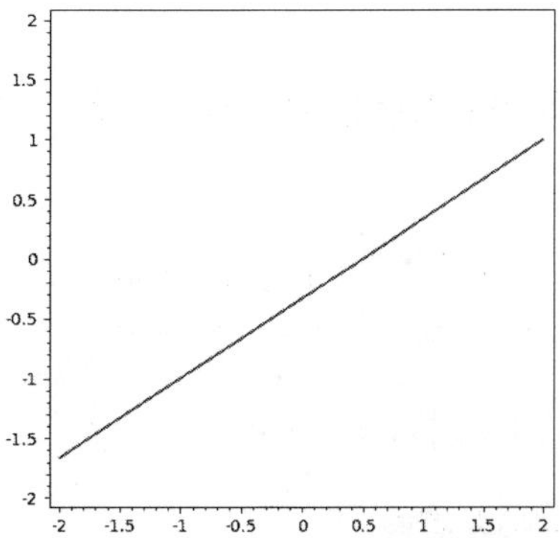

다음과 같이 미지수 x, y에 관한 유한개의 선형방정식의 모임을 **선형연립방정식**(System of Linear Equations)이라고 한다.

$$\begin{cases} 2x+3y=1 \\ \ \ x-2y=4 \end{cases}$$

그리고 선형연립방정식의 해는 모든 선형방정식을 동시에 만족하는 x의 값과 y의 값(또는 순서쌍 (x, y))을 말한다. 한 개의 선형방정식은 좌표평면에서 하나의 직선을 나타내므로, 위의 선형연립방정식의 경우, 두 직선의 교점을 나타내는 순서쌍 (x, y)가 바로 해가 된다.

미지수가 **2개인** 선형연립방정식의 해집합은 다음과 같이 세 가지 경우가 존재한다.

① $\begin{cases} x+y=3 \\ x-y=1 \end{cases}$ (유일해)

② $\begin{cases} 2x-y=-2 \\ -2x+y=2 \end{cases}$ (무수히 많은 해)

③ $\begin{cases} 2x-y=-2 \\ -2x+y=4 \end{cases}$ (해가 없음)

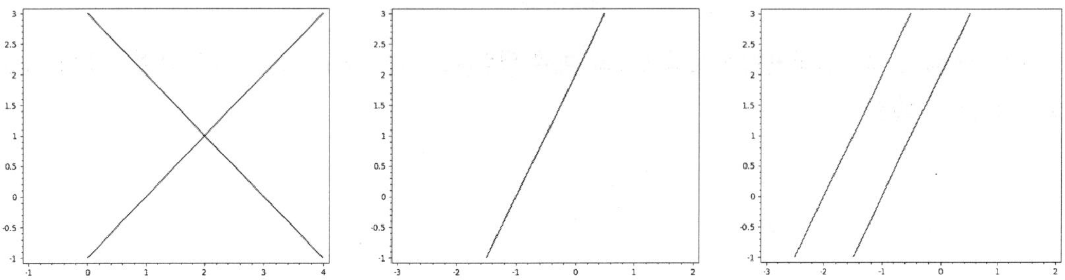

마찬가지로, 일반적으로 (n개의 미지수를 가진) 선형연립방정식은 다음 중 하나만(one and only one)을 만족한다.

① 유일한 해를 갖는다. ② 무수히 많은 해를 갖는다. ③ 해를 갖지 않는다.

1.6 첨가행렬(Augmented Matrix)

선형연립방정식은 행렬을 이용하여 표현할 수 있다. n개의 미지수를 갖는 m개의 선형방정식을 다음과 같이 쓴다.

$$(1) \qquad \begin{cases} a_{11}x_1 + a_{12}x_2 + \cdots + a_{1n}x_n = b_1 \\ a_{21}x_1 + a_{22}x_2 + \cdots + a_{2n}x_n = b_2 \\ \qquad\qquad \vdots \\ a_{m1}x_1 + a_{m2}x_2 + \cdots + a_{mn}x_n = b_m \end{cases}$$

벡터를 이용하여 표기하면 다음과 같다.

$$\begin{bmatrix} a_{11}x_1 + a_{12}x_2 + \cdots + a_{1n}x_n \\ a_{21}x_1 + a_{22}x_2 + \cdots + a_{2n}x_n \\ \vdots \\ a_{m1}x_1 + a_{m2}x_2 + \cdots + a_{mn}x_n \end{bmatrix} = \begin{bmatrix} b_1 \\ b_2 \\ \vdots \\ b_m \end{bmatrix}$$

이를 행렬의 곱을 이용하여 표현하면

$$\begin{bmatrix} a_{11} & a_{12} & \cdots & a_{1n} \\ a_{21} & a_{22} & \cdots & a_{2n} \\ \vdots & \vdots & & \vdots \\ a_{m1} & a_{m2} & \cdots & a_{mn} \end{bmatrix} \begin{bmatrix} x_1 \\ x_2 \\ \vdots \\ x_n \end{bmatrix} = \begin{bmatrix} b_1 \\ b_2 \\ \vdots \\ b_m \end{bmatrix}$$

가 된다. 따라서

$$A = \begin{bmatrix} a_{11} & a_{12} & \cdots & a_{1n} \\ a_{21} & a_{22} & \cdots & a_{2n} \\ \vdots & \vdots & & \vdots \\ a_{m1} & a_{m2} & \cdots & a_{mn} \end{bmatrix}, \ \mathrm{x} = \begin{bmatrix} x_1 \\ x_2 \\ \vdots \\ x_n \end{bmatrix}, \ \mathrm{b} = \begin{bmatrix} b_1 \\ b_2 \\ \vdots \\ b_m \end{bmatrix}$$

라 놓으면 선형연립방정식은 다음과 같이 간단히 쓸 수 있다.

$$A\mathrm{x} = \mathrm{b}$$

이때 행렬 A를 선형연립방정식 (1)의 **계수행렬**(coefficient matrix)이라 하며, A에 b를 붙여서 만든 행렬

$$[A \ \vdots \ \mathrm{b}\ ] = \begin{bmatrix} a_{11} & a_{12} & \cdots & a_{1n} & \vdots & b_1 \\ a_{21} & a_{22} & \cdots & a_{2n} & \vdots & b_2 \\ \vdots & \vdots & \ddots & \vdots & \vdots & \vdots \\ a_{m1} & a_{m2} & \cdots & a_{mn} & \vdots & b_m \end{bmatrix}$$

을 선형연립방정식 (1)의 **첨가행렬**(augmented matrix)이라고 한다.

예제 9 다음 선형연립방정식의 첨가행렬을 구하시오.

$$\begin{cases} x+y+2z=9 \\ 2x+4y-3z=1 \\ 3x+6y-5z=0 \end{cases}$$

http://matrix.skku.ac.kr/KOFAC/

```
A = matrix([[1, 1, 2], [2, 4, -3], [3, 6, -5]])        # 계수행렬 입력
b = vector([9, 1, 0])                                  # 상수항 벡터
print ("[A : b] =")
A.augment(b)      # 첨가행렬
```

답. [A : b] =

[1 1 2 : 9]

[2 4 -3 : 1]

[3 6 -5 : 0] ■

계수행렬이 가역인 경우, 역행렬을 이용하여 선형연립방정식의 해를 구할 수 있다.

정리 (계수행렬이 가역인 선형연립방정식의 해)

n차의 정사각행렬 A가 가역이고 $\mathbf{b}$가 $\mathbb{R}^n$의 벡터일 때, 연립방정식 $A\mathbf{x}=\mathbf{b}$는 유일해 $\mathbf{x}=A^{-1}\mathbf{b}$를 갖는다.

예제 10 계수행렬의 역행렬을 이용하여 다음 연립방정식 $A\mathbf{x}=\mathbf{b}$의 해를 구하시오.

$$\begin{cases} x_1+2x_2+3x_3= \ \ 1 \\ 2x_1+5x_2+3x_3= \ \ 3 \\ x_1 \qquad\quad +8x_3=-1 \end{cases}$$

http://matrix.skku.ac.kr/KOFAC/

```
A = matrix(3, 3, [1, 2, 3, 2, 5, 3, 1, 0, 8])
b = vector([1, 3, -1])
print ("x =", A.inverse()*b)              # 역행렬을 이용한 연립방정식의 해 구하기
print ("x =", A.solve_right(b))           # A.solve_right(b)를 이용하여 구할 수도 있다.
```

답. x = (-1, 1, 0)

x = (-1, 1, 0)

따라서 주어진 선형연립방정식의 해는 $x_1 =-1,\ x_2 = 1,\ x_3 = 0$ 이다. ■

계수행렬이 가역이 아니거나 정사각행렬이 아닌 경우, 선형연립방정식의 해집합을 구하는 방법은 다음 절에서 학습한다.

열린 문제 3 다른 교재의 선형 연립방정식의 해를 위의 명령어로 구하시오.
(Hint: http://matrix.skku.ac.kr/2018-album/LA-Sec-3-5-lab.html 실습)

1.6 가우스 소거법(Gaussian Elimination)

이제 선형연립방정식의 해집합을 구하는 가우스 소거법에 대하여 살펴보자. 먼저 간단한 선형연립방정식의 풀이 예시를 보자. 다음에는 각각의 선형연립방정식에 대응하는 첨가행렬을 나타내었다.

$$\begin{cases} 2x+3y=1 \\ x-2y=4 \end{cases} \Rightarrow \begin{cases} 2x+3y=1 \\ 2x-4y=8 \end{cases} \Rightarrow \begin{cases} 2x+3y=1 \\ \quad -7y=7 \end{cases}$$

$$\begin{bmatrix} 2 & 3 & \vdots & 1 \\ 1 & -2 & \vdots & 4 \end{bmatrix} \qquad \begin{bmatrix} 2 & 3 & \vdots & 1 \\ 2 & -4 & \vdots & 8 \end{bmatrix} \qquad \begin{bmatrix} 2 & 3 & \vdots & 1 \\ 0 & -7 & \vdots & 7 \end{bmatrix}$$

$$\Rightarrow \begin{cases} 2x+3y= \ \ 1 \\ \qquad y=-1 \end{cases} \Rightarrow \begin{cases} 2x= \ \ 4 \\ \ \ y=-1 \end{cases} \Rightarrow \begin{cases} x= \ \ 2 \\ y=-1 \end{cases}$$

$$\begin{bmatrix} 2 & 3 & \vdots & 1 \\ 0 & 1 & \vdots & -1 \end{bmatrix} \qquad \begin{bmatrix} 2 & 0 & \vdots & 4 \\ 0 & 1 & \vdots & -1 \end{bmatrix} \qquad \begin{bmatrix} 1 & 0 & \vdots & 2 \\ 0 & 1 & \vdots & -1 \end{bmatrix}$$

위의 예시에서 각 단계마다 다음 세 가지 연산 중 하나를 사용하는데, 이를 **기본행 연산**(Elementary Row Operations, ERO)이라 한다.

① 두 식을 교환한다.
② 한 식에 0 아닌 실수를 곱한다.
③ 한 식에 0 아닌 실수배를 하여 다른 식에 더한다.

위의 예시에서는 "① 두 식을 교환한다"는 기본행 연산은 사실 사용되지 않았다. 그러나, 미지수와 방정식의 개수가 많은 선형연립방정식의 경우 소거법을 체계적으로 다루기 위해서는 식의 순서를 우선 정리하는 것이 필요하므로 ①도 기본행 연산에 포함되어 있다. **기본행 연산은 주어진 선형연립방정식을 단순한 선형연립방정식으로 바꾸어줄 뿐 해집합은 바꾸지 않는다.**

또한 선형연립방정식에 행한 기본행 연산은 첨가행렬에도 똑같이 적용할 수 있다. 따라서 행렬에 대해서도 기본행 연산을 다음과 같이 정의할 수 있다.

① 행렬의 두 행을 서로 바꾼다.
② 행렬의 한 행에 0이 아닌 실수를 곱한다.
③ 행렬의 한 행에 실수배를 하여 다른 행에 더한다.

선형연립방정식을 푸는 가우스 소거법은 위의 예시에서와 같이 결국 첨가행렬을 간단하게 하는 것이다. 즉, 기본행 연산을 사용하여 첨가행렬을 왼쪽에서 오른쪽의 형태로 바꾸어 계산하는 것이다.

$$\left[\begin{array}{cc:c} 2 & 3 & 1 \\ 1 & -2 & 4 \end{array}\right] \Rightarrow \left[\begin{array}{cc:c} 1 & 0 & 2 \\ 0 & 1 & -1 \end{array}\right]$$

이때 오른쪽의 형태를 **기약 행 사다리꼴**(reduced row echelon form, RREF)이라고 한다.

참고 기약 행 사다리꼴(RREF)의 정의는 다음과 같다.
① 성분이 모두 0인 행이 존재하면 그 행은 행렬의 맨 아래에 위치한다.
② 각 행에서 처음으로 나타나는 0이 아닌 성분은 1이다. 이때 이 1을 그 행의 **선행성분**(leading entry, leading 1)이라고 한다.
③ i행과 $(i+1)$행 모두에 선행성분이 존재하면 $(i+1)$행의 선행성분은 i행의 선행성분보다 오른쪽에 위치한다.
④ 선행성분(leading entry in row)을 포함하는 열은 선행성분 외의 성분이 모두 0이다.

주어진 행렬 A의 RREF는 아래와 같은 명령어로 구할 수 있다.

예제 11 행렬 A의 RREF(기약 행사다리꼴)을 구하여라.

$$A = \begin{bmatrix} 1 & 1 & 1 & 4 & 4 \\ 2 & 3 & 4 & 9 & 16 \\ -2 & 0 & 3 & -7 & 11 \end{bmatrix}$$

http://matrix.skku.ac.kr/KOFAC/

```
A = matrix(3, 5, [1, 1, 1, 4, 4, 2, 3, 4, 9, 16, -2, 0, 3, -7, 11])
A.rref()
```

답. [1 0 0 2 -1]

[0 1 0 3 2]

[0 0 1 -1 3] ■

이제 주어진 선형연립방정식을 첨가행렬의 RREF를 이용하여 실제로 풀어 보자. 먼저 첨가행렬의 RREF는 주어진 선형연립방정식을 만족하는 해가 존재하는지(유일한지, 무수히 많은지), 존재하지 않는지(해를 갖지 않는지)를 판단할 수 있게 해준다.

선형연립방정식 $A\mathbf{x}=\mathbf{b}$의 첨가행렬 $[A : \mathbf{b}]$를 기본행 연산에 의해 RREF로 변형하면 다음과 같은 형태가 된다. 이때 (일반성을 잃지 않고)계수행렬 부분에 선행성분이 주대각선상에 모두 r개가 나타났다고 가정할 수 있다(필요에 따라 변수의 역할/순서를 바꾸면 된다).

계수행렬 A의 변화 / 상수 $\mathbf{b}$의 변화 / $n-r$개의 자유변수 / r개의 방정식

$$\mathrm{RREF}([A : \mathbf{b}]) = \begin{bmatrix} 1 & c_{12} & c_{13} & \cdots & c_{1r} & c_{1,r+1} & \cdots & c_{1n} & : & d_1 \\ 0 & 1 & c_{23} & \cdots & c_{2r} & c_{2,r+1} & \cdots & c_{2n} & : & d_2 \\ \vdots & \vdots & \vdots & & \vdots & \vdots & & \vdots & : & \vdots \\ 0 & 0 & 0 & \cdots & 1 & c_{r,r+1} & \cdots & c_{rn} & : & d_r \\ 0 & 0 & 0 & \cdots & 0 & 0 & \cdots & 0 & : & d_{r+1} \\ 0 & 0 & 0 & \cdots & 0 & 0 & \cdots & 0 & : & 0 \\ \vdots & \vdots & \vdots & & \vdots & \vdots & & \vdots & : & \vdots \\ 0 & 0 & 0 & \cdots & 0 & 0 & \cdots & 0 & : & 0 \end{bmatrix}_{m\times(n+1)}$$

그러면 이 첨가행렬에 대응되는 선형연립방정식은 다음과 같다.

$$(2)\quad \begin{cases} x_1 + c_{12}x_2 + c_{13}x_3 + \cdots + c_{1r}x_r + c_{1,r+1}x_{r+1} + \cdots + c_{1n}x_n = d_1 \\ \qquad x_2 + c_{23}x_3 + \cdots + c_{2r}x_r + c_{2,r+1}x_{r+1} + \cdots + c_{2n}x_n = d_2 \\ \qquad\qquad \cdots \\ \qquad\qquad\qquad x_r + c_{r,r+1}x_{r+1} + \cdots + c_{rn}x_n = d_r \\ \qquad\qquad\qquad\qquad 0 = d_{r+1} \\ \qquad\qquad\qquad\qquad 0 = 0 \\ \qquad\qquad \cdots \\ \qquad\qquad\qquad\qquad 0 = 0 \end{cases}$$

이때 선형연립방정식 (2)에 방정식 $0=0$은 나타나지 않을 수도 있다. 만일 이러한 방정식이 나타난다면 이는 미지수 $x_1, \cdots, x_n$의 값에 관계없이 항상 만족하는 항등식이 되므로, 선형연립방정식 (2)에서 식 $0=0$을 모두 제거해도 해집합에는 변화가 없다.

이제 선형연립방정식의 해에 관하여 다음이 성립한다.

① $d_{r+1}=1$일 때: 방정식 $0=1$은 미지수 $x_1, \cdots, x_n$에 어떤 값을 대입하여도 절대로 만족할 수 없으므로 이 선형연립방정식을 만족하는 해가 존재하지 않는다.

② $d_{r+1}=0$, $r=n$일 때: 항등식 $0=0$을 모두 제거하면 다음과 같은 선형연립방정식을 얻는다.

$$\begin{cases} x_1 + c_{12}x_2 + c_{13}x_3 + \cdots + c_{1n}x_n = d_1 \\ \qquad\quad x_2 + c_{23}x_3 + \cdots + c_{2n}x_n = d_2 \\ \qquad\qquad\qquad \cdots \\ \qquad\qquad\qquad\qquad\qquad x_n = d_n \end{cases}$$

이제 제일 하단의 식 $x_n = d_n$으로부터 x_{n-1}, $\cdots$, x_1을 계산하면 되므로, 이 선형연립방정식은 유일한 해를 갖는다.

③ $d_{r+1} = 0$, $r < n$일 때: 항등식 $0 = 0$을 모두 제거하면 다음과 같은 선형연립방정식을 얻는다.

$$\begin{cases} x_1 + c_{12}x_2 + c_{13}x_3 + \cdots + c_{1r}x_r + c_{1,\,r+1}x_{r+1} + \cdots + c_{1n}x_n = d_1 \\ \qquad\quad x_2 + c_{23}x_3 + \cdots + c_{2r}x_r + c_{2,\,r+1}x_{r+1} + \cdots + c_{2n}x_n = d_2 \\ \qquad\qquad\qquad \cdots \\ \qquad\qquad\qquad\qquad\qquad x_r + c_{r,\,r+1}x_{r+1} + \cdots + c_{rn}x_n = d_r \end{cases}$$

위의 선형연립방정식의 좌변에서, 첨가행렬의 RREF에서 선행성분 1에 대응되는 r개의 변수 $x_1, \cdots, x_r$(이를 **선행변수**라 한다)을 제외하고, 나머지 $n-r$개의 변수 $x_{r+1}, \cdots, x_n$(이를 **자유변수**라 한다)을 우변으로 이항하면 다음을 얻는다.

$$\begin{cases} x_1 + c_{12}x_2 + c_{13}x_3 + \cdots + c_{1r}x_r = d_1 - c_{1,\,r+1}x_{r+1} - \cdots - c_{1n}x_n \\ \qquad\quad x_2 + c_{23}x_3 + \cdots + c_{2r}x_r = d_2 - c_{2,\,r+1}x_{r+1} - \cdots - c_{2n}x_n \\ \qquad\qquad\qquad \cdots \\ \qquad\qquad\qquad\qquad\qquad x_r = d_r - c_{r,\,r+1}x_{r+1} - \cdots - c_{rn}x_n \end{cases}$$

이제 자유변수 x_{r+1}, $\cdots$, x_n에 임의의 실수를 대입하면, 그에 대응하는 x_1, $\cdots$, x_r의 값을 얻을 수 있고, 이렇게 얻은 x_1, $\cdots$, x_r, x_{r+1}, $\cdots$, x_n이 선형연립방정식의 해가 된다. 따라서 이 선형연립방정식을 만족하는 해는 자유변수가 취하는 임의의 실수만큼 무수히 많게 된다.

참고 첨가행렬의 RREF에서 아래와 같이 d_{r+1}이 아예 나타나지 않는 경우도 해가 존재하는 경우로 판단한다.

$$\begin{bmatrix} 1 & c_{12} & c_{13} & \cdots & c_{1r} & \cdots & c_{1n} & : & d_1 \\ 0 & 1 & c_{23} & \cdots & c_{2r} & \cdots & c_{2n} & : & d_2 \\ \vdots & \vdots & \vdots & & \vdots & & \vdots & \vdots & \vdots \\ 0 & 0 & 0 & \cdots & 1 & \cdots & c_{rn} & : & d_r \end{bmatrix} \rightarrow \begin{cases} x_1 + c_{12}x_2 + c_{13}x_3 + \cdots + c_{1r}x_r + \cdots + c_{1n}x_n = d_1 \\ \qquad\quad x_2 + c_{23}x_3 + \cdots + c_{2r}x_r + \cdots + c_{2n}x_n = d_2 \\ \qquad\qquad\qquad \cdots \\ \qquad\qquad\qquad\qquad\qquad x_r + \cdots + c_{rn}x_n = d_r \end{cases}$$

① $r = n$이면, 이 선형연립방정식은 유일한 해를 갖는다.

② $r < n$이면, 이 선형연립방정식은 무수히 많은 해를 갖는다.

예제 12 다음 선형연립방정식의 **해집합**을 구하고, 직접 계산한 결과와 코딩 프로그램을 이용하여 계산한 결과를 비교하시오. **(해가 유일한 경우)**

(1) $\begin{cases} 2x-3y+\ \ z=\ 10 \\ 7x+\ \ y-2z=\ \ \ 1 \\ \ \ x+4y+3z=-9 \end{cases}$ [가우스 소거법 후: $\begin{cases} \ \ x+0y+0z= \quad 39/59 \\ 0x+\ \ y+0z= -162/59 \\ 0x+0y+\ \ z= \quad 26/59 \end{cases}$ 임을 확인한다.]

http://matrix.skku.ac.kr/KOFAC/

```
A = matrix([[2, -3, 1], [7, 1, -2], [1, 4, 3]])      # 계수행렬
b = vector([10, 1, -9])                               # 상수항 벡터
A.augment(b).rref()                                   # 첨가행렬의 RREF, # RREF( [A : b] )
```

답.
```
[   1    0    0   39/59]
[   0    1    0 -162/59]
[   0    0    1   26/59]          # RREF( [A : b] )
```
■

위의 결과로부터 유일한 해 $x=\dfrac{39}{59}$, $y=-\dfrac{162}{59}$, $z=\dfrac{26}{59}$을 얻는다. 해집합은 다음과 같다.

$$S=\left\{\left(\frac{39}{59},\ -\frac{162}{59},\ \frac{26}{59}\right)\right\}$$

또한 이 결괏값은 다음과 같이 Sage의 내부 명령어를 이용하여 구할 수도 있다.

http://matrix.skku.ac.kr/KOFAC/

```
A.solve_right(b)
```

답. (39/59, -162/59, 26/59)　　　　# 답 x= 39/59, y= -162/59, z= 26/59 ■

(2) $\begin{cases} \ \ x-3y+8z=-5 \\ \qquad\ y+5z=\ \ 3 \\ 4x+6y+7z=-1 \end{cases}$

http://matrix.skku.ac.kr/KOFAC/

```
A = matrix([[1, -3, 8], [0, 1, 5], [4, 6, 7]])
b = vector([-5, 3, -1])
A.solve_right(b)
```

답. (-3, 34/23, 7/23)　　　　# 답 x=-3, y=34/23, z=7/23 ■

예제 13 다음 선형연립방정식의 **해집합**을 구하시오. (해가 없는 경우)

$$\begin{cases} x-2y+z=7 \\ 2x-2y+z=5 \\ 3x+y-5z=0 \\ -y+2z=-4 \\ -6x+7z=-10 \end{cases} \qquad \left(\text{즉, } \begin{cases} x=0 \\ y=0 \\ z=0 \\ 0z=1 \\ 0z=0 \end{cases} \right)$$

http://matrix.skku.ac.kr/KOFAC/

```
A = matrix([[1, -2, 1], [2, -2, 1], [3, 1, -5], [0, -1, 2], [-6, 0, 7]])
b = vector([7, 5, 0, -4, -10])
A.augment(b).rref()
```

답. [1 0 0 : 0]
[0 1 0 : 0]
[0 0 1 : 0]
[0 0 0 : 1]
[0 0 0 : 0] ■

위의 결과가 의미하는 것은

$$x=0,\ y=0,\ z=0,\ 0=1,\ 0=0$$

이다. 따라서 네 번째 식 $0=1$이 모순이므로 이 연립방정식은 해가 존재하지 않는다.

Sage의 RREF 명령어 대신 A.solve_right(b) 명령어를 이용하면 다음 "has no solutions"란 답을 얻는다. 이는 해가 존재하지 않음을 의미한다. 따라서 **해집합은 공집합** $\varnothing$ **이다.**

http://matrix.skku.ac.kr/KOFAC/

```
A.solve_right(b)
```

답. .....
ValueError: matrix equation has no solutions ■

예제 14 다음 선형연립방정식의 **해집합**을 구하시오. **(해가 무수히 많은 경우)**

$$\begin{cases} 3x-2y+z-u+5v=1 \\ 2x+y-2z+3u=23 \\ x+5y+4z-7u+v=-17 \end{cases}$$

http://matrix.skku.ac.kr/KOFAC/

```
A = matrix([[3, -2, 1, -1, 5], [2, 1, -2, 3, 0], [1, 5, 4, -7, 1]])
b = vector([1, 23, -17])
A.augment(b).rref()
```

답.
```
[   1   0   0    4/71   73/71  :  262/71]
[   0   1   0  -13/71  -42/71  :  107/71]
[   0   0   1 -109/71   52/71  : -501/71]
```
■

위의 결과가 의미하는 것은

$$\begin{aligned} x+\frac{4}{71}u+\frac{73}{71}v&=\frac{262}{71} \\ y-\frac{13}{71}u-\frac{42}{71}v&=\frac{107}{71} \\ z-\frac{109}{71}u+\frac{52}{71}v&=-\frac{501}{71} \end{aligned} \qquad \text{즉,} \qquad \begin{aligned} x&=-\frac{4}{71}u-\frac{73}{71}v+\frac{262}{71} \\ y&=\frac{13}{71}u+\frac{42}{71}v+\frac{107}{71} \\ z&=\frac{109}{71}u-\frac{52}{71}v-\frac{501}{71} \end{aligned}$$

이다. 따라서 u와 v의 값이 정해지면 그에 따라 x, y, z의 값이 정해진다. $u=r$, $v=s$ (여기서 r, s는 임의의 실수)를 대입하면 다음을 얻는다.

$$\begin{aligned} x&=-\frac{4}{71}r-\frac{73}{71}s+\frac{262}{71} \\ y&=\frac{13}{71}r+\frac{42}{71}s+\frac{107}{71} \\ z&=\frac{109}{71}r-\frac{52}{71}s-\frac{501}{71} \\ u&=r \\ v&=s \end{aligned}$$

이 해를 벡터 형태로 쓰면 **해집합** S는 다음과 같다.

$$S=\left\{\begin{bmatrix} x \\ y \\ z \\ u \\ v \end{bmatrix}=\begin{bmatrix} -\frac{4}{71}r-\frac{73}{71}s+\frac{262}{71} \\ \frac{13}{71}r+\frac{42}{71}s+\frac{107}{71} \\ \frac{109}{71}r-\frac{52}{71}s-\frac{501}{71} \\ r \\ s \end{bmatrix}=\begin{bmatrix} \frac{262}{71} \\ \frac{107}{71} \\ -\frac{501}{71} \\ 0 \\ 0 \end{bmatrix}+r\begin{bmatrix} -\frac{4}{71} \\ \frac{13}{71} \\ \frac{109}{71} \\ 1 \\ 0 \end{bmatrix}+s\begin{bmatrix} -\frac{73}{71} \\ \frac{42}{71} \\ -\frac{52}{71} \\ 0 \\ 1 \end{bmatrix} : r, s \in \mathbb{R}\right\}$$

즉, r과 s에 임의의 실수를 대입하여 얻은 $(x,\ y,\ z,\ u,\ v)$는 모두 해가 된다. 따라서 무수히 많은 해를 갖는다. 아래에서 얻은 해 (262/71, 107/71, −501/71, 0, 0)을 보통 하나의 특수해라고 한다. 가우스 소거법은 이와같이 해집합을 구할 때 매우 유용하다.

Sage의 내부 명령어를 이용해서 위 선형연립방정식의 해를 구해보면 다음과 같다.

http://matrix.skku.ac.kr/KOFAC/

```
A.solve_right(b)
```

답. (262/71, 107/71, −501/71, 0, 0) ■

특수해 즉, Sage는 $r=0,\ s=0$인 **경우의 특수해(particular solution)만 제공함을 알 수 있다.**

이제 예제 14 와 같이 해가 무수히 많은 선형연립방정식 $A\mathrm{x}=\mathrm{b}$가 갖는 해집합의 구조를 살펴보자. 이를 위해서는 먼저 선형연립방정식 $A\mathrm{x}=\mathrm{b}$에서 계수행렬 A는 같고, 상수항 벡터 b만 영벡터 0로 교체한 **수반동차연립방정식**(associated homogeneous system of linear equations) $A\mathrm{x}=0$의 **해집합**(해공간)에 대하여 파악해야 한다.

예제 14, 예제 15 의 선형연립방정식에 대응하는 수반동차연립방정식을 풀어보자.

$$\begin{cases} 3x-2y+z-u+5v=0 \\ 2x+y-2z+3u \qquad =0 \\ x+5y+4z-7u+v=0 \end{cases}$$

http://matrix.skku.ac.kr/KOFAC/

```
A = matrix([[3, -2, 1, -1, 5], [2, 1, -2, 3, 0], [1, 5, 4, -7, 1]])
b = vector([0, 0, 0])
A.augment(b).rref()
```

답.
```
[  1  0  0    4/71   73/71  :  0]
[  0  1  0  -13/71  -42/71  :  0]
[  0  0  1 -109/71   52/71  :  0]
```
■

위의 결과가 의미하는 것은

$$\begin{aligned} x+\frac{4}{71}u+\frac{73}{71}v&=0 \\ y-\frac{13}{71}u-\frac{42}{71}v&=0 \\ z-\frac{109}{71}u+\frac{52}{71}v&=0 \end{aligned} \qquad \text{즉,} \qquad \begin{aligned} x&=-\frac{4}{71}u-\frac{73}{71}v \\ y&=\frac{13}{71}u+\frac{42}{71}v \\ z&=\frac{109}{71}u-\frac{52}{71}v \end{aligned}$$

이다. 따라서 **u와 v의 값이 정해지면 그에 따라 $x,\ y,\ z$의 값이 정해진다.** $u=r,\ v=s$ (여기서 $r,\ s$는 임의의 실수)를 **대입하면 다음을 얻는다.**

$$x = -\frac{4}{71}r - \frac{73}{71}s$$

$$y = \frac{13}{71}r + \frac{42}{71}s$$

$$z = \frac{109}{71}r - \frac{52}{71}s \quad \Rightarrow \begin{bmatrix} x \\ y \\ z \\ u \\ v \end{bmatrix} = \begin{bmatrix} -\frac{4}{71}r - \frac{73}{71}s \\ \frac{13}{71}r + \frac{42}{71}s \\ \frac{109}{71}r - \frac{52}{71}s \\ r \\ s \end{bmatrix} = r\begin{bmatrix} -\frac{4}{71} \\ \frac{13}{71} \\ \frac{109}{71} \\ 1 \\ 0 \end{bmatrix} + s\begin{bmatrix} -\frac{73}{71} \\ \frac{42}{71} \\ -\frac{52}{71} \\ 0 \\ 1 \end{bmatrix}$$

$$u = r$$

$$v = s$$

이 해를 벡터 형태로 쓰면 **수반동차연립방정식** $A\mathrm{x} = 0$의 **해집합** S_h는 다음과 같다.

$$S_h = \left\{ \begin{bmatrix} x \\ y \\ z \\ u \\ v \end{bmatrix} = \begin{bmatrix} -\frac{4}{71}r - \frac{73}{71}s \\ \frac{13}{71}r + \frac{42}{71}s \\ \frac{109}{71}r - \frac{52}{71}s \\ r \\ s \end{bmatrix} = r\begin{bmatrix} -\frac{4}{71} \\ \frac{13}{71} \\ \frac{109}{71} \\ 1 \\ 0 \end{bmatrix} + s\begin{bmatrix} -\frac{73}{71} \\ \frac{42}{71} \\ -\frac{52}{71} \\ 0 \\ 1 \end{bmatrix} : r, s \in \mathbb{R} \right\} := \left\langle \begin{bmatrix} -\frac{4}{71} \\ \frac{13}{71} \\ \frac{109}{71} \\ 1 \\ 0 \end{bmatrix}, \begin{bmatrix} -\frac{73}{71} \\ \frac{42}{71} \\ -\frac{52}{71} \\ 0 \\ 1 \end{bmatrix} \right\rangle$$

따라서 r과 s에 임의의 실수를 대입하여 얻은 $(x,\ y,\ z,\ u,\ v)$는 모두 수반동차연립방정식 $A\mathrm{x} = 0$의 해가 된다.

예제 14 와 **예제 15** 의 결과를 통해 다음을 알 수 있다.

해집합 정리 선형연립방정식 $A\mathrm{x} = \mathrm{b}$의 해집합 S는 다음과 같은 형식으로 표현된다.

$$S = \mathrm{x}_0 + S_h$$

여기서 x_0는 $A\mathrm{x} = \mathrm{b}$를 만족하는 (해집합의 원소 중 하나인) S_h**는 수반동차연립방정식** $A\mathrm{x} = 0$**의 해집합(해공간)이다.**

참고 선형연립방정식 $A\mathrm{x} = \mathrm{b}$가 유일한 해를 가질 때는 $A\mathrm{x} = 0$의 해집합이 $S_h = \{0\}$인 경우이다. 그리고 $A\mathrm{x} = \mathrm{b}$의 해가 존재하지 않을 때는 특수해 x_0를 찾을 수 없다.

Sage의 A.right_kernel() 명령어를 이용하면 수반동차연립방정식의 해집합(해공간)을 쉽게 구할 수 있다.

예제 16 다음과 같이 주어진 행렬 A와 벡터 b에 대하여 선형연립방정식 $A\mathrm{x}=\mathrm{b}$의 해집합을 구하시오. **(해가 무수히 많은 경우의 예)**

$$A=\begin{bmatrix} 1 & 0 & 4 & 0 & 1 & 1 & 0 \\ -3 & 1 & -10 & 3 & 0 & -2 & -9 \\ 4 & 3 & -10 & 10 & 5 & 0 & -30 \\ 5 & 3 & 26 & 7 & 14 & 6 & -21 \\ 2 & 2 & 12 & 3 & 8 & 1 & -9 \end{bmatrix}, \quad \mathrm{b}=\begin{bmatrix} 2 \\ -10 \\ -12 \\ -2 \\ -4 \end{bmatrix}$$

풀이. 먼저 선형연립방정식 $A\mathrm{x}=\mathrm{b}$의 특수해를 구하면 다음과 같다.

http://matrix.skku.ac.kr/KOFAC/

```
A = matrix([[1, 0, 4, 0, 1, 1, 0], [-3, 1, -10, 3, 0, -2, -9],
            [4, 3, -10, 10, 5, 0, -30], [5, 3, 26, 7, 14, 6, -21],
            [2, 2, 12, 3, 8, 1, -9]])
b = vector([2, -10, -12, -2, -4])
A.solve_right(b)
```

답. (1, -9/2, 1/4, 0, 0, 0, 0)　　# x_0, $A\mathrm{x}=\mathrm{b}$의 하나의 특수해 ■

이제 수반동차연립방정식 $A\mathrm{x}=0$의 해집합(해공간)을 구하면 다음과 같다.

http://matrix.skku.ac.kr/KOFAC/

```
A = matrix([[1, 0, 4, 0, 1, 1, 0], [-3, 1, -10, 3, 0, -2, -9],
[4, 3, -10, 10, 5, 0, -30], [5, 3, 26, 7, 14, 6, -21],
[2, 2, 12, 3, 8, 1, -9]])
A.right_kernel()        # 수반동차연립방정식은 상수항이 0으로 고정되어 있으므로 계수행렬만 필요
```

답. Free module of degree 7 and rank 3 over Integer Ring
Echelon basis matrix:

```
[ 0  5  0  2 -1  1  1]     # 행벡터가 해공간을 생성
[ 0  0  1  2 -2 -2  0]     # 행벡터가 해공간을 생성
[ 0  0  0  3  0  0  1]     # 행벡터가 해공간을 생성
```
■

따라서 수반동차연립방정식 $A\mathrm{x}=0$의 해집합(해공간)은 다음과 같다.

$$S_h = \left\langle \begin{bmatrix} 0\\5\\0\\2\\-1\\1\\1 \end{bmatrix}, \begin{bmatrix} 0\\0\\1\\2\\-2\\-2\\0 \end{bmatrix}, \begin{bmatrix} 0\\0\\0\\3\\0\\0\\1 \end{bmatrix} \right\rangle = \left\{ r\begin{bmatrix} 0\\5\\0\\2\\-1\\1\\1 \end{bmatrix} + s\begin{bmatrix} 0\\0\\1\\2\\-2\\-2\\0 \end{bmatrix} + t\begin{bmatrix} 0\\0\\0\\3\\0\\0\\1 \end{bmatrix} : r, s, t \in \mathbb{R} \right\}$$

따라서 주어진 선형연립방정식 $A\mathrm{x} = \mathrm{b}$ 의 해집합은 다음과 같다.

$$S = \mathrm{x}_0 + S_h = \left\{ \begin{bmatrix} 1\\ -\frac{9}{2}\\ \frac{1}{4}\\0\\0\\0\\0 \end{bmatrix} + r\begin{bmatrix} 0\\5\\0\\2\\-1\\1\\1 \end{bmatrix} + s\begin{bmatrix} 0\\0\\1\\2\\-2\\-2\\0 \end{bmatrix} + t\begin{bmatrix} 0\\0\\0\\3\\0\\0\\1 \end{bmatrix} : r, s, t \in \mathbb{R} \right\}$$

참고 RREF를 통하여 계산한 **수반동차연립방정식의 일반해**와 A.right_kernel() 명령어를 이용하여 **계산한 일반해의 모습**이 다를 수 있으나 **해집합은 동일하다**.

[요약] 해가 무수히 많은 경우, 선형연립방정식 $A\mathrm{x} = \mathrm{b}$ 의 해집합은 먼저 특수해 x_0를 명령어 A.solve_right(b)로 구하고, 위의 **예제 16**과 같은 방법으로 수반동차연립방정식 $A\mathrm{x} = 0$ 의 해집합 S_h를 구한 후, 이 둘을 더하여 $A\mathrm{x} = \mathrm{b}$ 의 해집합 $S = \mathrm{x}_0 + S_h$을 바로 얻을 수 있다.

참고 n차 행렬 $A = [a_{ij}]_{n \times n}$에 대하여 n차 다항식 $\det(\lambda I_n - A) = 0$의 해집합을 구하면 (실수상에서 허근을 포함한) n개의 고윳값을 모두 얻을 수 있으며, 각각의 근(고윳값, eigenvalue) λ에 대하여 연립방정식 $A\mathrm{x} = \lambda\mathrm{x}$ 또는 동차연립방정식 $(A - \lambda I_n)\mathrm{x} = 0$을 만족하는 고유벡터(eigenvector) x는 동차연립방정식 $(A - \lambda I_n)\mathrm{x} = 0$의 해집합(해공간)에서 영 아닌 벡터를 고르면 된다. $A\mathrm{x} = \lambda\mathrm{x}$을 만족하는 λ를 A의 고윳값, 영 아닌 벡터 x를 λ에 대응하는 A의 고유벡터라 한다. (예) A =matrix(QQ,2,2, [1,2, -6,8]); print (A.charpoly()); print (A.eigenvectors_right())

◪ 열린 문제 4 6×9 행렬 A와 6차원 벡터 b를 임의로 생성하여 선형연립방정식 $A\mathrm{x} = \mathrm{b}$의 해집합을 구하여라.

참고자료 해집합 http://matrix.skku.ac.kr/K-MOOC-LA/cla-week-4.html

Week 1 과제 위의 열린 문제를 풀어본 후, 본인이 요약/실습/질문/답변한 내용을 Q&A(문의게시판)에 공유하시오.

[보고서 양식 (다운로드)] http://matrix.skku.ac.kr/PBL/PBL-Report-Form-Korean.hwp

2주차 벡터의 노름, 내적, 외적, 직선과 평면의 방정식, 정사영(Projection)

학습목표	이번 주차에서는 벡터의 노름, 내적, 외적, $\mathbb{R}^3$에서의 직선과 평면의 방정식, 정사영에 대하여 학습한다.
핵심개념	벡터의 노름, 내적, 외적, 직선의 방정식, 평면의 방정식, 정사영
실습실	http://matrix.skku.ac.kr/M-calculus/W2/

2.1 벡터의 노름(Norm)과 내적(Inner Product, Dot Product)

벡터 $\mathbf{a}=(a_1, a_2)=\overrightarrow{OA}$에 대하여 $\mathbf{a}$의 크기를 다음과 같이 나타내고, $\mathbf{a}$의 **노름**(norm)이라 한다.

$$\|\mathbf{a}\| = \sqrt{a_1^2 + a_2^2}$$

다음의 왼쪽 그림에서 볼 수 있듯이 $\|\mathbf{a}\|$는 원점 O에서 점 $A(a_1,\ a_2)$에 이르는 **거리**와 같다.

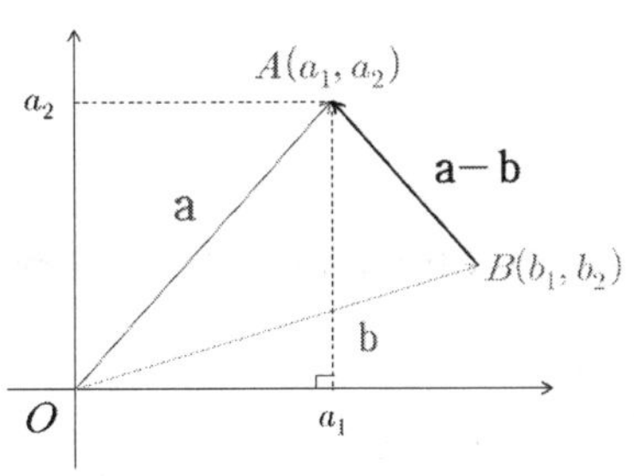

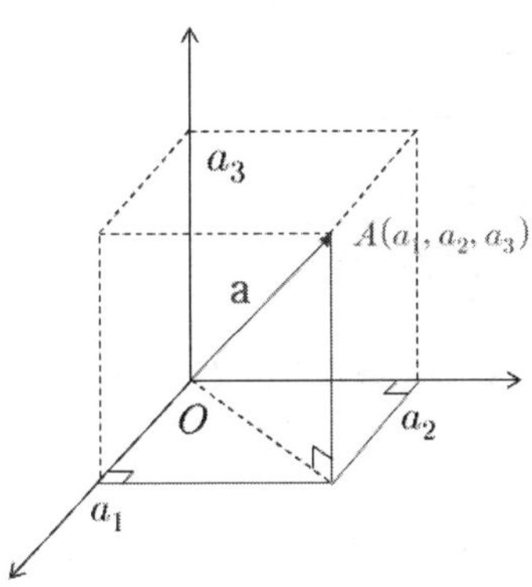

노름을 이용하면 두 점 사이의 **거리**(distance)를 쉽게 계산할 수 있다. 즉 두 벡터 $\mathbf{a}=(a_1,\ a_2)$, $\mathbf{b}=(b_1,\ b_2)$에 대하여 두 점 $A(a_1,\ a_2)$와 $B(b_1,\ b_2)$ 사이의 거리 $\mathrm{dist}(A, B)$는 다음과 같다.

$$\mathrm{dist}(A, B) = \|\mathbf{a}-\mathbf{b}\| = \sqrt{(a_1-b_1)^2+(a_2-b_2)^2}$$

참고 노름과 거리는 3차원은 물론 고차원 벡터에 대해서도 같은 형태로 확장된다(위의 오른쪽 그림). 예를 들어, 두 벡터 a$=(a_1, a_2, a_3)$, b$=(b_1, b_2, b_3)$에 대응하는 점을 $A(a_1, a_2, a_3)$, $B(b_1, b_2, b_3)$라 할 때, a의 **노름** $\|$a$\|$**과 두 점 A, B 사이의** 거리 dist(A, B)는 각각 다음과 같이 정의된다.

① $\|$a$\| = \sqrt{a_1^2 + a_2^2 + a_3^2}$ **(원점에서 점 $A(a_1, a_2, a_3)$에 이르는 거리)**

② dist$(A, B) = \|$a$-$b$\| = \sqrt{(a_1 - b_1)^2 + (a_2 - b_2)^2 + (a_3 - b_3)^2}$

일반적인 $\mathbb{R}^n$에서도 벡터 a, b와 스칼라 k에 대하여 다음이 성립한다.

① $\|$a$\| \geq 0$, $\|$a$\| = 0 \iff$ a$=0$

② $\|k$a$\| = |k| \|$a$\|$

③ $\|$a$+$b$\| \leq \|$a$\| + \|$b$\|$

예제 1 두 벡터 v$=(1, 2, -4)$, w$=(-1, 3, 1)$에 대하여 $\|$v$\|$, $\|2$w$\|$, $\|$v$-$w$\|$를 각각 계산하시오.

http://matrix.skku.ac.kr/KOFAC/

```
v = vector([1, 2, -4])                          # 벡터 생성
w = vector([-1, 3, 1])
print ("||v|| =", v.norm() )                     # 벡터의 크기. 형식은 v.norm()
print ("||2*w|| =", (2*w).norm() )
print ("||v - w|| =", (v - w).norm() )           # 거리 구하기
```

답. ||v|| = sqrt(21), 노름

||2*w|| = 2*sqrt(11)

||v - w|| = sqrt(30), 거리 ■

두 벡터 a $=(a_1, a_2)$와 b $=(b_1, b_2)$의 **내적**(inner product)은 다음과 같이 정의된다.

$$\mathbf{a} \cdot \mathbf{b} = a_1 b_1 + a_2 b_2$$

즉, **a와 b의 내적은** 대응하는 성분끼리 곱한 다음 모두 더한 값으로, 결과는 **스칼라이다.**

참고 내적(Inner Product, Dot Product)은 3차원은 물론 고차원 벡터에 대해서도 같은 형태로 정의된다. 예를 들어, $\mathbb{R}^n$의 두 벡터 a $=(a_1, a_2, \cdots, a_n)$와 b$=(b_1, b_2, \cdots, b_n)$에 대해서도 내적(Inner Product, Dot Product)은 다음과 같이 정의된다.

$$\mathbf{a} \cdot \mathbf{b} = a_1 b_1 + a_2 b_2 + \cdots + a_n b_n$$

내적에 대하여 다음이 성립한다. 대부분 실수의 곱셈이 만족하는 성질과 유사하다.

① $\mathrm{a} \cdot \mathrm{a} = \|\mathrm{a}\|^2 \geq 0$, $\mathrm{a} \cdot \mathrm{a} = 0 \Leftrightarrow \mathrm{a} = 0$

② $\mathrm{a} \cdot \mathrm{b} = \mathrm{b} \cdot \mathrm{a}$ **(교환법칙)**

③ $(\mathrm{a}+\mathrm{b}) \cdot \mathrm{c} = \mathrm{a} \cdot \mathrm{c} + \mathrm{b} \cdot \mathrm{c}$ **(분배법칙)**

④ $(k\mathrm{a}) \cdot \mathrm{b} = \mathrm{a} \cdot (k\mathrm{b}) = k(\mathrm{a} \cdot \mathrm{b})$ **k는 스칼라**

예제 2 벡터 공간 $\mathbb{R}^3$상의 두 벡터 $\mathrm{a}=(5,\ 3,\ 2)$와 $\mathrm{b}=(1,\ 4,\ -3)$의 내적을 구하라.

풀이. $\mathrm{a} \cdot \mathrm{b} = 5 \cdot 1 + 3 \cdot 4 + 2 \cdot (-3) = 11$

http://matrix.skku.ac.kr/KOFAC/

```
a = vector([5, 3, 2])
b = vector([1, 4, - 3])
print (a.inner_product(b))          # 형식은 a.inner_product(b), a · b= a1b1 + a2b2 +⋯+ anbn
```

답. 11 # a=(5, 3, 2)와 b=(1, 4, −3)의 내적 ■

벡터의 노름과 내적에 관하여 다음과 같이 중요한 부등식이 성립한다.

코시-슈바르츠(Cauchy-Schwarz) 부등식

$\mathbb{R}^n$의 임의의 벡터 a, b에 대하여 다음 부등식이 성립한다.

$$|\mathrm{a} \cdot \mathrm{b}| \leq \|\mathrm{a}\| \|\mathrm{b}\|$$

단, 등호는 a, b 중 하나가 다른 것의 실수배일 때만 성립한다.

(2.5절에서 다루는 **정사영**을 이용한 증명이 이번 주차의 마지막 쪽에 있다.)

특히, 코시-슈바르츠(Cauchy-Schwarz) 부등식으로부터 영이 아닌 벡터들에 대하여 $\|\boldsymbol{a}\|\|\boldsymbol{b}\|$은 항상 0보다 크므로 부등식의 양변을 나누면 $-1 \leq \dfrac{|\mathrm{a} \cdot \mathrm{b}|}{\|\mathrm{a}\|\|\mathrm{b}\|} \leq 1$임을 알 수 있다. $-1 \leq \cos\theta \leq 1$이므로 $\dfrac{|\mathrm{a} \cdot \mathrm{b}|}{\|\mathrm{a}\|\|\mathrm{b}\|} = \cos\theta$를 만족하는 $\theta\ (0 \leq \theta \leq \pi)$가 항상 존재한다. 이 θ를 두 벡터 a, b가 이루는 사잇각(angle)이라고 부른다.

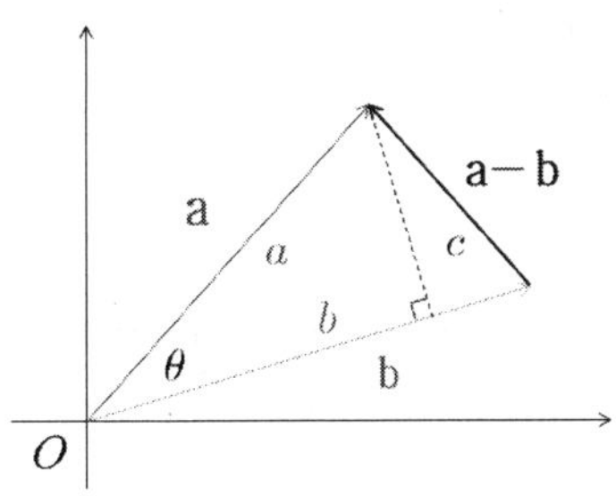

즉, $\mathrm{a}\cdot\mathrm{b}=\|\mathrm{a}\|\|\mathrm{b}\|\cos\theta$ 또는 $\cos\theta=\dfrac{\mathrm{a}\cdot\mathrm{b}}{\|\mathrm{a}\|\|\mathrm{b}\|}(0\le\theta\le\pi)$을 만족하는 θ가 항상 존재한다. 내적 $\mathrm{a}\cdot\mathrm{b}=0$일 때는 $\theta=\dfrac{\pi}{2}$이므로, a와 b는 서로 **직교**(orthogonal)한다고 하고, 적당한 실수 k에 대하여 $\mathrm{a}=k\mathrm{b}$ 또는 $\mathrm{b}=k\mathrm{a}$이 성립하면 a와 b는 **평행**(parallel)하다고 한다.

참고 $\mathbb{R}^n$의 두 벡터 a, b에 대하여 $\|\mathrm{a}\|$, $\|\mathrm{b}\|$, $\mathrm{a}\cdot\mathrm{b}$이 모두 정의되므로 고차원 벡터에 대해서도 관계식 $\cos\theta=\dfrac{\mathrm{a}\cdot\mathrm{b}}{\|\mathrm{a}\|\,\|\mathrm{b}\|}$을 성립하는 사잇각 θ가 항상 정의된다.

- $\mathbb{R}^n$의 벡터 a에 대하여, 노름이 1인 벡터, 즉 $\|\mathrm{a}\|=1$인 벡터를 **단위벡터**(unit vector)라 한다. 또한 $\mathbb{R}^n$의 벡터 a, b가 서로 직교한다면, 이 벡터들은 **직교**(orthogonal)벡터들이라고 하고, a, b가 서로 직교벡터이면서 각각 단위벡터이면 **정규직교**(orthonormal)벡터들이라고 한다.
- $\mathbb{R}^n$의 n개의 **기본단위벡터**(standard unit vector)

$$\mathrm{e}_1=(1,0,0,\cdots 0,0),\ \mathrm{e}_2=(0,1,0,\cdots,0),\ \cdots,\ \mathrm{e}_n=(0,0,0,\cdots,1)$$

과 $\mathbb{R}^3$에서 e_1, e_2, e_3 대신 사용하는 i, j, k들은 정규직교벡터인 기본단위벡터의 예이다.

예제 3 두 벡터 $\mathrm{a}=(2,4,-4)$와 $\mathrm{b}=(2,2,0)$가 이루는 **사잇각**(angle)을 구하시오.

[힌트] 관계식 $\cos\theta=\dfrac{\mathrm{a}\cdot\mathrm{b}}{\|\mathrm{a}\|\,\|\mathrm{b}\|}$으로부터 각 θ의 값을 구해야 하므로 arccos 함수를 적용하여 **사잇각**(angle)을 구한다.

http://matrix.skku.ac.kr/KOFAC/

```
a = vector([2, 4, -4])                          # 벡터 입력
b = vector([2, 2, 0])
ab = a.inner_product(b)                         # 내적
an = a.norm()                                   # 노름
bn = b.norm()
ang_rad = arccos(ab/(an*bn)).n(digits=5)        # 각을 라디안으로 제공
ang_deg = (180*ang_rad/pi).n(digits=5)          # 각을 360도 기준으로 변환
print ("ang(rad) =", ang_rad)
print ("ang(deg) =", ang_deg)
```

답. ang(rad) = 0.78540 # ($\pi/4$ 라디안)

ang(deg) = 45.000 # (도, °) ■

예제 4 네 개의 벡터 $a=(-1,2,2)$, $b=(2,4,4)$, $c=(2,1,0)$, $d=(3,-6,-6)$에 대하여 a와 b의 내적(inner product)과 각 **벡터의 노름**(norm, 크기)은 다음과 같다.

풀이. $a \cdot b = -1 \cdot 2 + 2 \cdot 4 + 2 \cdot 4 = 14$

$$\| a \| = \sqrt{(-1)^2 + 2^2 + 2^2} = 3, \ \| b \| = \sqrt{2^2 + 4^2 + 4^2} = 6$$

a와 b사잇각 θ는 $\cos\theta = \dfrac{a \cdot b}{\| a \| \| b \|} = \dfrac{14}{3 \cdot 6} = \dfrac{7}{9}$이므로 $\theta = \arccos(\frac{7}{9}) \approx 38.942^\circ$

이다. 또

$$a \cdot c = -1 \cdot 2 + 2 \cdot 1 + 2 \cdot 0 = 0$$ **(내적이 0일 때는 $\theta = \frac{\pi}{2}$, 직교, orthogonal)**

$$a = (-1,2,2) = -\frac{1}{3}(3,-6,-6) = -\frac{1}{3}d$$ **(두 벡터가 상수배이면, $\theta = 0$ 또는 π, 평행)**

이므로 a는 c와 **직교**하고, d와 **평행**하다. 또한 a와 같은 방향의 **단위벡터**는 다음과 같다.

$$u = \frac{a}{\| a \|} = \frac{(-1,2,2)}{\| (-1,2,2) \|} = \frac{1}{3}(-1,2,2)$$

http://matrix.skku.ac.kr/KOFAC/

```
a = vector([-1, 2, 2]);b = vector([2, 4, 4])     # 벡터 입력
c = vector([2, 1, 0]);d = vector([3, -6, -6])
ab = a.inner_product(b)
an = a.norm();bn = b.norm()
print ("a·b =", ab)                               # a와 b의 내적
print ("||a|| =", an)                             # a의 크기, 노름
print ("||b|| =", bn)                             # b의 크기, 노름
ang_rad = arccos(ab/(an*bn)).n(digits=5)          # 각을 라디안으로 제공
ang_deg = (180*ang_rad/pi).n(digits=5)            # 각을 360도 기준으로 변환
print ("ang(rad) =", ang_rad)                     # a와 b의 사잇각(라디안)
print ("ang(deg) =", ang_deg)                     # a와 b의 사잇각(육십분법)
print ("a·c =", a.inner_product(c))               # a와 c의 내적 (0이면 직교)
print ("3a + d =", 3*a + d)                       # 0이면 a와 d는 평행
print ("u =", a/an)                               # a와 같은 방향의 단위벡터
```

답.
```
a·b = 14        # a와 b의 내적
||a|| = 3       # a의 크기, 노름
||b|| = 6
```

```
ang(rad) = 0.67967 래디안
ang(deg) = 38.942 도                # a와 b의 사잇각(육십분법)
a·c = 0                             # a와 c의 내적 (0이면 직교)
3a + d = (0, 0, 0)                  # 두 벡터가 상수배, 평행
u = (-1/3, 2/3, 2/3)                # a와 같은 방향의 단위벡터
```
■

◪ 열린 문제 1 임의로 10차원 벡터 a와 b를 생성하여 $\|\mathbf{a}\|$, $\|\mathbf{b}\|$, $\mathbf{a}\cdot\mathbf{b}$, a와 b가 이루는 사잇각 θ (호도법, 육십분법)를 구하시오.

* 방향각과 방향코사인(Direction Angle, Direction Cosine)

$\mathbf{a}=(a_1, a_2, a_3)\neq 0$의 **방향각**(direction angle)은 a가 x축, y축, z축의 양의 방향과 구간 $[0, \pi]$에서 만드는 α, β, γ이다.

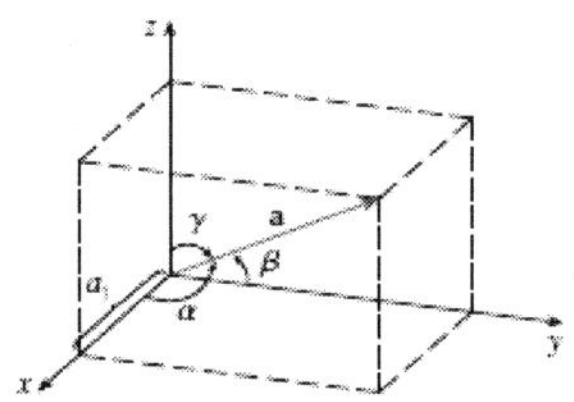

방향각의 코사인 $\cos\alpha$, $\cos\beta$, $\cos\gamma$를 벡터 a의 **방향코사인**(direction cosine)이라 한다. $\cos\theta=\dfrac{\mathbf{a}\cdot\mathbf{b}}{\|\mathbf{a}\|\|\mathbf{b}\|}$ 또는 $\mathbf{a}\cdot\mathbf{a}_i=\|\mathbf{a}\|\|\mathbf{a}_i\|\cos\theta$을 기억하면, $\mathbb{R}^3$에서의 기본단위벡터 $\mathbf{i}=\mathbf{e}_1=(1,0,0)$, $\mathbf{j}=\mathbf{e}_2=(0,1,0)$, $\mathbf{k}=\mathbf{e}_3=(0,0,1)$에 대하여, $\cos\alpha=\dfrac{\mathbf{a}\cdot\mathbf{i}}{\|\mathbf{a}\|\|\mathbf{i}\|}=\dfrac{a_1}{\|\mathbf{a}\|}$, $\cos\beta=\dfrac{\mathbf{a}\cdot\mathbf{j}}{\|\mathbf{a}\|\|\mathbf{j}\|}=\dfrac{a_2}{\|\mathbf{a}\|}$, $\cos\gamma=\dfrac{\mathbf{a}\cdot\mathbf{k}}{\|\mathbf{a}\|\|\mathbf{k}\|}=\dfrac{a_3}{\|\mathbf{a}\|}$ 식을 만족하므로, $\mathbf{a}=(a_1, a_2, a_3)=(\|\mathbf{a}\|\cos\alpha, \|\mathbf{a}\|\cos\beta, \|\mathbf{a}\|\cos\gamma)=\|\mathbf{a}\|(\cos\alpha, \cos\beta, \cos\gamma)$으로 쓸 수 있다. 따라서 $\dfrac{1}{\|\mathbf{a}\|}\mathbf{a}=(\cos\alpha, \cos\beta, \cos\gamma)$이며,

$$\cos^2\alpha+\cos^2\beta+\cos^2\gamma=\frac{a_1^2+a_2^2+a_3^2}{\|\mathbf{a}\|^2}=\frac{\|\mathbf{a}\|^2}{\|\mathbf{a}\|^2}=\frac{\|\mathbf{a}\|}{\|\mathbf{a}\|}=1$$

을 만족한다.

◪ 열린 문제 2 4차원 공간 $\mathbb{R}^4$에서의 **방향코사인**(direction cosine)에 대하여도 유사한 이론 전개가 가능한지 확인해 보세요,

2.2 벡터의 외적(Cross Product, Vector Product)

기하학, 물리학, 공학 등에서 벡터를 활용할 때, 종종 $\mathbb{R}^3$상의 주어진 두 벡터에 동시에 수직인 제3의 벡터를 구해야 할 때가 있다. $\mathbb{R}^3$에서 중요한 의미를 갖는 벡터의 **외적**(cross product)을 이용하면 이 제3의 벡터를 쉽게 구할 수 있다.

$\mathbb{R}^3$의 x, y, z 축 위에 있는 기본단위벡터(standard unit vector)를 각각 $\mathbf{i}=(1,0,0)$, $\mathbf{j}=(0,1,0)$와 $\mathbf{k}=(0,0,1)$라 하면 $\mathbf{a}=(a_1, a_2, a_3)$는 기본단위벡터 $\mathbf{i}$, $\mathbf{j}$, $\mathbf{k}$의 일차결합(linear combination)으로 표현될 수 있다.

$$\begin{aligned}\mathbf{a} &= (a_1, a_2, a_3)\\ &= a_1(1,0,0) + a_2(0,1,0) + a_3(0,0,1)\\ &= a_1\mathbf{i} + a_2\mathbf{j} + a_3\mathbf{k}\end{aligned}$$

두 벡터 $\mathbf{a}=(a_1, a_2, a_3) = a_1\mathbf{i}+a_2\mathbf{j}+a_3\mathbf{k}$, $\mathbf{b}=(b_1, b_2, b_3) = b_1\mathbf{i}+b_2\mathbf{j}+b_3\mathbf{k}$에 대하여 $\mathbf{a}$와 $\mathbf{b}$의 외적 $\mathbf{a}\times\mathbf{b}$은 다음과 같이 정의된다.

$$\begin{aligned}\mathbf{a}\times\mathbf{b} &= (a_2b_3 - a_3b_2, a_3b_1 - a_1b_3, a_1b_2 - a_2b_1)\\ &= (a_2b_3 - a_3b_2)\mathbf{i} + (a_3b_1 - a_1b_3)\mathbf{j} + (a_1b_2 - a_2b_1)\mathbf{k}\end{aligned}$$

참고 ① 외적은 $\mathbb{R}^3$ 공간에서 정의되며, 주어진 두 벡터로부터 새로운 벡터를 생성한다.
② 행렬식(determinant)을 이용하면 외적을 다음과 같이 나타낼 수 있다.

$$\mathbf{a}\times\mathbf{b} = \begin{vmatrix}\mathbf{i} & \mathbf{j} & \mathbf{k}\\ a_1 & a_2 & a_3\\ b_1 & b_2 & b_3\end{vmatrix} = \begin{vmatrix}a_2 & a_3\\ b_2 & b_3\end{vmatrix}\mathbf{i} - \begin{vmatrix}a_1 & a_3\\ b_1 & b_3\end{vmatrix}\mathbf{j} + \begin{vmatrix}a_1 & a_2\\ b_1 & b_2\end{vmatrix}\mathbf{k}$$

[추가정보]
http://matrix.skku.ac.kr/Cal-Book1/Ch11/
https://tutorial.math.lamar.edu/classes/calcii/crossproduct.aspx

행렬식을 몰라도 SAGE의 a.cross_product(b) 명령어를 이용하여 $\mathbf{a}\times\mathbf{b}$를 구할 수 있다.

예제 5 두 벡터 $\mathbf{a}=(1, 2, -2)$와 $\mathbf{b}=(3, 0, 1)$에 대하여, $\mathbf{a}\cdot\mathbf{b}$와 $\mathbf{a}\times\mathbf{b}$를 각각 구하여라.

http://matrix.skku.ac.kr/KOFAC/

```
a = vector([1, 2, -2])                          # 벡터 입력
b = vector([3, 0, 1])
print ("a·b =", a.inner_product(b))             # 내적
print ("a×b =", a.cross_product(b))             # 외적(a와 b의 순서 중요함!!)
```

답. a·b = 1 # 내적, 스칼라값

a×b = (2, −7, −6) # 외적, 벡터값 ■

두 벡터 a와 b에 대하여, a와 b의 **외적**(Cross Product) a×b에는 다음과 같은 의미가 있다.

① **a×b는 a와 b에 각각 수직이다**. 즉, a · (a×b) = 0 = b · (a×b)이 성립한다. 따라서 a와 b가 평행이 아니면, a×b는 이 두 벡터가 결정하는 평면에 수직인 벡터이다.

Note:

$$\mathrm{a}\cdot(\mathrm{a}\times\mathrm{b}) = (a_1, a_2, a_3)\cdot\left(\begin{vmatrix} a_2 & a_3 \\ b_2 & b_3 \end{vmatrix}, -\begin{vmatrix} a_1 & a_3 \\ b_1 & b_3 \end{vmatrix}, \begin{vmatrix} a_1 & a_2 \\ b_1 & b_2 \end{vmatrix}\right) = \begin{vmatrix} a_1 & a_2 & a_3 \\ a_1 & a_2 & a_3 \\ b_1 & b_2 & b_3 \end{vmatrix} = 0$$ **(여인자전개)**

$$\mathrm{b}\cdot(\mathrm{a}\times\mathrm{b}) = (b_1, b_2, b_3)\cdot\left(\begin{vmatrix} a_2 & a_3 \\ b_2 & b_3 \end{vmatrix}, -\begin{vmatrix} a_1 & a_3 \\ b_1 & b_3 \end{vmatrix}, \begin{vmatrix} a_1 & a_2 \\ b_1 & b_2 \end{vmatrix}\right) = \begin{vmatrix} b_1 & b_2 & b_3 \\ a_1 & a_2 & a_3 \\ b_1 & b_2 & b_3 \end{vmatrix} = 0$$ **(행렬식의 성질)**

② ‖a×b‖는 a와 b를 이웃하는 **두 변으로** 하는 평행사변형의 넓이이다. 즉 θ를 a와 b의 사잇각이라 하면 ‖a×b‖ = ‖a‖‖b‖sin θ이 성립한다.

http://matrix.skku.ac.kr/LA-Lab/4-4/4-4.htm

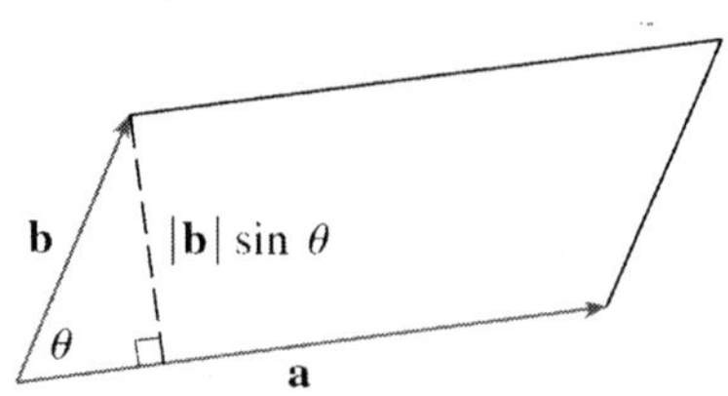

③ 벡터 a, b와 벡터 a×b의 방향은 **오른손 법칙**을 따른다. 즉 오른손으로 a에서부터 b 방향으로 손가락을 감을때 엄지손가락이 지시하는 방향이 벡터 a×b의 방향이다.

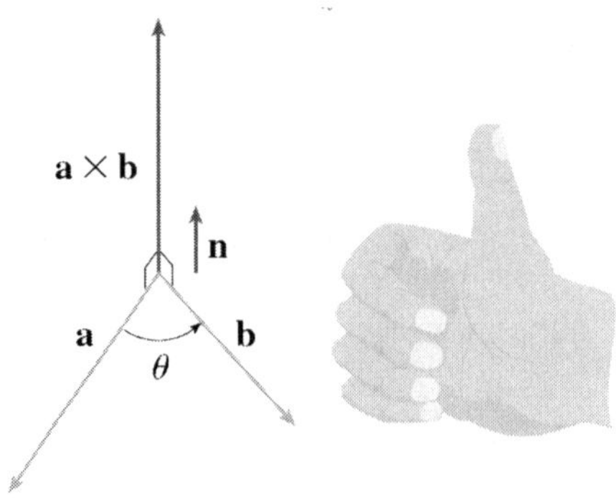

https://m.blog.naver.com/bmw9707121/221746745710

예제 6 두 벡터 $\mathbf{a}=(-4,1,2)$, $\mathbf{b}=(1,0,-1)$에 동시에 수직인 **단위벡터**를 구하여라.

http://matrix.skku.ac.kr/KOFAC/

```
a = vector([-4, 1, 2])              # 벡터
b = vector([1, 0, -1])
c = a.cross_product(b)              # 외적
cn = c.norm()
print (c/cn)
print (-c/cn)
```

답. (-1/6*sqrt(6), -1/3*sqrt(6), -1/6*sqrt(6))   # $\mathbf{a}\times\mathbf{b}$
(1/6*sqrt(6), 1/3*sqrt(6), 1/6*sqrt(6))   # $-(\mathbf{a}\times\mathbf{b})$ ■

예제 7 세 점 $P(4,-3,2)$, $Q(5,-1,0)$, $R(1,3,2)$을 세 꼭지점으로 갖는 삼각형의 넓이를 구하여라.

[힌트] 평행하지 않은 두 벡터 $\mathbf{a}$와 $\mathbf{b}$로 결정되는 삼각형의 넓이는 $\frac{1}{2}\|\mathbf{a}\times\mathbf{b}\|$이므로 $\overrightarrow{PQ}=\mathbf{a}$, $\overrightarrow{PR}=\mathbf{b}$로 두고 공식 $\frac{1}{2}\|\mathbf{a}\times\mathbf{b}\|$을 적용하면 된다.

http://matrix.skku.ac.kr/KOFAC/

```
P = vector([4, -3, 2])
Q = vector([5, -1, 0])
R = vector([1, 3, 2])
a = Q - P                                   # 벡터 PQ
b = R - P                                   # 벡터 PR
A = 1/2*(a.cross_product(b)).norm()         # 삼각형의 넓이
print ("Area =", A)
```

답. Area = 9 ■

외적을 이용하면 다음과 같이 동일한 평면에 놓여 있지 않은 $\mathbb{R}^3$상의 세 벡터 $\mathbf{a}$, $\mathbf{b}$, $\mathbf{c}$가 결정하는 평행육면체의 부피를 구할 수 있다.

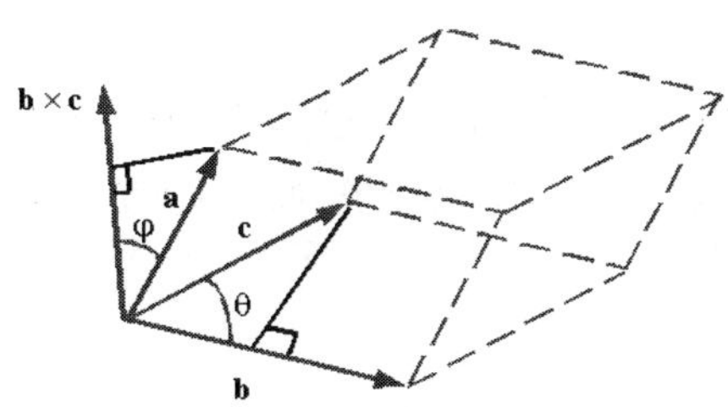

위의 그림에서 $\|\mathrm{b}\times\mathrm{c}\|$는 **평행육면체의 밑면의 넓이**이다. 그리고 벡터 a와 $\mathrm{b}\times\mathrm{c}$가 이루는 각을 φ라 하면 $\|\mathrm{a}\|\,|\cos\varphi|$은 **높이**가 된다. 따라서 **평행육면체의 부피**는 다음과 같다.

$$V=\|\mathrm{a}\|\|\mathrm{b}\times\mathrm{c}\||\cos\varphi|=|\mathrm{a}\cdot(\mathrm{b}\times\mathrm{c})|$$

$$=\left|(a_1, a_2, a_3)\cdot\left(\begin{vmatrix} b_b & a_3 \\ c_2 & b_3 \end{vmatrix}, -\begin{vmatrix} b_1 & b_3 \\ c_1 & c_3 \end{vmatrix}, \begin{vmatrix} b_1 & b_2 \\ c_1 & c_2 \end{vmatrix}\right)\right|=\left|\det\begin{pmatrix} a_1 & a_2 & a_3 \\ b_1 & b_2 & b_3 \\ c_1 & c_2 & c_3 \end{pmatrix}\right| \quad \textbf{(여인자전개)}$$

http://matrix.skku.ac.kr/sglee/linear/ocu/20302.html

여기서 $\mathrm{a}\cdot(\mathrm{b}\times\mathrm{c})=\begin{vmatrix} a_1 & a_2 & a_3 \\ b_1 & b_2 & b_3 \\ c_1 & c_2 & c_3 \end{vmatrix}$를 **스칼라 삼중곱**(scalar triple product)이라 한다.

예제 8 세 벡터 $\mathrm{a}=(2, -1, -5)$, $\mathrm{b}=(1, 3, -4)$, $\mathrm{c}=(2, 0, 7)$에 의하여 결정되는 평행육면체의 부피를 구하여라.

http://matrix.skku.ac.kr/KOFAC/

```
a = vector([2, -1, -5])
b = vector([1, 3, -4])
c = vector([2, 0, 7])
bc = b.cross_product(c)
scp = a.inner_product(bc)                    # 스칼라 삼중곱
V = abs(scp)                                 # 평행육면체의 부피
print ("Volume =", V)
A= matrix (3, 3, [2, -1, -5, 1, 3, -4, 2, 0, 7])
Determinant = A.det()                        # A의 행렬식
print ("Determinant =", Determinant)
```

답. Volume = 87

Determinant = 87 ■

참고 영이 아닌 3개의 벡터 a, b, c을 세 변으로 하는 평행육면체의 부피가 0이면 **(높이가 0이라는 말이므로)** a, b, c가 동일한 평면 상에 있다는 의미이다.

예제 9 스칼라 삼중곱을 이용하여 벡터 a= (2, 3, 1), b= (1, -1, 0)와 c= (7, 3, 2)이 같은 평면 위에 놓여 있음을 보여라.

http://matrix.skku.ac.kr/KOFAC/

```
a = vector([2, 3, 1]); b = vector([1, -1, 0]); c = vector([7, 3, 2])
print (a.inner_product(b.cross_product(c)))          # 스칼라 삼중곱
A= matrix (3, 3, [2, 3, 1, 1, -1, 0, 7, 3, 2])
Determinant = A.det()                                 # A의 행렬식
print ("Determinant =", Determinant)
```

답. Volume = 0 # 높이가 0, 즉 a , b , c 가 동일한 평면 상에 있다는 의미이다

Determinant = 0 # 부피가 0, 즉 높이가 0 이라는 의미이다. ■

$\mathbb{R}^3$상의 세 벡터 a , b , c와 스칼라 k에 대하여 다음이 성립한다. 이는 외적의 정의 또는 sage 명령어 cross_product를 활용하여 쉽게 확인할 수 있다.

① $\mathrm{a}\times\mathrm{b} = -(\mathrm{b}\times\mathrm{a})$

② $\mathrm{c}\times(\mathrm{a}+\mathrm{b}) = (\mathrm{c}\times\mathrm{a})+(\mathrm{c}\times\mathrm{b})$

③ $(k\mathrm{a})\times\mathrm{b} = k(\mathrm{a}\times\mathrm{b}) = \mathrm{a}\times(k\mathrm{b})$

④ $\mathrm{i}\times\mathrm{j}=\mathrm{k},\quad \mathrm{j}\times\mathrm{k}=\mathrm{i},\quad \mathrm{k}\times\mathrm{i}=\mathrm{j}$

⑤ $(\mathrm{a}\times\mathrm{b})\cdot\mathrm{c} = \mathrm{a}\cdot(\mathrm{b}\times\mathrm{c})$

⑥ $\mathrm{a}\times(\mathrm{b}\times\mathrm{c}) = (\mathrm{a}\cdot\mathrm{c})\mathrm{b} - (\mathrm{a}\cdot\mathrm{b})\mathrm{c}$

[참고] 평행사변형의 부피와 행렬식 http://matrix.skku.ac.kr/LA-Lab/4-4/4-4.htm

◪ 열린 문제 3 임의로 $\mathbb{R}^3$상의 세 벡터 a, b, c를 생성하여 a×b, a · (b×c) 등을 계산하고 외적의 연산법칙들이 성립하는지 확인하시오.

2.3 직선의 방정식(Equations of Lines)

평면 $\mathbb{R}^2$에서 **직선은 한 점과 기울기가 주어지면 유일하게 결정되며**, 이때 직선의 방정식은 일반적으로 다음과 같이 표현된다.

$$ax+by+c=0$$

여기서 a, b, c 는 실수이며 a, b 는 동시에 영은 아니다.

공간 $\mathbb{R}^n$에서의 직선도 마찬가지로 **한 점**과 기울기에 해당하는 **방향벡터**(direction vector)만 주어지면 **유일하게 결정**된다. 이제 **공간에서의 직선의 방정식**을 구해보자.

$\mathbb{R}^3$상에서 한 점 $P_0(x_0, y_0, z_0)$를 지나고 0이 아닌 벡터 $\mathrm{v} = (a, b, c)$에 평행한 직선 l은 아래 왼쪽 그림과 같이 벡터 v와 $\overrightarrow{P_0P}$가 평행 즉, $\overrightarrow{P_0P} = t\mathrm{v}$ $(t \in \mathbb{R})$를 만족하는 점 $P(x, y, z)$ 전체의 집합과 같다. t가 임의의 실수를 취할 때마다 직선 l위의 점 P가 결정된다. (아래 왼쪽 그림)

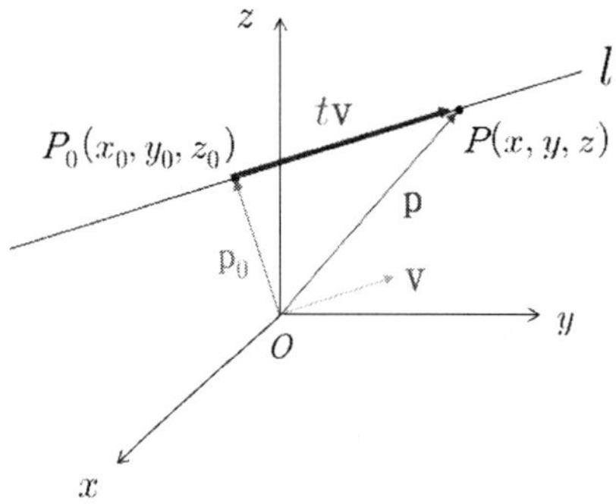

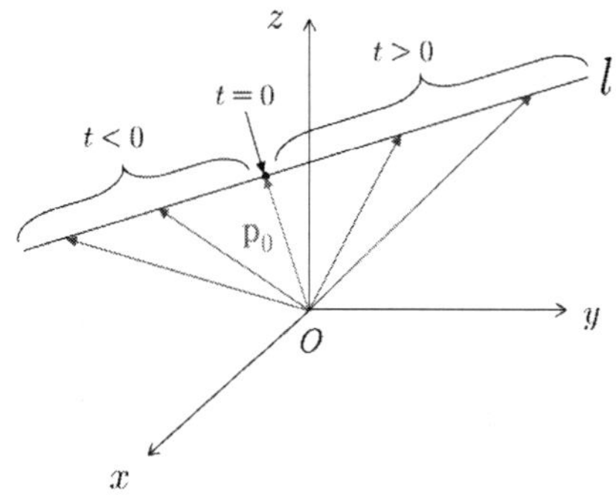

이제 $\overrightarrow{OP_0} = \mathrm{p}_0$, $\overrightarrow{OP} = \mathrm{p}$ 로 놓으면 $\overrightarrow{P_0P} = \mathrm{p} - \mathrm{p}_0$이다. 따라서

$$\mathrm{p} - \mathrm{p}_0 = t\mathrm{v},\ 즉\ \mathrm{p} = \mathrm{p}_0 + t\mathrm{v} \qquad (t \in \mathbb{R}) \tag{1}$$

를 얻는다. 이 식 (1)을 직선 l의 **벡터방정식**(vector equation)이라 한다.

식 (1) $(x, y, z) = \mathrm{p} = \mathrm{p}_0 + t\mathrm{v} = (x_0 + ta,\ y_0 + tb,\ z_0 + tc)$ 을 매개변수 t를 이용하여 성분별로 쓰면 다음과 같이 직선의 **매개방정식**(parametric equation)을 얻는다.

$$x = x_0 + ta,\ y = y_0 + tb,\ z = z_0 + tc \quad (t \in \mathbb{R}) \tag{2}$$

또는

$$\begin{cases} x = x_0 + ta \\ y = y_0 + tb \\ z = z_0 + tc \end{cases} \qquad (t \in \mathbb{R})$$

그리고 식 (2)에서 매개변수 t를 소거하면 다음과 같이 직선의 **대칭방정식**(symmetric equation)을 얻는다.

$$\frac{x - x_0}{a} = \frac{y - y_0}{b} = \frac{z - z_0}{c} \ (= t)$$

예제 10 점 $P(2,\ -1,\ 3)$를 지나고 벡터 $\mathrm{v}=(-3,\ 2,\ 4)$에 평행한 직선의 방정식을 구하여라.

http://matrix.skku.ac.kr/KOFAC/

```
t = var ('t')
r0 = vector([2, -1, 3])
v = vector([-3, 2, 4])                    # 방향벡터
r = r0 + t*v                              # 직선의 벡터방정식
print (r)
```

답. (2 - 3*t, -1 + 2*t, 3+ 4*t) ■

참고 위에서 얻은 **직선의 방정식**을 다음과 같이 나타낼 수 있다.

① **벡터방정식** : $(x, y, z)=(2, -1, 3)+t(-3, 2, 4)=(2-3t, -1+2t, 3+4t)\ \ (t\in\mathbb{R})$

② 매개방정식 : $\begin{cases} x=2-3t \\ y=-1+2t \\ z=3+4t \end{cases}\quad (t\in\mathbb{R})$

③ 대칭방정식 : $\dfrac{x-2}{-3}=\dfrac{y+1}{2}=\dfrac{z-3}{4}$

예제 11 점 $A(-1, 2, 4)$와 $B(2, 0, -1)$을 지나는 직선의 벡터방정식, 매개방정식, 대칭방정식을 구하여라.

벡터 $\overrightarrow{AB}=\overrightarrow{OB}-\overrightarrow{OA}=(2, 0, -1)-(-1, 2, 4)=(3, -2, -5)=\mathrm{v}$가 방향벡터가 되므로, 한 점 A를 지나고 벡터 $\overrightarrow{AB}$에 평행한 직선의 방정식을 구하는 것과 같다. 따라서 다음과 같이 나타낼 수 있다.

① **벡터방정식** : $\mathrm{p}=\mathrm{p}_0+t\mathrm{v}$; $(x, y, z)=(-1, 2, 4)+t(3, -2, -5)\ \ (t\in\mathbb{R})$

http://matrix.skku.ac.kr/KOFAC/

```
t = var ('t')
A = vector([-1, 2, 4])
B = vector([2, 0, -1])
v = B - A                                 # 방향벡터
print (A + t*v)                           # 직선의 벡터방정식
```

답. ① **벡터방정식** : $\mathrm{p} = \mathrm{p}_0 + t\mathrm{v}$ = (3*t - 1, -2*t + 2, -5*t + 4)

② 매개방정식 : $\begin{cases} x = -1+3t \\ y = \ \ 2-2t \\ z = \ \ 4-5t \end{cases} \quad (t \in \mathbb{R})$

③ 대칭방정식 : $\dfrac{x+1}{3} = \dfrac{y-2}{-2} = \dfrac{z-4}{-5}$ ■

2.4 평면의 방정식(Equations of Planes)

공간 $\mathbb{R}^3$에서 평면의 방정식은 한 점과 (이 평면에 수직인) **법선벡터**(normal vector)만 주어지면 유일하게 결정된다. 이제 공간에서의 평면의 방정식을 구해보자.

$\mathbb{R}^3$상에서 한 점 $P_0(x_0, y_0, z_0)$를 지나고 0이 아닌 벡터 $\mathrm{n} = (a, b, c)$에 수직인 벡터들이 이루는 평면 π는 $\mathrm{n} \cdot \overrightarrow{P_0P} = 0$을 만족하는 점 $P(x, y, z)$ 전체의 집합과 같다.

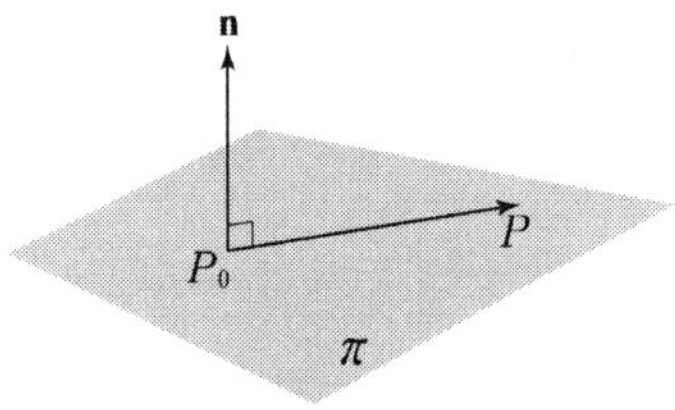

$\overrightarrow{P_0P} = (x-x_0, y-y_0, z-z_0)$이므로 $\mathrm{n} \cdot \overrightarrow{P_0P} = 0$에서 다음을 얻는다.

$$\mathrm{n} \cdot \overrightarrow{P_0P} = (a, b, c) \cdot (x-x_0, y-y_0, z-z_0) = 0$$
$$\Rightarrow a(x-x_0) + b(y-y_0) + c(z-z_0) = 0$$
$$\Rightarrow ax + by + cz - (ax_0 + by_0 + cz_0) = 0$$

이 식을 점 $P_0(x_0, y_0, z_0)$를 지나고 법선벡터 $\mathrm{n} = (a, b, c)$를 갖는 **평면의 point-normal 방정식**이라고 한다. 이때 $d = -(ax_0 + by_0 + cz_0)$로 나타내면 **평면의 point-normal 방정식**은

$$ax + by + cz + d = 0$$

로 간단히 나타낼 수 있다.

예제 12 점 $P_0(1, -2, 3)$를 지나고 벡터 $\mathrm{n} = (2, 5, -3)$에 수직인 **평면의** (point-normal) **방정식**을 구하여라.

풀이. 평면의 point-normal 방정식으로부터

$$\mathrm{n} \cdot \overrightarrow{P_0P} = (2, 5, -3) \cdot (x-1, y+2, z-3) = 2(x-1) + 5(y+2) - 3(z-3) = 0$$

이므로 평면의 (point-normal) 방정식은 다음과 같다.

$$2x + 5y - 3z + 17 = 0$$

http://matrix.skku.ac.kr/KOFAC/

```
var ('x, y, z')
p = vector([1, -2, 3])                                      # 한 점
n = vector([2, 5, -3])                                      # 법선 벡터
q = vector([x, y, z])
eq_plane = n.inner_product(q - p) == 0                      # 평면의 방정식
print (eq_plane)
p1 = implicit_plot3d(eq_plane, (x, -4, 4), (y, -4, 4), (z, -4, 4), opacity = 0.6)
                                                            # 평면을 그래프로
p2 = arrow(p, p + n, color = 'green')                       # 한 점에서 법선벡터
p1 + p2
```

답. 2*x + 5*y - 3*z + 17 == 0　　　　# 평면의 point-normal 방정식

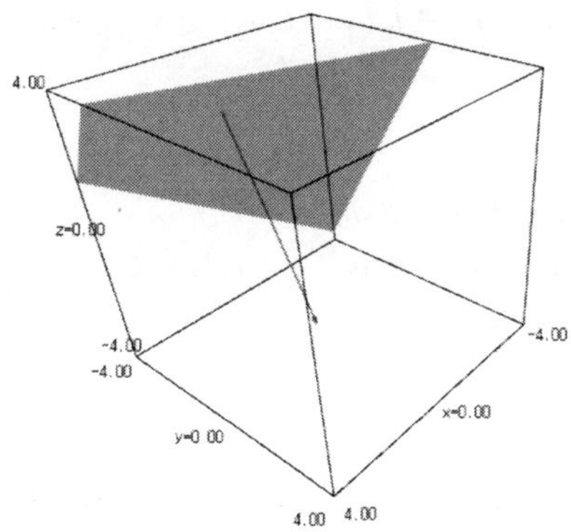

이제 좀 더 일반적인 평면의 방정식에 대하여 알아보자.

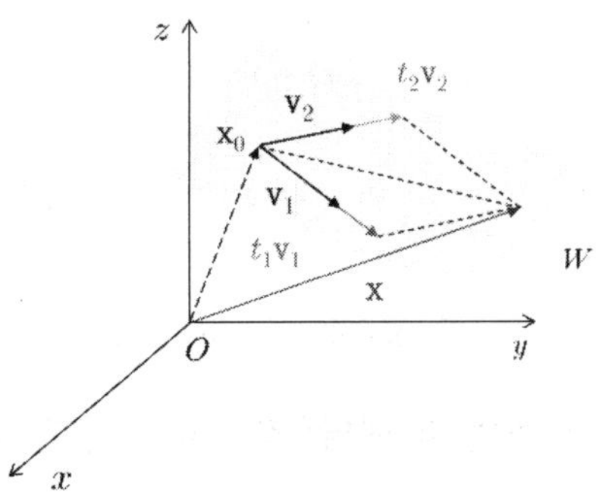

위 그림과 같이 평면 W상의 한 점 x_0, 또 W와 평행하지만 서로 상수배는 아닌 두 벡터 v_1과 v_2가 있다고 하자. 그러면 이 **평면 W를 유일하게 표현**할 수 있다.

x를 W상의 임의의 점이라 하자. 그러면 $\mathrm{x}-\mathrm{x}_0$은 다음과 같이 v_1과 v_2의 **일차결합**(linear combination)으로 표시된다.

$$\mathrm{x}-\mathrm{x}_0 = t_1\mathrm{v}_1 + t_2\mathrm{v}_2. \text{ 즉 } \mathrm{x} = \mathrm{x}_0 + t_1\mathrm{v}_1 + t_2\mathrm{v}_2 \qquad (t_1,\ t_2 \in \mathbb{R})$$

여기서 t_1과 t_2는 임의의 실수로 **매개변수**(parameter)라 한다. t_1과 t_2가 취하는 값에 따라 x는 평면 W 위의 모든 점이 될 수 있다. 따라서 위의 식은 v_1과 v_2에 평행이며 x_0을 지나는 **평면의 벡터방정식**(vector equation)이라 한다.

또 $\mathrm{x}_0 = (x_0,\ y_0,\ z_0)$ $\mathrm{x} = (x,\ y,\ z)$, $\mathrm{v}_1 = (a_1,\ b_1,\ c_1)$, $\mathrm{v}_2 = (a_2,\ b_2,\ c_2)$라 하면, 벡터방정식

$$\mathrm{x} = (x,\ y,\ z) = (x_0,\ y_0,\ z_0) + t_1(a_1,\ b_1,\ c_1) + t_2(a_2,\ b_2,\ c_2) = \mathrm{x}_0 + t_1\mathrm{v}_1 + t_2\mathrm{v}_2 \quad (t_1,\ t_2 \in \mathbb{R})$$

으로부터 $(x,\ y,\ z) = (x_0 + t_1a_1 + t_2a_2,\ y_0 + t_1 b_1 + t_2 b_2,\ z_0 + t_1 c_1 + t_2 c_2)$을 매개변수 t_1, t_2를 이용하여 성분별로 쓰면 다음과 같이 평면 W의 **매개방정식**(parametric equation)을 얻는다.

$$x = x_0 + t_1a_1 + t_2a_2,\ y = y_0 + t_1b_1 + t_2b_2,\ z = z_0 + t_1c_1 + t_2c_2 \quad (t_1,\ t_2 \in \mathbb{R})$$

또는

$$\begin{cases} x = x_0 + t_1a_1 + t_2a_2 \\ y = y_0 + t_1b_1 + t_2b_2 \\ z = z_0 + t_1c_1 + t_2c_2 \end{cases} \qquad (t_1,\ t_2 \in \mathbb{R})$$

예제 13 세 점 $P(4,\ -3,\ 1)$, $Q(6,\ -4,\ 7)$, $R(1,\ 2,\ 2)$을 지나는 평면의 벡터방정식과 매개방정식을 구하라.

풀이. $\mathrm{x} = (x,\ y,\ z)$, $\mathrm{x}_0 = (4,\ -3,\ 1)$, $\mathrm{x}_1 = (6,\ -4,\ 7)$, $\mathrm{x}_2 = (1,\ 2,\ 2)$라 놓으면,

$$\mathrm{v}_1 = \mathrm{x}_1 - \mathrm{x}_0 = \overrightarrow{PQ} = (2,\ -1,\ 6)$$

$$\mathrm{v}_2 = \mathrm{x}_2 - \mathrm{x}_0 = \overrightarrow{PR} = (-3,\ 5,\ 1)$$

이다. 그러면 $\mathrm{x}-\mathrm{x}_0$는 두 벡터 v_1과 v_2의 일차결합으로 표시되므로 다음을 얻는다.

$$\mathrm{x}-\mathrm{x}_0 = t_1(\mathrm{x}_1 - \mathrm{x}_0) + t_2(\mathrm{x}_2 - \mathrm{x}_0), \text{ 즉 } \mathrm{x} = \mathrm{x}_0 + t_1(\mathrm{x}_1 - \mathrm{x}_0) + t_2(\mathrm{x}_2 - \mathrm{x}_0) \quad (t_1,\ t_2 \in \mathbb{R})$$

이다. 따라서 P, Q, R을 지나는 **평면의 벡터방정식**은 다음과 같다.

$$\mathrm{x}=(x,\ y,\ z)=(4,\ -3,\ 1)+t_1(2,\ -1,6)+t_2(-3,5,1)=\mathrm{x}_0+t_1\mathrm{v}_1+t_2\mathrm{v}_2\ \ (t_1,\ t_2\in\mathbb{R})$$

이를 다시 성분별로 쓰면 다음의 매개방정식(parametric equation)을 얻는다.

$$x=4+2t_1-3t_2,\ y=-3-t_1+5t_2,\ z=1+6t_1+t_2\quad(t_1,\ t_2\in\mathbb{R})$$

http://matrix.skku.ac.kr/KOFAC/

```
var ('t1, t2')
p = vector([4, -3, 1])                         # 세 점
q = vector([6, -4, 7])
r = vector([1, 2, 2])
v1 = q - p                                     # 벡터
v2 = r - p
eq = p + t1*v1 + t2*v2                         # 평면의 벡터방정식
print (eq)
p1 = parametric_plot3d(eq, (t1, -1.2, 1.2), (t2, -1.2, 1.2), opacity = 0.6)
                                               # 평면을 그래프로
p2 = arrow(p, p + v1, color = 'green')         # 한 점에서 벡터
p3 = arrow(p, p + v2, color = 'red')           # 한 점에서 벡터
p1 + p2 + p3
```

답. (2*t1 - 3*t2 + 4, -t1 + 5*t2 - 3, 6*t1 + t2 + 1)

$(x,\ y,\ z)=(4,\ -3,\ 1)+t_1(2,\ -1,6)+t_2(-3,5,1)\ \ (t_1,\ t_2\in\mathbb{R})$ # 평면의 벡터방정식

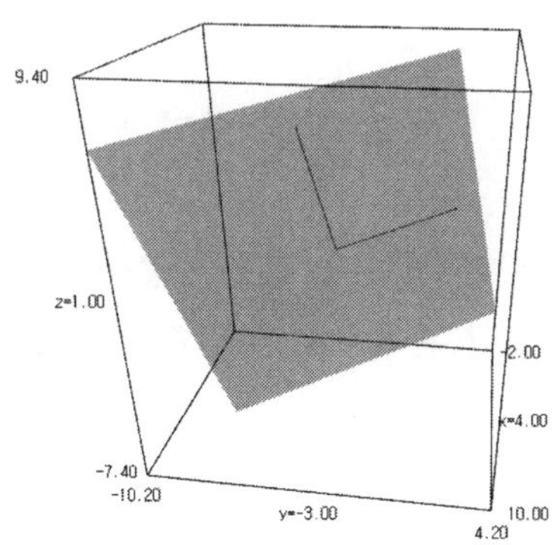

■

2.2절에서 학습한 **외적**(cross product)을 이용하면 세 점 P, Q, R을 지나는 평면의 **point-normal 방정식**을 얻을 수도 있다. 예를 들어, $\overrightarrow{PQ}$와 $\overrightarrow{PR}$의 외적 $\overrightarrow{PQ}\times\overrightarrow{PR}$이 평면의 법선벡터 역할을 하면 된다.

```
http://matrix.skku.ac.kr/KOFAC/
var ('x, y, z')
p = vector([4, -3, 1]);q = vector([6, -4, 7]);r = vector([1, 2, 2])
v1 = q - p                                # 벡터
v2 = r - p
t = vector([x, y, z])
n = (v1).cross_product(v2)
n.inner_product (t - p) == 0              # 평면의 point-normal 방정식
```

답. -31*x - 20*y + 7*z + 57 == 0 # 평면의 point-normal 방정식 ■

예제 14 두 평면 $x+y+z=1$과 $x-2y+3z=1$의 교선 l에 대한 벡터방정식을 구하여라.

```
http://matrix.skku.ac.kr/KOFAC/
var ('x, y, z')
eq1 = x + y + z == 1                      # 평면의 방정식
eq2 = x - 2*y + 3*z == 1
solve ([eq1, eq2], x, y, z)               # 연립방정식을 풀어서 교선을 구한다.
```

답. [[x == -5/3*r1 + 1, y == 2/3*r1, z == r1]]

위의 답에서 **r1**은 임의의 실수를 의미한다. 따라서 **교선 l에 대한 벡터방정식**은 다음과 같다.

답. $(x, y, z) = (-\frac{5}{3}r_1+1, \frac{2}{3}r_1, r_1)$, ($r_1$은 임의의 실수) ■

실제로 다음 명령어를 앞서 수행한 명령어 뒤에 덧붙여 실행시켜보면 두 평면의 교선 l이 위에서 구한 방정식과 일치함을 직관적으로 확인할 수 있다.

```
http://matrix.skku.ac.kr/KOFAC/
var ('r1')
p1=implicit_plot3d(eq1, (x, -4, 2), (y, -3, 3), (z, -3, 3), opacity=0.4)
p2=implicit_plot3d(eq2, (x, -4, 2), (y, -3, 3), (z, -3, 3), opacity=0.4, color='green')
p3=parametric_plot3d((-5/3*r1+1, 2/3*r1, r1), (r1, -1, 4), color='red')
p1+p2+p3
```

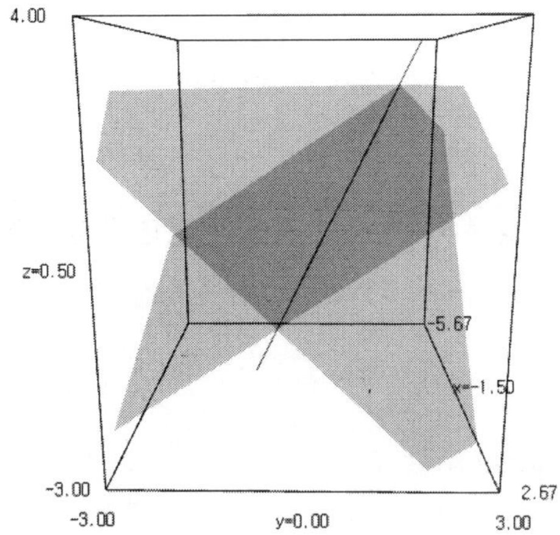

평면의 법선벡터를 이용하면 교선을 공유하는 **두 평면의 사잇각**도 정의할 수 있다. 이제 두 평면 α_1과 α_2의 법선벡터를 각각 $\mathbf{n}_1$, $\mathbf{n}_2$라 하자. 그러면 α_1과 α_2가 이루는 사잇각은 다음과 같이 정의된다.

① 만일 $\mathbf{n}_1$, $\mathbf{n}_2$**가 이루는 사잇각** θ가 예각이면, α_1**과** α_2**가 이루는 사잇각도** θ이다.

② 만일 $\mathbf{n}_1$, $\mathbf{n}_2$가 이루는 사잇각 θ가 둔각이면, α_1과 α_2가 이루는 사잇각은 $\pi-\theta$이다.

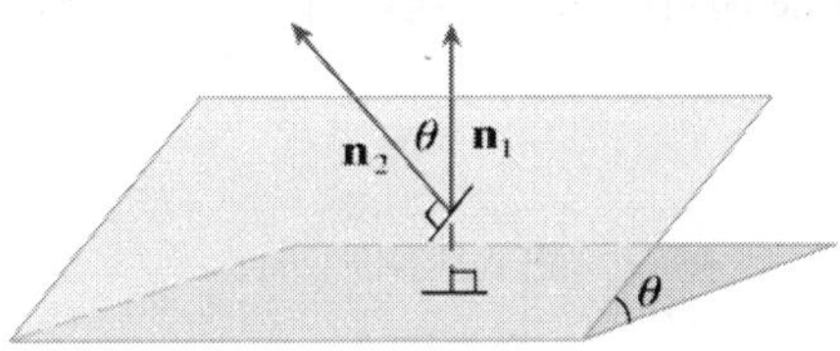

따라서 α_1**과** α_2**가 이루는 사잇각은** $\cos\theta = \dfrac{|\mathbf{n}_1 \cdot \mathbf{n}_2|}{\|\mathbf{n}_1\|\|\mathbf{n}_2\|}$를 만족하는 θ $(0 \le \theta \le \frac{\pi}{2})$가 된다.

예제 15 두 평면 $x+y+z=1$과 $x-2y+3z=1$의 사잇각을 구하여라.

http://matrix.skku.ac.kr/KOFAC/

```
n1 = vector([1, 1, 1]);n2 = vector([1, -2, 3])           # 법선벡터
ang_rad = arccos(abs(n1.inner_product(n2))/(n1.norm()*n2.norm())).n(digits = 5)
                                                          # 라디안
ang_deg = (ang_rad*180/pi).n(digits = 5)                  # 육십분법
print ("ang(rad) =", ang_rad)
print ("ang(deg) =", ang_deg)
```

답. ang(rad) = 1.2571

ang(deg) = 72.025 도　　　　　　　# 육십분법

◪ 열린 문제 4 다른 교재에서 찾은 $\mathbb{R}^3$에서의 **직선과 평면의 방정식**에 관한 문제를 해결하시오.

2.5 정사영(Orthogonal Projection)

이제 **정사영**(projection)에 대하여 살펴보자. 정사영은 $\mathbb{R}^3$에서 한 점과 직선, 한 점과 평면 사이의 거리를 구하는데 사용된다. (그리고 해가 존재하지 않는 선형연립방정식 $A\mathrm{x} = \mathrm{b}$의 **최소제곱해**(least square solution)를 계산할 때에도 유용하게 사용된다.)

아래 그림과 같이 벡터 $\mathrm{x} = \overrightarrow{OQ}$와 $\mathrm{y} = \overrightarrow{OP}$가 $\mathbb{R}^3$에 있고, $\mathrm{x} \neq 0$이라 하자. 그러면 점 P에서 선분 OQ에 내린 수선의 발을 S라 할 때, 벡터 $\mathrm{p} = \overrightarrow{OS}$를 **y의 (x 위로의) 정사영**(projection)이라 하고 $\mathrm{proj}_{\mathrm{x}}\,\mathrm{y}$로 나타낸다. 그리고 벡터 $\mathrm{w} = \overrightarrow{SP} = \mathrm{y} - \mathrm{p}$를 x에 수직인 y의 **벡터성분**(vector component)이라 한다. 따라서 y는 두 벡터의 합 $\mathrm{y} = \mathrm{p} + \mathrm{w}$로 나타내진다.

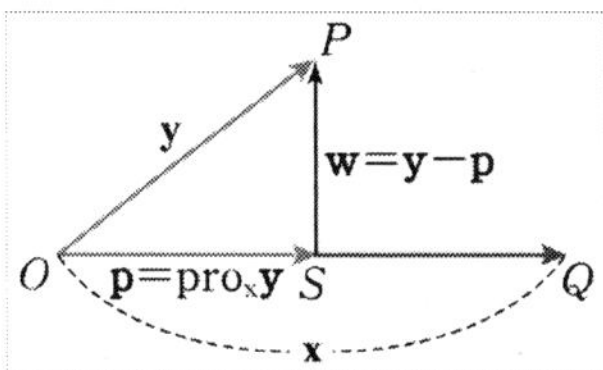

정사영 정리 $\mathbb{R}^3$의 벡터 $\mathrm{x} \neq 0$, y에 대하여 다음이 성립한다.

① $\mathrm{proj}_{\mathrm{x}}\,\mathrm{y} = t\mathrm{x} = \left(\dfrac{\mathrm{y}\cdot\mathrm{x}}{\mathrm{x}\cdot\mathrm{x}}\right)\mathrm{x}$

② $D = \|\mathrm{proj}_{\mathrm{x}}\,\mathrm{y}\| = \dfrac{|\mathrm{y}\cdot\mathrm{x}|}{\|\mathrm{x}\|}$　(벡터 y의 벡터 x 위로의 정사영(projection)의 길이)

증명. ① p는 y의 x 위로의 정사영이라 하자, 그럼 p는 x와 평행하므로 $\mathrm{p} = t\mathrm{x}\ (t \in \mathbb{R})$가 되고, $\mathrm{y} - \mathrm{p} = \mathrm{w}$ 는 x에 수직(orthogonal)인 y의 **벡터성분(최단거리 벡터)**이 된다.

$$\mathrm{y} = \mathrm{p} + \mathrm{w} = t\mathrm{x} + \mathrm{w}$$

이고 w는 x와 수직이므로 $\mathrm{w}\cdot\mathrm{x} = 0$이다. 따라서

$$\mathbf{y}\cdot\mathbf{x} = (t\mathbf{x}+\mathbf{w})\cdot\mathbf{x} = t\|\mathbf{x}\|^2 + \mathbf{w}\cdot\mathbf{x} = t\|\mathbf{x}\|^2$$

에서 $t = \dfrac{\mathbf{y}\cdot\mathbf{x}}{\|\mathbf{x}\|^2}$이므로 다음을 얻는다.

$$\mathrm{proj}_{\mathbf{x}}\,\mathbf{y} = \mathbf{p} = t\mathbf{x} = \left(\frac{\mathbf{y}\cdot\mathbf{x}}{\|\mathbf{x}\|^2}\right)\mathbf{x}$$

② $\|\mathrm{proj}_{\mathbf{x}}\,\mathbf{y}\| = \|t\mathbf{x}\| = \left\|\left(\dfrac{\mathbf{y}\cdot\mathbf{x}}{\|\mathbf{x}\|^2}\right)\mathbf{x}\right\| = \dfrac{|\mathbf{y}\cdot\mathbf{x}|}{\|\mathbf{x}\|^2}\|\mathbf{x}\| = \dfrac{|\mathbf{y}\cdot\mathbf{x}|}{\|\mathbf{x}\|}$ ■

예제 16 두 벡터 $\mathbf{x}=(2,-1,3)$, $\mathbf{y}=(4,-1,2)$에 대하여 $\mathbf{y}$의 ($\mathbf{x}$ 위로의) 정사영 $\mathrm{proj}_{\mathbf{x}}\mathbf{y}$을 구하라.

풀이. $\mathbf{y}\cdot\mathbf{x} = 15$이므로 $\mathrm{proj}_{\mathbf{x}}\mathbf{y} = \left(\dfrac{\mathbf{y}\cdot\mathbf{x}}{\|\mathbf{x}\|^2}\right)\mathbf{x} = \dfrac{15}{14}(2,-1,3) = \left(\dfrac{15}{7}, -\dfrac{15}{14}, \dfrac{45}{14}\right)$이다.

[$\mathbf{w} = \mathbf{y} - \mathrm{proj}_{\mathbf{x}}\mathbf{y} = (4,-1,2) - \left(\dfrac{15}{7}, -\dfrac{15}{14}, \dfrac{45}{14}\right) = \left(\dfrac{13}{7}, \dfrac{1}{14}, -\dfrac{17}{14}\right)$(최단거리 벡터)]

http://matrix.skku.ac.kr/KOFAC/

```
x = vector([2, -1, 3]);y = vector([4, -1, 2])     # 벡터 입력
yx = y.inner_product(x)                           # y와 x의 내적
xn = x.norm()                                     # ||x||^2
p = (yx/xn^2)*x                                   # 정사영 p
w = y - p                                         # 수직인 벡터성분 w, 최단거리 벡터
print ("p =", p)
print ("w =", w)
```

답. p = (15/7, -15/14, 45/14)　　# 정사영 p

w = (13/7, 1/14, -17/14)　　# 수직인 벡터성분 w, 최단거리 벡터 ■

정사영을 이용하면 $\mathbb{R}^3$에서 한 점과 직선사이의 거리를 구할 수 있다.

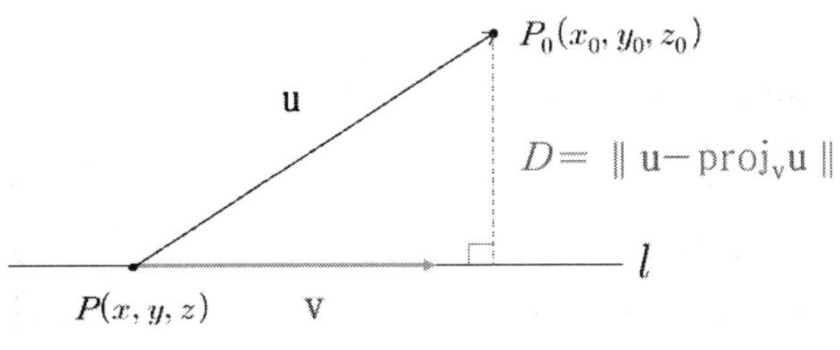

위의 그림에서 직선 l상의 한 점을 $P(x, y, z)$라 하고 l 상에 없는 한 점을 $P_0(x_0, y_0, z_0)$라 하자. 이제 $\mathrm{u} = \overrightarrow{PP_0}$로 놓으면 **$P_0$에서 직선 l에 이르는 (최단) 거리 D는** 다음과 같다.

$$D = \|\mathrm{u} - \mathrm{proj_v u}\| = \left\| \mathrm{u} - \left(\frac{\mathrm{u} \cdot \mathrm{v}}{\|\mathrm{v}\|^2}\right)\mathrm{v} \right\| \text{ (즉, 최단거리 } \|\mathrm{w}\| = \|\mathrm{u} - \mathrm{proj_v u}\|)$$

예제 17 $\mathbb{R}^3$상의 한 점 $(2,\ 1,\ -1)$과 직선 $x = 3t,\ y = 1 + 2t,\ z = -5 - t\ \ (t \in \mathbb{R})$ 사이의 거리를 구하여라.

http://matrix.skku.ac.kr/KOFAC/

```
p0 = vector([2, 1, -1])          # 한 점
p = vector([0, 1, -5])           # 직선 상의 한 점(t에 적당한 값을 대입하여 얻음)
u = p0 - p                       # 벡터 PPo
v = vector([3, 2, -1])           # 직선의 방향벡터
uv = u.inner_product(v)
vn = v.norm()
D = (u - (uv/vn^2)*v).norm()
print ("Distance =", D)
```

답. 최단거리, Distance = sqrt(138/7) # $\sqrt{\frac{138}{7}}$ ■

이제 **정사영**을 구하여, $\|\mathrm{w}\| = \|\mathrm{u} - \mathrm{proj_v u}\|$를 이용하지 않고, 바로 $\mathbb{R}^3$에서 **한 점과 평면 사이의 거리**를 구하는 방법을 소개한다.

다음 그림과 같이 평면 $\pi : ax + by + cz + d = 0$ 상의 한 점을 $P(x, y, z)$라 하고, π 외부의 한 점을 $P_0(x_0,\ y_0,\ z_0)$라 하자. 이때 법선벡터는 $\mathrm{n} = (a,\ b,\ c)$이다.

이제 $\mathrm{v} = \overrightarrow{PP_0} = (x_0 - x,\ y_0 - y,\ z_0 - z)$라 하면 **점 $P_0(x_0,\ y_0,\ z_0)$와 평면 $ax + by + cz + d = 0$ 사이의 거리 D는 다음과 같다.**

$$D = \|\mathrm{p}\| = \|\mathrm{proj_n v}\| = \frac{|ax_0 + by_0 + cz_0 + d|}{\sqrt{a^2 + b^2 + c^2}}$$

정사영을 이용하여 아래와 같이 증명한다.

$$\mathrm{p} = \mathrm{proj_n v} = t\mathrm{n} = \left(\frac{\mathrm{v} \cdot \mathrm{n}}{\mathrm{n} \cdot \mathrm{n}}\right)\mathrm{n}$$
$$= \frac{(x_0 - x,\ y_0 - y,\ z_0 - z) \cdot (a,\ b,\ c)}{a^2 + b^2 + c^2}(a,\ b,\ c)$$

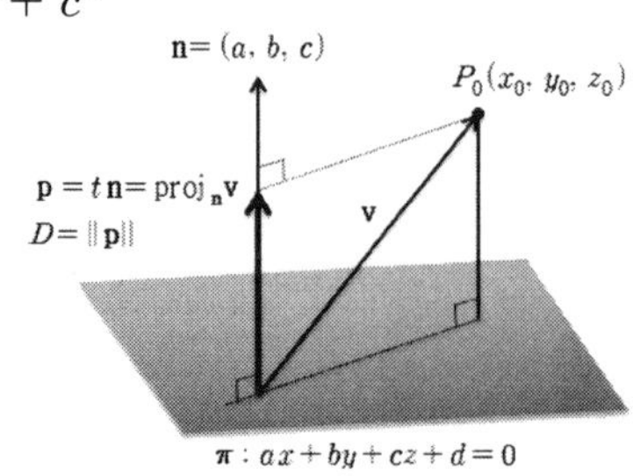

이므로 다음을 얻는다.

$$D = \| \mathrm{p} \| = \| \mathrm{proj_n v} \| = \frac{|(x_0 - x,\ y_0 - y,\ z_0 - z) \cdot (a,\ b,\ c)|}{\| \mathrm{n} \|^2} \| \mathrm{n} \|$$

$$= \frac{|a(x_0 - x) + b(y_0 - y) + c(z_0 - z)|}{\| \mathrm{n} \|} = \frac{|ax_0 + by_0 + cz_0 - (ax + by + cz)|}{\sqrt{a^2 + b^2 + c^2}}$$

$$= \frac{|(ax_0 + by_0 + cz_0) - (-d)|}{\sqrt{a^2 + b^2 + c^2}} (\because P(x, y, z)\text{는 } ax + by + cz + d = 0\text{을 만족하므로})$$

$$= \frac{|ax_0 + by_0 + cz_0 + d|}{\sqrt{a^2 + b^2 + c^2}}$$

■

참고 **평면과 (그 평면에 없는) 한 점 사이의 거리 D를 구할 때에는 평면의 방정식을 $ax + by + cz + d = 0$형태로 바꾸어 놓고 사용해야 한다. (공식을 유도할 때 사용되었던 평면 상의 한 점 $P(x, y, z)$는 결국 사라지게 되므로) 실제 D를 계산할 때는 $\mathrm{v}_0 = (x_0,\ y_0,\ z_0)$로 두고 다음과 같이 계산한다.**

$$D = \frac{|ax_0 + by_0 + cz_0 + d|}{\sqrt{a^2 + b^2 + c^2}} = \frac{|(x_0, y_0, z_0) \cdot (a, b, c) + d|}{\sqrt{a^2 + b^2 + c^2}} = \frac{|(\mathrm{v}_0 \cdot \mathrm{n}) + d|}{\| \mathrm{n} \|}$$

예제 18 점 $P(3,\ -1,\ 2)$에서 평면 $x + 3y - 2z - 6 = 0$에 이르는 거리 D를 구하라.

풀이. $\mathrm{n} = (1, 3, -2)$, $\mathrm{v}_0 = (3, -1, 2)$, $d = -6$ 이므로 거리 D는 다음과 같다.

$$D = \frac{|ax_0 + by_0 + cz_0 + d|}{\sqrt{a^2 + b^2 + c^2}} = \frac{|(\mathrm{v}_0 \cdot \mathrm{n}) + d|}{\| \mathrm{n} \|}$$

$$= \frac{|3 + 3(-1) - 2(2) - 6|}{\sqrt{1^2 + 3^2 + (-2)^2}} = \frac{10}{\sqrt{14}} = \frac{5}{7}\sqrt{14}$$

http://matrix.skku.ac.kr/KOFAC/

```
v0 = vector([3, -1, 2])          # 한 점
n = vector([1, 3, -2])           # 평면의 법선벡터
d = -6                           # 평면의 방정식을 ax + by + cz + d = 0으로 두었을 때 d의 값
D = abs(v0.inner_product(n) + d)/n.norm()
print ("D =", D)
```

답. D = 5/7*sqrt(14)　　　　#점 P(3, −1, 2)에서 평면까지 최단거리 ■

이제 정사영을 이용하여 [코시-슈바르츠 부등식]을 증명해보자.

코시-슈바르츠(Cauchy-Schwarz) 부등식 $\mathbb{R}^n$의 임의의 벡터 $\mathbf{a}, \mathbf{b}$에 대하여 다음 부등식이 성립한다.

$$|\mathbf{a}\cdot\mathbf{b}| \le \|\mathbf{a}\|\|\mathbf{b}\|$$

단, 등호는 $\mathbf{a}, \mathbf{b}$중 하나가 다른 것의 실수배일 때만 성립한다.

증명. 먼저 $\mathbf{a}=0$이면 $|\mathbf{a}\cdot\mathbf{b}|=0=\|\mathbf{a}\|\|\mathbf{b}\|$이므로 위 부등식이 성립한다. 이제 $\mathbf{a}\neq 0$이라 하고, $\mathbf{p}=\text{proj}_{\mathbf{a}}\mathbf{b}$, $\mathbf{w}=\mathbf{b}-\mathbf{p}$라 놓자. 그러면 $\mathbf{w}\cdot\mathbf{p}=0$이고 $\mathbf{p}=t\mathbf{a}=\left(\frac{\mathbf{b}\cdot\mathbf{a}}{\|\mathbf{a}\|^2}\right)\mathbf{a}$이므로 다음이 성립한다.

$$0\le \mathbf{w}\cdot\mathbf{w}=\mathbf{w}\cdot(\mathbf{b}-\mathbf{p})=\mathbf{w}\cdot\mathbf{b}-\mathbf{w}\cdot\mathbf{p}=\mathbf{w}\cdot\mathbf{b}=(\mathbf{b}-\mathbf{p})\cdot\mathbf{b}=\mathbf{b}\cdot\mathbf{b}-\mathbf{p}\cdot\mathbf{b}$$

$$=\|\mathbf{b}\|^2-t(\mathbf{a}\cdot\mathbf{b})=\|\mathbf{b}\|^2-\frac{\mathbf{b}\cdot\mathbf{a}}{\|\mathbf{a}\|^2}(\mathbf{a}\cdot\mathbf{b}).\ \text{즉,}\ \frac{\mathbf{b}\cdot\mathbf{a}}{\|\mathbf{a}\|^2}(\mathbf{a}\cdot\mathbf{b})\le\|\mathbf{b}\|^2$$

따라서 $\|\mathbf{a}\|^2\|\mathbf{b}\|^2\ge(\mathbf{a}\cdot\mathbf{b})(\mathbf{a}\cdot\mathbf{b})=|\mathbf{a}\cdot\mathbf{b}|^2$ 이므로 부등식이 성립한다. ■

열린 문제 5 $\mathbb{R}^4$상의 한 점 $P(x_0, y_0, z_0, w_0)$에서 평면 $\pi: ax+by+cz+dw+e=0$에 이르는 최단거리를 구하고, 이에 관하여 토론하시오.

Week 2 과제 위의 열린 문제를 풀어본 후, 본인이 요약/실습/질문/답변한 내용을 Q&A(문의게시판)에 공유하시오. 그리고 3주간 QnA에서 학습한 내용을 모아서, 각각의 문제에 대한 정확한 질문과 얻은 결론, 그리고 토론에 참여한 사람들의 이름을 모아 1st PBL 보고서를 제출하시오. **(4주차에는 중간고사가 있습니다.)**
[보고서 양식 (다운로드)] http://matrix.skku.ac.kr/PBL/PBL-Report-Form-Korean.hwp

3주차 벡터함수와 공간곡선, 다변수 함수의 편미분

학습목표	이번 주차에서는 벡터함수의 극한, 도함수와 접선벡터의 개념을 배우고 이변수 함수의 그래프가 공간상의 곡면이 되는 것을 안다. 또한 다변수 함수의 편미분에 대하여 학습한다.
핵심개념	벡터함수, 공간곡선, 벡터함수의 미분과 적분, 다변수 함수의 편미분
실습실	http://matrix.skku.ac.kr/M-calculus/W3/

3.1 벡터함수(Vector Function)와 공간곡선(Space Curve)

벡터함수(vector function)는 실수 $t \in I$에 벡터 $\mathrm{r}(t)$를 대응시키는 함수를 말한다. (여기서 I는 적당한 구간이다.) 즉 다음과 같이 나타낸다.

$$\mathrm{r}(t) = (f(t),\ g(t),\ h(t)),\ t \in I$$

이때, 벡터함수 $\mathrm{r}(t)$를 이루는 성분 $f(t)$, $g(t)$, $h(t)$는 구간 I에서 정의된 연속인 실수함수로 이를 $\mathrm{r}(t)$의 **성분함수**(component function)라 한다.

벡터함수 $\mathrm{r}(t) = (f(t),\ g(t),\ h(t)),\ t \in I$에 대하여 t가 구간 I 전체에서 움직일 때, 대응되는 점 $P(f(t), g(t), h(t))$는 **공간곡선**(space curve) C를 이룬다. 즉 C는 t를 시각(time)으로 생각할 때, 아래 그림과 같이 t에서 벡터 $\overrightarrow{OP} = \mathrm{r}(t) = (f(t),\ g(t),\ h(t))$의 끝점(end point) P가 그리는 곡선이다.

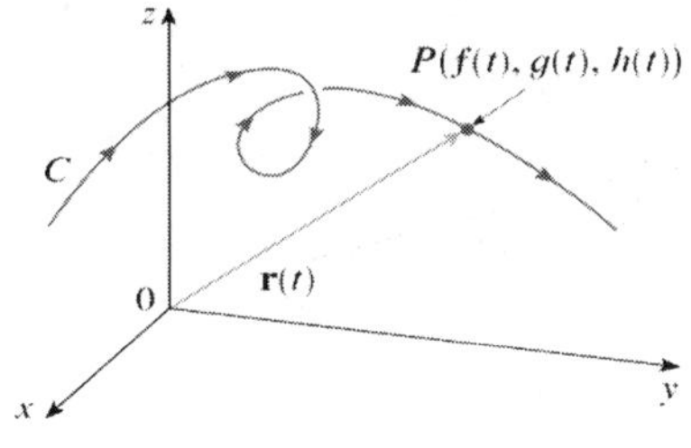

그리고 방정식

$$x = f(t),\ y = g(t),\ z = h(t),\ t \in I$$

를 C의 **매개변수방정식**(parametric equations), t를 **매개변수**(parameter)라 한다.

참고 2주차에 학습한 $\mathbb{R}^3$상에서의 한 점 $P_0(x_0, y_0, z_0)$를 지나고 0이 아닌 벡터 $\mathbf{v} = (a, b, c)$에 평행한 **직선 l의 벡터방정식**은 다음과 같이 쓸 수 있다.

$$\mathbf{r}(t) = (f(t), g(t), h(t)) = (x_0 + ta, y_0 + tb, z_0 + tc) \quad (t \in \mathbb{R})$$

이때, 성분함수 $f(t)$, $g(t)$, $h(t)$는 **t에 관한 일차식**으로 이루어져 있다.

예제 1 벡터함수 $\mathbf{r}(t) = (\sin t,\ \ln(5-t),\ \sqrt{3+t})$의 성분함수(component function)와 정의역을 말하고, 그래프를 그려라.

풀이. $\mathbf{r}(t)$의 성분함수는 $f(t) = \sin t$, $g(t) = \ln(5-t)$, $h(t) = \sqrt{3+t}$ 이고, 정의역은 $5-t > 0$, $3+t \geq 0$을 만족해야 하므로 구간 $[-3,\ 5)$가 된다.

http://matrix.skku.ac.kr/KOFAC/

```
var ( 't' )
f(t) = sin(t)
g(t) = log(5 - t)
h(t) = sqrt(3 + t)
parametric_plot3d( (f(t), g(t), h(t)), (t, -3, 4) )
```

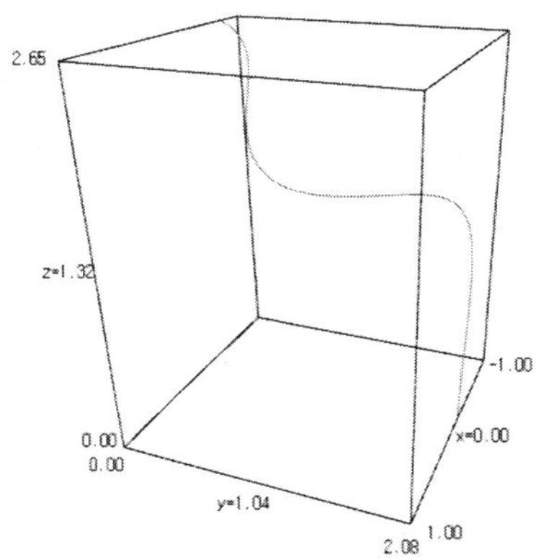

■

예제 2 벡터함수 $\mathbf{r}(t) = (5-t, 3-2t, 6t)$, $t \in \mathbb{R}$로 정의된 곡선을 그려라.

풀이. $\mathbf{r}(t) = (5-t, 3-2t, 6t)$에서 대응되는 **매개변수방정식**은

$$x = 5-t, \quad y = 3-2t, \quad z = 6t, \ t \in \mathbb{R}$$

이므로 점 $(5,3,0)$을 지나고 벡터 $(-1, -2, 6)$에 평행인 직선이 된다.

http://matrix.skku.ac.kr/KOFAC/

```
var ('t')
r = vector ([5 - t , 3 - 2 * t , 6 * t] )
parametric_plot3d ( r, (t, -2, 2), color='red', thickness=2, aspect_ratio=[3, 1, 1] )
```

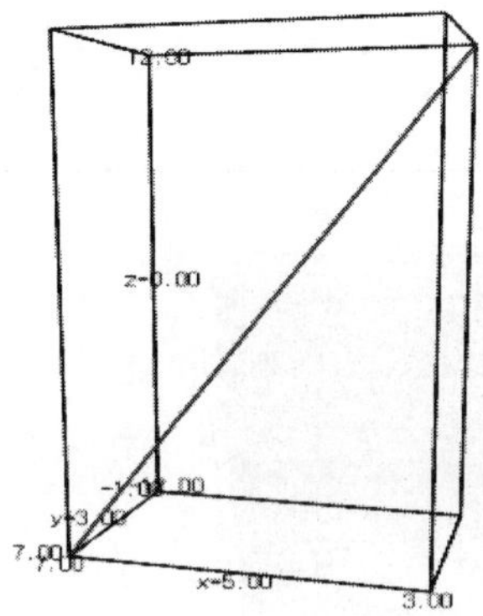

■

예제 3 벡터방정식이 $\mathrm{r}(t) = (\cos t, \sin t, t^2)$ 인 곡선을 그려라.

http://matrix.skku.ac.kr/KOFAC/

```
var ('t')
r = vector([ cos(t), sin(t), t^2 ])
parametric_plot3d( r, (t, 0, 4*pi), thickness = 2, aspect_ratio = [100, 100, 1] )
```

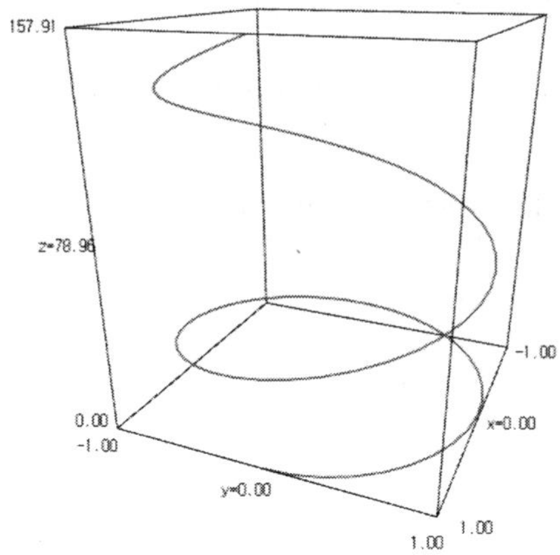

대응되는 매개변수방정식은 $x = \cos t$, $y = \sin t$, $z = t^2$이므로 $x^2 + y^2 = 1$을 만족한다. 따라서 주어진 곡선은 원기둥 $x^2 + y^2 = 1$ 위에 놓여 있다. 이를 확인하기 위해 **곡선과 원기둥을 같이 그려보면** 다음과 같다.

http://matrix.skku.ac.kr/KOFAC/

```
var ('t, x, y, z')
r = vector([ cos(t), sin(t), t^2 ])
p1 = parametric_plot3d( r, (t, 0, 4*pi), thickness = 2, aspect_ratio = [3, 3, 1] )
p2 = implicit_plot3d(x^2 + y^2 == 1, (x, -1, 1), (y, -1, 1), (z, -5, 160), color = 'red', opacity = 0.4)   #원기둥
p1 + p2
```

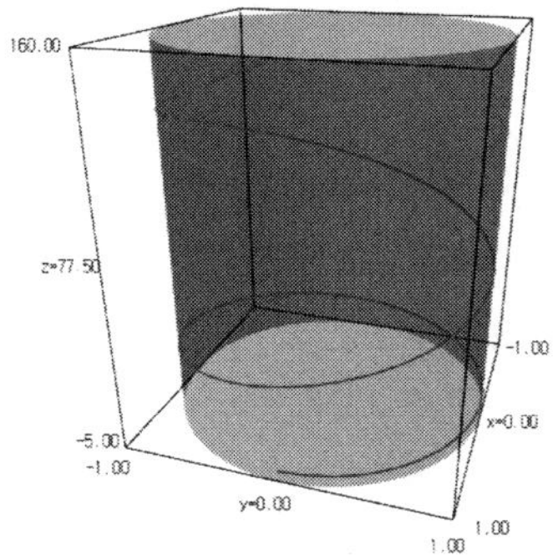

■

예제 4 점 $P(1, 5, 2)$와 점 $Q(2, 1, 3)$을 잇는 선분의 벡터방정식 $\mathrm{r}(t) = \mathrm{r}_0 + t\mathrm{v}$를 이용하여 **매개방정식**을 구하라.

풀이. 방향벡터 $\mathrm{v} = \overrightarrow{PQ} = \overrightarrow{OQ} - \overrightarrow{OP} = (1, -4, 1)$이고 $\mathrm{r}_0 = \overrightarrow{OP} = (1, 5, 2)$로 두면 $\mathrm{r}(t) = \mathrm{r}_0 + t\mathrm{v} = (1, 5, 2) + t(1, -4, 1) = (t+1, -4t+5, t+2)$를 얻는다. 따라서 매개변수방정식은 다음과 같다.

$$x = t + 1,\ y = -4t + 5,\ z = t + 2\ (\text{선분이므로 } 0 \le t \le 1)$$

http://matrix.skku.ac.kr/KOFAC/

```
var ('t')
P = vector([1, 5, 2])
Q = vector([2, 1, 3])
r0 = P
v = Q - P
r = r0 + t * v
print (r)
parametric_plot3d( r, (t, 0, 1), thickness = 2 )
```

답. (t + 1, -4*t + 5, t + 2)   # $\mathrm{r}(t) = (t+1, -4t+5, t+2)$

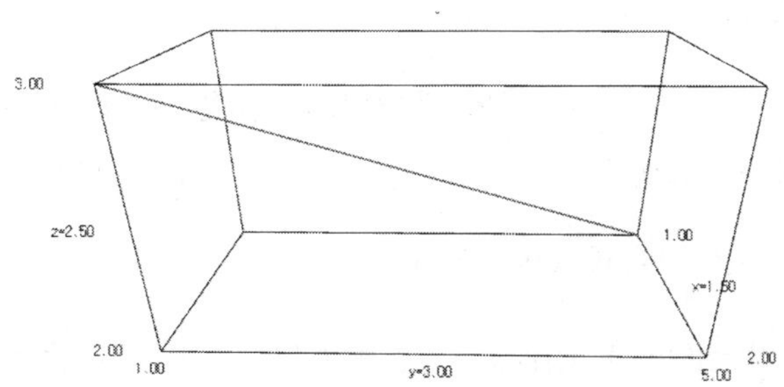

■

예제 5 원기둥 $x^2+y^2=9$와 평면 $y+z=2$의 교선의 방정식을 표현하는 벡터함수 $\mathrm{r}(t)$를 구하라.

풀이. $x=f(t)=3\cos t$, $y=f(t)=3\sin t$라 하면 원기둥의 방정식 $x^2+y^2=9$을 만족한다. 이때 평면의 방정식 $y+z=2$으로부터 $z=2-y=2-3\sin t$라 두면 벡터함수

$$\mathrm{r}(t) = (3\cos t,\ 3\sin t, 2-3\sin t),\ 0 \le t \le 2\pi$$

는 **원기둥과 평면이 만나는 교선**을 이룬다. 이를 그림으로 확인해보면 다음과 같다.

http://matrix.skku.ac.kr/KOFAC/

```
var ('t, x, y, z')
r = vector([ 3*cos(t), 3*sin(t), 2 - 3*sin(t) ] )                    # 교선의 방정식
p1 = parametric_plot3d(r, ( t, 0, 2*pi), thickness = 2)
p2 = implicit_plot3d(x^2+y^2==9, (x, -8, 8), (y, -8, 8), (z, -8, 8), color='red', opacity=0.5)
p3 = implicit_plot3d(y+z==2, (x, -8, 8), (y, -8, 8), (z, -8, 8), color='yellow', opacity=0.5)
p1 + p2 + p3
```

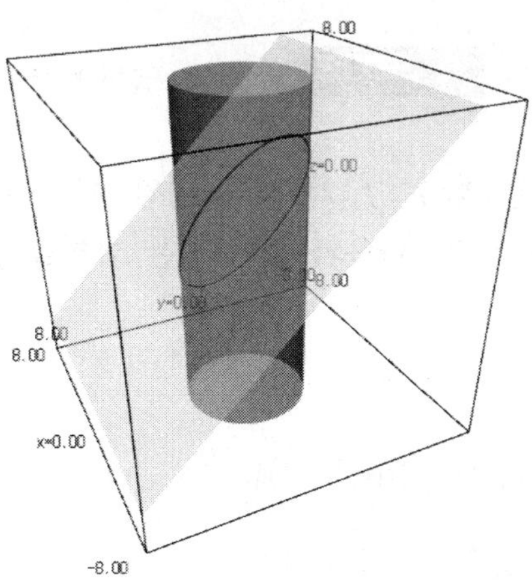

■

3.2. 벡터함수의 극한과 연속(Limit and Continuity)

벡터함수 $\mathrm{r}(t) = (f(t),\ g(t),\ h(t))$에 대하여, $t \to a$일 때 $\mathrm{r}(t)$의 각 성분함수들의 극한이 존재한다고 하자(즉, $\lim_{t \to a} f(t) = l_1$, $\lim_{t \to a} g(t) = l_2$, $\lim_{t \to a} h(t) = l_3$). 그러면 $t \to a$ 일 때, $\mathrm{r}(t)$의 극한(limit)을 다음과 같이 정의한다.

$$\lim_{t \to a} \mathrm{r}(t) := \left(\lim_{t \to a} f(t),\ \lim_{t \to a} g(t),\ \lim_{t \to a} h(t)\right) = (l_1, l_2, l_3) = \mathrm{L}$$

이를 간단히

$$\lim_{t \to a} \mathrm{r}(t) = \mathrm{L} \quad \Leftrightarrow \quad t \to a \text{ 일 때 } \mathrm{r}(t) \to \mathrm{L}$$

로 표현할 수 있다.

참고 벡터함수의 극한은 성분함수가 모두 극한이 존재하는 경우만 정의된다.

예제 6 $\lim_{t \to 2} \left(\frac{t-2}{t^2-4}\mathrm{i} + \sqrt{t+1}\,\mathrm{j} + \frac{\sin t}{(t-1)\cos t}\mathrm{k} \right)$를 구하여라.

http://matrix.skku.ac.kr/KOFAC/

```
var ('t')
r(t) = vector([(t - 2) / (t^2 - 4), sqrt(t + 1), sin(t) / ((t - 1)*cos(t))])
L = vector([limit(r(t)[i], t = 2) for i in range(0, 3)])        # 성분별로 극한을 취하여야 함
print ("L =", L)
```

답. L = (1/4, sqrt(3), sin(2)/cos(2))   # $= (\frac{1}{4}, \sqrt{3}, \frac{\sin(2)}{\cos(2)})$ ■

참고 벡터함수에 대해서는 Sage의 **limit** 명령어가 작동하지 않는다.

벡터함수 $\mathrm{F}(t)$, $\mathrm{G}(t)$와 실수함수 $f(t)$가 $t \to a$일 때, 극한이 존재하고, 실수함수 $t = g(s)$가 $s \to s_0$일 때, $t \to a$이면, 다음과 같이 극한 법칙을 만족한다.

① $\lim_{t \to a} \{\mathrm{F}(t) \pm \mathrm{G}(t)\} = \lim_{t \to a} \mathrm{F}(t) \pm \lim_{t \to a} \mathrm{G}(t)$

② $\lim_{t \to a} \{f(t)\,\mathrm{F}(t)\} = \left(\lim_{t \to a} f(t)\right)\left(\lim_{t \to a} \mathrm{F}(t)\right)$

③ $\lim_{t \to a} \{\mathrm{F}(t) \cdot \mathrm{G}(t)\} = \lim_{t \to a} \mathrm{F}(t) \cdot \lim_{t \to a} \mathrm{G}(t)$

④ $\lim_{t \to a}\{F(t) \times G(t)\} = \lim_{t \to a} F(t) \times \lim_{t \to a} G(t)$

⑤ $\lim_{s \to s_0} F\{g(s)\} = \lim_{t \to a} F(t)$

실수함수와 마찬가지로 벡터함수 $\mathrm{r}(t)$에 대해서도 **연속**(continuity)의 개념을 정의할 수 있다. 즉 $\lim_{t \to a} \mathrm{r}(t) = \mathrm{r}(a)$**일 때, 벡터함수** $\mathrm{r}(t)$**는 점** $t = a$ **에서 연속이라** 한다. 또한 벡터함수 $\mathrm{r}(t)$가 a에서 **연속**일 **필요충분조건**은 $\mathrm{r}(t)$의 성분함수 $f(t)$, $g(t)$, $h(t)$ **모두가** a **에서 연속**이라는 것이다.

3.3 벡터함수의 도함수와 적분(Derivative and Integral of Vector Function)

실수함수의 미분과 마찬가지로 벡터함수 $\mathrm{r}(t)$의 도함수(derivative) $\mathrm{r}'(t)$는

$$\mathrm{r}'(t) = \frac{d\mathrm{r}(t)}{dt} = \lim_{h \to 0} \frac{\mathrm{r}(t+h) - \mathrm{r}(t)}{h}$$

로 정의한다.

벡터함수의 도함수 $f(t)$, $g(t)$, $h(t)$가 모두 미분가능할 때,
벡터함수 $\mathrm{r}(t) = (f(t),\ g(t),\ h(t))$의 도함수는 다음과 같이 계산한다.

$$\mathrm{r}'(t) = (f'(t),\ g'(t),\ h'(t))$$

예제 7 벡터함수 $\mathrm{r}(t) = (\sin^2 t,\ e^{-t},\ \cos 2t)$의 **도함수**를 구하여라.

http://matrix.skku.ac.kr/KOFAC/

```
var ('t')
r(t) = vector( [ sin(t)^2, exp(-t), cos(2*t) ] )
dr(t) = diff(r(t), t)
print (dr(t))
```

답. (2*cos(t)*sin(t), −e^(−t), −2*sin(2*t))　　# $\mathrm{r}(t) = (\sin^2 t,\ e^{-t},\ \cos 2t)$의 도함수 ■

임의의 실수 $h > 0$일 때, $\frac{\mathrm{r}(t+h) - \mathrm{r}(t)}{h}$는 $\mathrm{r}(t+h) - \mathrm{r}(t)$가 움직이는 방향과 **같은 방향의 벡터**이다. 만일 $h \to 0$이면, 이 벡터는 아래 그림과 같이 접선 위에 놓여 있는 벡터에 접근(approach)하게 된다.

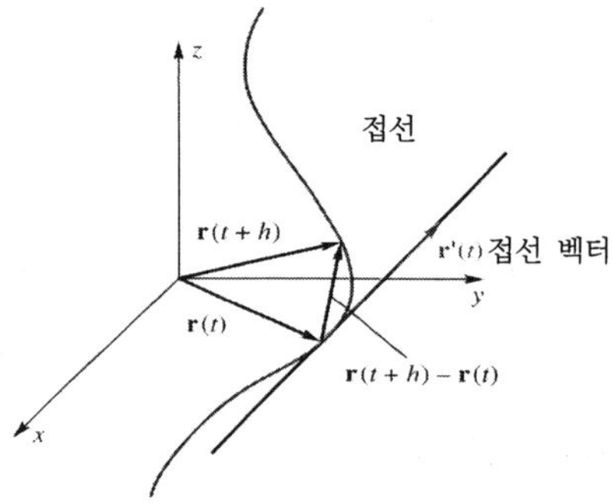

따라서 $\mathrm{r}'(t)$가 존재하고, $\mathrm{r}'(t) \neq 0$이면, 벡터 $\mathrm{r}'(t)$는 $\mathrm{r}(t)$에 의해 정의되는 곡선 C의 점 P에서의 **접선벡터**(tangent vector)가 된다. 그리고 P에서 곡선 C에 대한 **접선**(tangent line)은 점 P를 지나고, 접선벡터 $\mathrm{r}'(t)$에 평행인 직선으로 정의된다.

참고 **단위접선벡터**(unit tangent vector) $\mathrm{T}(t)$는 다음과 같이 나타낸다.

$$\mathrm{T}(t) = \frac{\mathrm{r}'(t)}{\|\mathrm{r}'(t)\|}, \text{ 단 } \mathrm{r}'(t) \neq 0.$$

예제 8 곡선 $\mathrm{r}(t) = (\sqrt{t}, 2+t)$에 대하여 접선벡터 $\mathrm{r}'(t)$을 구하고, 단위접선벡터 $\mathrm{T}(t) = \frac{\mathrm{r}'(t)}{\|\mathrm{r}'(t)\|}$를 구한 후, $\mathrm{r}(1)$과 접선벡터 $\mathrm{r}'(1)$을 그려라.

http://matrix.skku.ac.kr/KOFAC/

```
var ('t')
r(t) = vector( [ sqrt(t), 2 + t ] )
dr(t) = diff(r(t), t)
print (dr(t))
T1 = dr(t)/ dr(t).norm()
print (T1)
r1 = r(1)
dr1 = dr(1)
p1 = parametric_plot( r, (t, 0, 2) )                # 곡선
a1 = arrow( (0, 0), r1, color = 'orange')           # r (1)
a2 = arrow(r1, r1 + dr1, color = 'red')             # r ' (1)
show (p1 + a1 + a2, aspect_ratio = 0.3)
```

답. (1/2/sqrt(t), 1)   # $\mathrm{r}'(t)$

(1/(sqrt(t)*sqrt(1/abs(t) + 4)), 2/sqrt(1/abs(t) + 4))   # T(t)

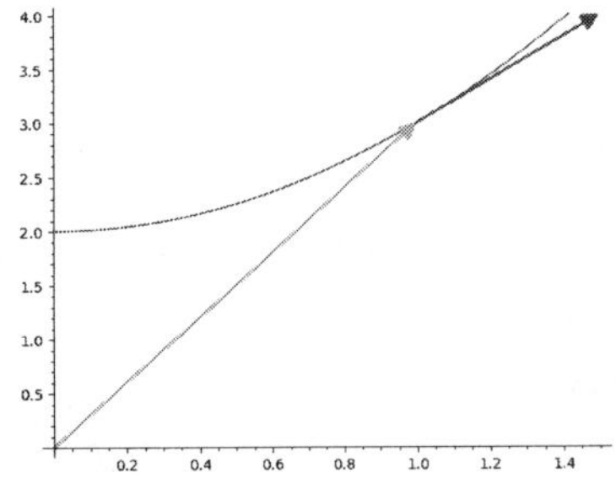

■

예제 9 매개변수방정식이 다음과 같은 **나선**(helix)에 대해 점 $\left(0,\ 1,\ \frac{\pi}{2}\right)$에서 접선의 **매개변수방정식**을 구하라.

$x = 2\cos t,\quad y = \sin t,\ z = t$ (나선(helix)의 매개변수방정식)

http://matrix.skku.ac.kr/KOFAC/

```
var ('t')
r(t) = vector( [ 2*cos(t), sin(t), t ] )
dr(t) = diff(r(t), t)
s = r( pi/2 ) + t*dr( pi/2 )                                    # 접선의 벡터 방정식
print (s)
p1 = parametric_plot3d( r, ( t, -pi, 2*pi ), thickness = 2 )    # 곡선
p2 = parametric_plot3d( s, ( t, -1, 1 ), color='red', thickness = 2 )   # 접선
show(p1 + p2, aspect_ratio = [3, 2, 1])
```

답. (−2*t, 1, 1/2*pi + t) # 접선의 벡터방정식

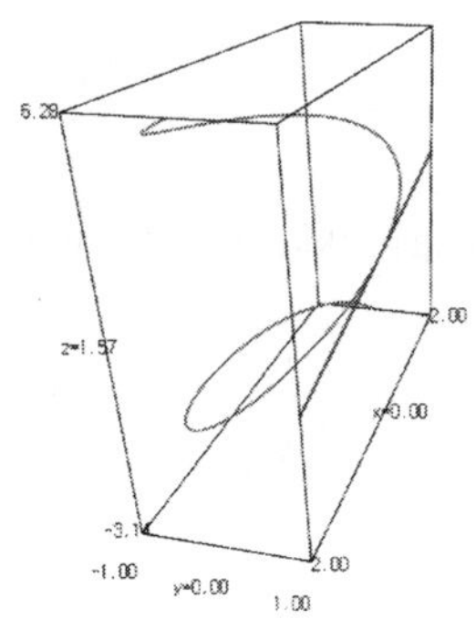

따라서 접선의 매개방정식은 $x = -2t,\ y = 1, z = t + \frac{\pi}{2}$ $(t \in \mathbb{R})$ 이다. ■

참고 벡터함수 $\mathrm{r}\,(t)$의 **2계 도함수**(second derivative)는 $\mathrm{r}\,'(t)$의 **도함수**이다.
즉 $\mathrm{r}\,''(t) = (\mathrm{r}\,'(t))'$ 이다. 같은 방법으로 **고계 도함수** $\mathrm{r}^{(n)}(t)$도 쉽게 정의할 수 있다.

예제 10 벡터함수 $\mathrm{r}(t)=(2\sin t, \cos t, t^2)$의 도함수와 이계도함수를 구하여라.

풀이. $\mathrm{r}'(t)=(2\cos t, -\sin t, 2t)$, $\mathrm{r}''(t)=(-2\sin t, -\cos t, 2)$

http://matrix.skku.ac.kr/KOFAC/

```
var ('t')
r(t) = vector( [ 2*sin(t), cos(t), t^2 ] )
dr(t) = diff(r(t), t)                    # 도함수
dr2(t) = diff(r(t), t, 2)                # 이계도함수
print (dr(t))
print (dr2(t))
```

답. 도함수 (2*cos(t), -sin(t), 2*t)

이계도함수 (-2*sin(t), -cos(t), 2) ■

$\mathrm{u}(t)$와 $\mathrm{v}(t)$를 미분가능한 벡터함수라 하고, c를 실수, $f(t)$를 미분가능한 실수함수라 하면, 벡터함수에 대해서도 다음과 같이 **미분법칙**이 성립한다.

① $(\mathrm{u}(t)\pm\mathrm{v}(t))'=\mathrm{u}'(t)\pm\mathrm{v}'(t)$

② $(c\mathrm{u}(t))'=c\mathrm{u}'(t)$

③ $(f(t)\mathrm{u}(t))'=f'(t)\mathrm{u}(t)+f(t)\mathrm{u}'(t)$

④ $(\mathrm{u}(t)\cdot\mathrm{v}(t))'=\mathrm{u}'(t)\cdot\mathrm{v}(t)+\mathrm{u}(t)\cdot\mathrm{v}'(t)$

⑤ $(\mathrm{u}(t)\times\mathrm{v}(t))'=\mathrm{u}'(t)\times\mathrm{v}(t)+\mathrm{u}(t)\times\mathrm{v}'(t)$

⑥ $(\mathrm{u}(f(t)))'=f'(t)\mathrm{u}'(f(t))$ **(연쇄법칙)**

예제 11 $\mathrm{F}(t)=(\tan^{-1}t, 0, 5)$, $\mathrm{G}(t)=(1, \ln t, -2t)$일 때 $(\mathrm{F}\cdot\mathrm{G})'(t)$와 $(\mathrm{F}\times\mathrm{G})'(t)$을 구하라.

http://matrix.skku.ac.kr/KOFAC/

```
var ('t')
F(t) = vector( [ arctan(t), 0, 5 ] )
G(t) = vector( [ 1, log(t), -2*t ] )
r1(t) = F(t).inner_product(G(t))
r2(t) = F(t).cross_product(G(t))
dr1(t) = diff(r1(t), t)
dr2(t) = diff(r2(t), t)
print (dr1(t))
print (dr2(t))
```

답. 1/(t^2 + 1) - 10 #$(F \cdot G)'(t)$

(-5/t, 2*t/(t^2 + 1) + 2*arctan(t), arctan(t)/t + log(t)/(t^2 + 1)) #$(F \times G)'(t)$ ■

벡터함수 $\mathrm{r}(t) = (f(t), g(t), h(t))$의 **부정적분**과 **정적분**은 각각 다음과 같이 정의된다.

$$\int \mathrm{r}(t)dt = \left(\int f(t)dt, \int g(t)dt, \int h(t)dt\right)$$

$$\int_a^b \mathrm{r}(t)dt = \left(\int_a^b f(t)dt, \int_a^b g(t)dt, \int_a^b h(t)dt\right)$$

역시 **[미적분의 기본정리]**를 이용하면 다음과 같이 벡터함수의 정적분을 계산할 수 있다.

벡터함수의 정적분 $\mathrm{R}(t)$가 $\mathrm{r}(t)$의 역도함수(inverse derivative), 즉 $\mathrm{R}(t) = \int \mathrm{r}(t)dt$라 하면, $\mathrm{R}'(t) = \mathrm{r}(t)$가 성립한다. 이 때 정적분 $\int_a^b \mathrm{r}(t)dt$은 다음과 같이 계산된다.

$$\int_a^b \mathrm{r}(t)dt = [\mathrm{R}(t)]_a^b = \mathrm{R}(b) - \mathrm{R}(a)$$

예제 12 벡터함수 $\mathrm{r}(t) = (\sec^2 t, -2\cos t, -\frac{1}{\sqrt{1-t^2}})$의 **부정적분**을 구하여라.

http://matrix.skku.ac.kr/KOFAC/

```
var ('t')
r(t) = vector( [ sec(t)^2, -2*cos(t), - 1/sqrt(1 - t^2) ] )
integral( r(t), t )                    # 적분상수는 따로 제공해주지 않는다.
```

답. $\int \mathrm{r}(t)dt =$ (tan(t), -2*sin(t), -arcsin(t)) + C ■

3.4 곡선의 길이(Length of Curve, Arc length, length of a plane curve)

$f'(t)$과 $g'(t)$가 연속일 때 **매개변수방정식**이 $x = f(t)$, $y = g(t)$, $a \le t \le b$인 2차원에서의 **곡선의 길이**(Arc length) L은 다음과 같이 구할 수 있다.

$$L = \int_a^b \sqrt{\{f'(t)\}^2 + \{g'(t)\}^2}\,dt = \int_a^b \sqrt{\left(\frac{dx}{dt}\right)^2 + \left(\frac{dy}{dt}\right)^2}\,dt$$

따라서 $\mathbb{R}^2$상에서 **벡터함수** $\mathrm{r}(t) = (f(t), g(t))$, $a \le t \le b$으로 주어진 **평면곡선의 길이**(Length of a plane curve) L은 아래의 식을 이용하여 계산할 수 있다.

$$L = \int_a^b \|\mathrm{r}\,'(t)\|\,dt = \int_a^b \left\| \frac{d\mathrm{r}}{dt} \right\| dt$$

같은 방법으로 $f'(t)$, $g'(t)$, $h'(t)$가 연속일 때, 매개변수방정식이 $x = f(t)$, $y = g(t)$, $z = h(t)$, $a \le t \le b$인 **공간곡선의 길이**(Length of a space curve)는

$$L = \int_a^b \sqrt{\{f'(t)\}^2 + \{g'(t)\}^2 + \{h'(t)\}^2}\,dt = \int_a^b \sqrt{\left(\frac{dx}{dt}\right)^2 + \left(\frac{dy}{dt}\right)^2 + \left(\frac{dz}{dt}\right)^2}\,dt$$

이고 벡터함수 $\mathrm{r}(t) = (f(t), g(t), h(t))$, $a \le t \le b$로 주어진 공간곡선의 길이는

$$L = \int_a^b \|\mathrm{r}\,'(t)\|\,dt = \int_a^b \left\| \frac{d\mathrm{r}}{dt} \right\| dt$$

로 구할 수 있다.

예제 13 벡터함수 $\mathrm{r}(t) = (t, t\sin t, t^2)$, $0 \le t \le 2\pi$로 주어진 **공간곡선의 길이**를 **소수점 아래 둘째자리에서 반올림하여 계산**하여라.

http://matrix.skku.ac.kr/KOFAC/

```
var ('t')
f(t) = t; g(t) = t*sin(t); h(t) =t^2
r(t) = [ f(t), g(t), h(t) ]
dr(t) = diff( r(t), t )
p = parametric_plot3d(r(t), (t, 0, 2*pi))
show(p)                                                 # 그래프
numerical_integral ( dr(t).norm() , 0, 2*pi )[0]        # 근삿값
```

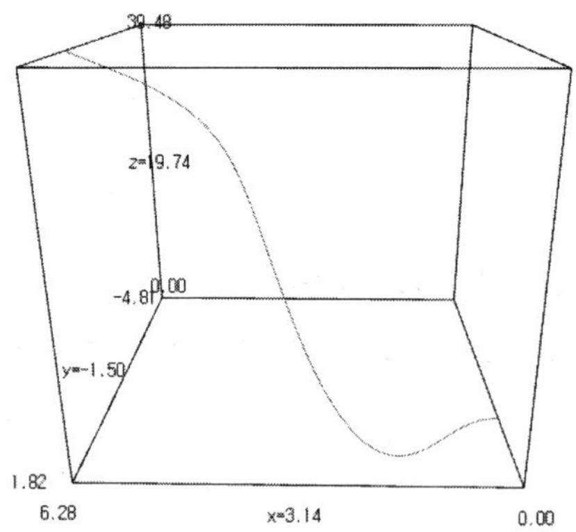

답. 곡선의 길이 = 43.00529619422574

따라서 공간곡선의 길이는 대략 **43.0**이다. ■

벡터함수 $\mathrm{r}(t)=(f(t), g(t), h(t))$, $a \le t \le b$로 주어진 공간곡선 C에 대하여, $t=a$에서 임의의 시각(time) t까지 움직인 전체 호의 길이(Arc length)를 함수로 표현할 수 있다. 이를 $s(t)$라 하고 **호의 길이 함수**(arc length function)라 한다. 즉 $s(t)$는 곡선 C의 $\mathrm{r}(a)$와 $\mathrm{r}(t)$사이의 길이이다. 다음과 같이 계산한다.

$$s(t)=\int_a^t \sqrt{[f'(u)]^2+[g'(u)]^2+[h'(u)]^2}\,du=\int_a^t \| \mathrm{r}'(u) \| \,du$$

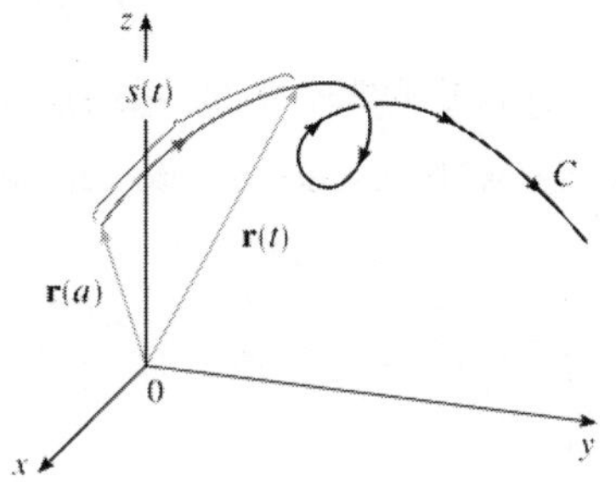

따라서 $\dfrac{ds}{dt}= \| \mathrm{r}'(t) \|$는 속력(speed)을 나타낸다.

만일 $\mathrm{r}'(t) \neq 0$이면 $\dfrac{ds}{dt}>0$ 이므로 $s=s(t)$는 증가함수가 되어 역함수가 존재한다. 따라서 t를 s에 관한 함수 $t=t(s)$로 나타낼 수 있다. 이제 $t=t(s)$를 $\mathrm{r}(t)$에 대입하면 $\mathrm{r}=\mathrm{r}(t(s))$와 같이 곡선 C를 s에 관하여 다시 표현할 수 있다. 이 과정을 곡선의 **호의 길이에 의한 재매개화**(reparametrization of curve by arc length)라고 한다. 그리고 매개변수 표현을 바꾸어 주더라도 호의 길이는 불변(invariant)한다.

[참고] 호의 길이에 의한 재매개화 : http://www.personal.psu.edu/sxj937/Notes/Reparametrization.pdf

3.5 곡률(Curvature)

곡률(curvature)은 곡선의 본질적인 성질로 주어진 점에서 곡선이 얼마나 많이 휘어져 있는지를 하나의 숫자로 나타낸다. 직관적으로 직선의 곡률은 0이라고 이해할 수 있다.

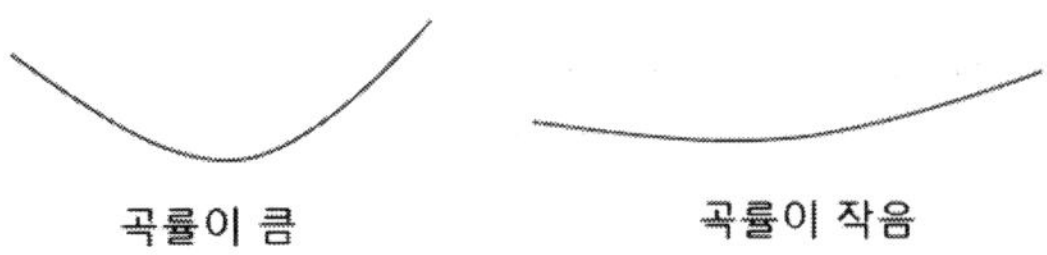

[그림 출처] https://happhi.tistory.com/65

주어진 점에서 곡선의 곡률은 그 점에서 곡선이 얼마나 빠르게 방향을 바꾸는가로 이해할 수 있다. 이때 곡률이 곡선의 매개변수화에 영향을 받지 않으면서도 방향의 변화에만 관심을 갖도록 호의 길이와 단위접선벡터(unit tangent vector)를 사용하여 정의한다.

벡터함수 $\mathbf{r}(t)$에 의해 주어진 곡선의 곡률(curvature) $\kappa(t)$은 다음과 같다. 여기서 T는 단위접선 벡터이다.

$$\kappa(t) = \left\| \frac{d\mathbf{T}}{ds} \right\| = \frac{\|d\mathbf{T}/dt\|}{\|ds/dt\|} = \frac{\|\mathbf{T}'(t)\|}{\|\mathbf{r}'(t)\|}$$

즉 곡률은 호의 길이 s에 대한 단위접선벡터 T의 변화율의 크기(magnitude of the rate of change of the unit tangent vector with respect to arc length)로 정의한다.

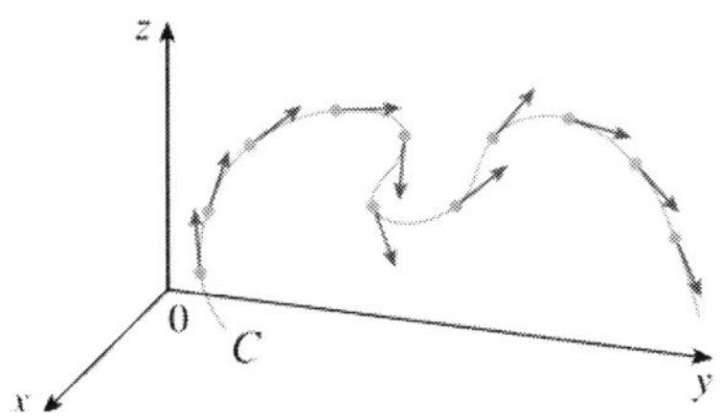

예제 14 반지름이 a인 원(circle)의 곡률이 $\frac{1}{a}$임을 보여라.

http://matrix.skku.ac.kr/KOFAC/

```
var ('t, a')
assume( a > 0 )
r(t) = vector( [ a*cos(t), a*sin(t) ] )  # 원
dr(t) = diff( r(t), t )                    # 접선벡터
print (dr(t))
drn(t) = dr(t).norm().simplify_full()
print (drn(t))
T(t) = dr(t) / drn(t)                      # 단위 접선 벡터
print (T(t))
dT(t) = diff( T(t), t )
print ((dT(t).norm() / drn(t)).simplify_full())   # 곡률
```

답. (−a*sin(t), a*cos(t)) # 접선벡터

a # r'(t)의 norm

(−sin(t), cos(t)) # 단위 접선 벡터

곡률 = 1/a # 원의 곡률 $\kappa(t) = \left\| \frac{d\mathbf{T}}{ds} \right\| = \frac{\|\mathbf{T}'(t)\|}{\|\mathbf{r}'(t)\|}$이 $\frac{1}{a}$임을 증명. ■

벡터함수 $\mathbf{r}(t)$가 2계 도함수를 가지면 다음과 같이 곡률을 계산할 수도 있다.

곡률 벡터함수 $\mathbf{r}(t)$로 주어진 **곡선의 곡률**(curvature)

$$\kappa(t) = \frac{\|\mathbf{r}'(t)\times\mathbf{r}''(t)\|}{\|\mathbf{r}'(t)\|^3}.$$

예제 15 점 $(0, 0, 0)$에서 $\mathbf{r}(t) = (2\sin t, 2\cos t, 3t)$의 곡률 $\kappa(t)$를 구하여라.

http://matrix.skku.ac.kr/KOFAC/

```
var ('t')
r(t) = vector( [ 2*sin(t), 2*cos(t), 3*t ] )
dr(t) = diff( r(t), t )
print (dr(t))                                                # 도함수
dr2(t) = diff( r(t), t, 2 )
print (dr2(t))                                               # 2계 도함수
drn(t) = dr(t).norm().simplify_full()
print (drn(t))
num(t) = dr(t).cross_product(dr2(t)).simplify_full()         # 분자
print (num(t))
curv(t) = (num(t).norm() / drn(t)^3).simplify_full()         # 곡률
print (curv(t))
print (curv(0))
```

답. (2*cos(t), -2*sin(t), 3)
(-2*sin(t), -2*cos(t), 0)
sqrt(13)
(6*cos(t), -6*sin(t), -4)
2/13
2/13 # 곡률, $\kappa(t) = \frac{\|\mathbf{r}'(t)\times\mathbf{r}''(t)\|}{\|\mathbf{r}'(t)\|^3}$ ■

방정식이 $y = f(x)$**로 주어진 평면곡선은** x를 매개변수로 택하여 $\mathbf{r}(x) = x\mathbf{i} + f(x)\mathbf{j}$로 쓸 수 있다. 따라서 $\mathbf{r}'(x) = \mathbf{i} + f'(x)\mathbf{j}$, $\mathbf{r}''(x) = f''(x)\mathbf{j}$에서 $\|\mathbf{r}'(x)\| = \sqrt{1+[f'(x)]^2}$이 되고, $\mathbf{r}'(x)\times\mathbf{r}''(x) = f''(x)\mathbf{k}$이므로 곡률은 다음과 같이 계산할 수 있다.

$$\kappa(x) = \frac{|f''(x)|}{\left[1+(f'(x))^2\right]^{\frac{3}{2}}}$$

예제 16 점 $(0, 0)$, $(1, 1)$, $(2, 8)$에서 $y = x^3$의 곡률을 구하라.

http://matrix.skku.ac.kr/KOFAC/

```
f(x) = x^3
df(x) = diff( f(x), x )
d2f(x) = diff( df(x), x )
curv(x) = abs( d2f(x) ) / (1 + df(x)^2)^(3/2)
print (curv(x))
print (curv(0))
print (curv(1))
print (curv(2))
```

답.
```
6*abs(x)/(9*x^4 + 1)^(3/2)
0                          # 점 (0, 0)에서의 곡률
3/50*sqrt(10)              # 점 (1, 1)에서의 곡률
12/21025*sqrt(145)         # 점 (2, 8)에서의 곡률
```
■

◪ 열린 문제 1 다른 교재에서 찾은 벡터함수 $\mathbf{r}(t) = (t, \cos 2t, \sin 2t)$, $0 \le t \le 4\pi$를 그린 후, 접선벡터 $\mathbf{r}'(t)$와 곡률 $\kappa(t)$를 구하고, 범위 $0 \le t \le 2\pi$에서 **곡선의 길이**(arc length)의 근삿값을 구하여라.

http://matrix.skku.ac.kr/KOFAC/

```
var ('t')
r(t) = vector([ t, cos(2*t), sin(2*t) ])                    #벡터함수 r(t)
p=parametric_plot3d( r, (t, 0, 4*pi), thickness = 2, aspect_ratio = [50, 100, 100] )
                                                            #벡터함수 r(t)그래프
show(p)
dr(t) = diff(r(t), t)
print ('도함수=', dr(t))                                    # 벡터함수의 접선벡터 r'(t), 도함수
dr2(t) = diff( r(t), t, 2 )
print ('2계 도함수=', dr2(t))                               # 2계 도함수
drn(t) = dr(t).norm().simplify_full()
```

```
print ('도함수의 노름=', drn(t))
num(t) = dr(t).cross_product(dr2(t)).simplify_full()     # 분자
print ('도함수와 2계도함수의 외적=', num(t))
curv(t) = (num(t).norm() / drn(t)^3).simplify_full()   # 곡률
print ('곡률=', curv(t))
print('0<=t<=2*pi에서 곡선의 길이 근삿값')
numerical_integral ( dr(t).norm(), 0, 2*pi )[0]        # 근삿값
```

답.

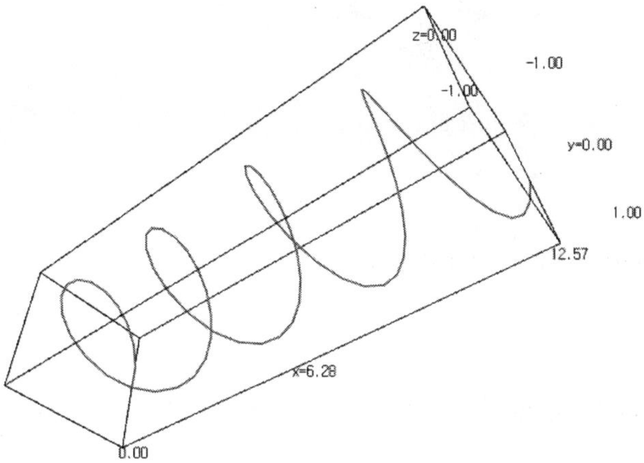

도함수 = (1, -2*sin(2*t), 2*cos(2*t))

2계 도함수 = (0, -4*cos(2*t), -4*sin(2*t))

도함수의 노름 = sqrt(5)

도함수와 2계도함수의 외적 = (8, 8*cos(t)*sin(t), 8*sin(t)^2 - 4)

곡률 = 4/5

0<=t<=2*pi에서 곡선의 길이 근삿값

14.049629462081453 ■

벡터함수 r(t) = (2*t, -t*cos(t), -3*t^2) [-2*pi ≤ t ≤ 2*pi]

1) 그래프

```
var ('t')
f(t) = 2*t; g(t) = -t*cos(t); h(t) = -3*t^2
r(t) = [ f(t), g(t), h(t) ]
dr(t) = diff( r(t), t )
```

```
p = parametric_plot3d(r(t), (t, -2*pi, 2*pi), aspect_ratio = [3, 3, 1])
show(p)
```

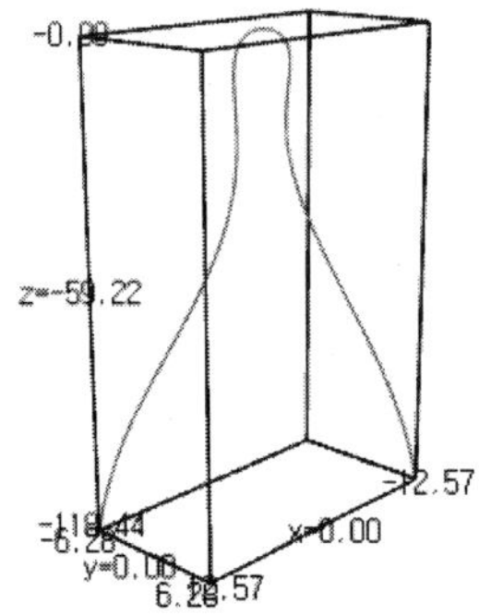

2) 접선벡터

```
var ('t')
f(t) = 2*t; g(t) = -t*cos(t); h(t) = -3*t^2
r(t) = [ f(t), g(t), h(t) ]
dr(t) = diff( r(t), t )
drn(t) = dr(t).norm().simplify_full()

T(t) = dr(t) / drn(t)
print (T(t))
```

(2/sqrt(-2*t*cos(t)*sin(t) + (t^2 - 1)*sin(t)^2 + 36*t^2 + 5), (t*sin(t) - cos(t))/sqrt(-2*t*cos(t)*sin(t) + (t^2 - 1)*sin(t)^2 + 36*t^2 + 5), -6*t/sqrt(-2*t*cos(t)*sin(t) + (t^2 - 1)*sin(t)^2 + 36*t^2 + 5))

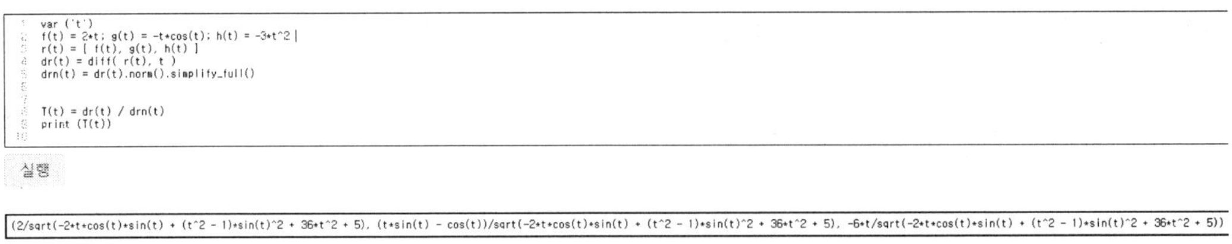

```
var ('t')
f(t) = 2*t; g(t) = -t*cos(t); h(t) = -3*t^2
r(t) = [ f(t), g(t), h(t) ]
dr(t) = diff( r(t), t )
drn(t) = dr(t).norm().simplify_full()

T(t) = dr(t) / drn(t)
print (T(t))
```

실행

(2/sqrt(-2*t*cos(t)*sin(t) + (t^2 - 1)*sin(t)^2 + 36*t^2 + 5), (t*sin(t) - cos(t))/sqrt(-2*t*cos(t)*sin(t) + (t^2 - 1)*sin(t)^2 + 36*t^2 + 5), -6*t/sqrt(-2*t*cos(t)*sin(t) + (t^2 - 1)*sin(t)^2 + 36*t^2 + 5))

3) 곡률

```
var ('t')
f(t) = 2*t; g(t) = -t*cos(t); h(t) = -3*t^2
r(t) = [ f(t), g(t), h(t) ]
dr(t) = diff( r(t), t )
drn(t) = dr(t).norm().simplify_full()
```

T(t) = dr(t) / drn(t)

dT(t) = diff(T(t), t)

show ((dT(t).norm() / drn(t)).simplify_full())

답. 2*sqrt(((9*t^6 - 35*t^4 - 49*t^2 - 5)*cos(t)^4 - 333*t^4 - (333*t^6 + 361*t^4 + 150*t^2 + 60)*cos(t)^2 - 1516*t^2 + 2*(6*(3*t^5 + 2*t^3 - t)*cos(t)^3 - (333*t^5 + 434*t^3 + 4*t)*cos(t))*sin(t) - 160)/((t^6 - 15*t^4 + 15*t^2 - 1)*cos(t)^6 - 50653*t^6 - 3*(37*t^6 - 222*t^4 + 17*t^2 + 4)*cos(t)^4 - 16428*t^4 + 3*(1369*t^6 - 1221*t^4 - 296*t^2 - 16)*cos(t)^2 - 1776*t^2 + 2*((3*t^5 - 10*t^3 + 3*t)*cos(t)^5 - 2*(111*t^5 - 101*t^3 - 12*t)*cos(t)^3 + 3*(1369*t^5 + 296*t^3 + 16*t)*cos(t))*sin(t) - 64))/sqrt(-2*t*cos(t)*sin(t) + (t^2 - 1)*sin(t)^2 + 36*t^2 + 5)

$$\frac{2\sqrt{\frac{(9t^6-35t^4-49t^2-5)\cos(t)^4-333t^4-(333t^6+361t^4+150t^2+60)\cos(t)^2-1516t^2+2\left(6(3t^5+2t^3-t)\cos(t)^3-(333t^5+434t^3+4t)\cos(t)\right)\sin(t)-160}{(t^6-15t^4+15t^2-1)\cos(t)^6-50653t^6-3(37t^6-222t^4+17t^2+4)\cos(t)^4-16428t^4+3(1369t^6-1221t^4-296t^2-16)\cos(t)^2-1776t^2+2\left((3t^5-10t^3+3t)\cos(t)^5-2(111t^5-101t^3-12t)\cos(t)^3+3(1369t^5+296t^3+16t)\cos(t)\right)\sin(t)-64}}}{\sqrt{-2t\cos(t)\sin(t)+(t^2-1)\sin(t)^2+36t^2+5}}$$

4) 곡선의 길이의 근삿값

var ('t')

f(t) = 2*t; g(t) = -t*cos(t); h(t) = -3*t^2

r(t) = [f(t), g(t), h(t)]

dr(t) = diff(r(t), t)

numerical_integral (dr(t).norm(), -2*pi, 2*pi)[0]

```
var ('t')
f(t) = 2*t; g(t) = -t*cos(t); h(t) = -3*t^2
r(t) = [ f(t), g(t), h(t) ]
dr(t) = diff( r(t), t )

numerical_integral ( dr(t).norm() , -2*pi , 2*pi )[0]
```

실행

```
241.61973248142147
```

다른 벡터로 위 4가지 전부 구해보았습니다.

r(t) = (2*t, -sin(t), t^2)[-2*pi ≤ t ≤ 2*pi]

var ('t')

f(t) = 2*t; g(t) = -sin(t); h(t) = t^2

r(t) = [f(t), g(t), h(t)]

```
dr(t) = diff( r(t), t )
drn(t) = dr(t).norm().simplify_full()

p = parametric_plot3d(r(t), (t, -2*pi, 2*pi), aspect_ratio = [3, 3, 1])
show(p)                                                    #그래프

T(t) = dr(t) / drn(t)
print ("접선벡터 = ",T(t))                                  #접선 벡터

dT(t) = diff( T(t), t )
print ("곡률 = ", (dT(t).norm() / drn(t)).simplify_full())   #곡률

print ("곡선길이 근삿값 = ", numerical_integral ( dr(t).norm() , -2*pi , 2*pi )[0])#곡선길이의 근삿값
```

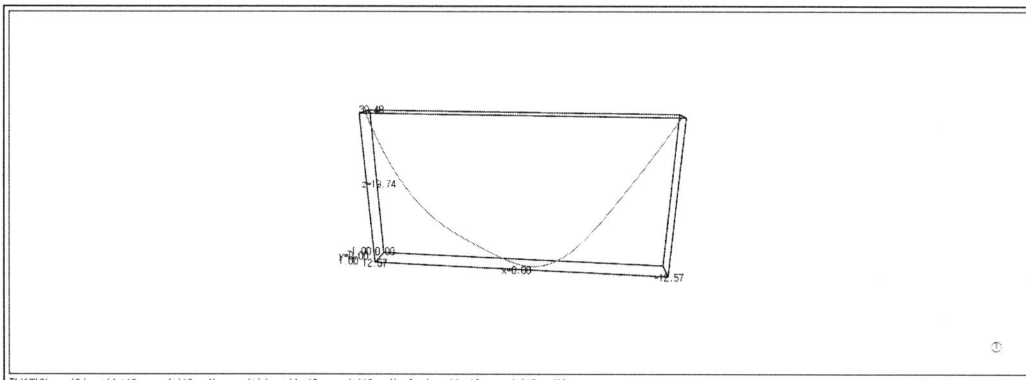

```
접선벡터 =  (2/sqrt(4*t^2 + cos(t)^2 + 4), -cos(t)/sqrt(4*t^2 + cos(t)^2 + 4), 2*t/sqrt(4*t^2 + cos(t)^2 + 4))
곡률 =  2*sqrt((t^2*sin(t)^2 + 2*t*cos(t)*sin(t) + 5)/(16*t^4 + sin(t)^4 - 2*(4*t^2 + 5)*sin(t)^2 + 40*t^2 + 25))/sqrt(4*t^2 + cos(t)^2 + 4)
곡선길이 근삿값 =  85.67169606160462
```

3.6 이차곡면(Quadratic Surface)

이차곡면(quadric surface)은 세 변수 x, y, z에 관한 이차방정식의 그래프이다. 이런 방정식의 가장 일반적인 형태는 A, B, C, $\cdots$, J가 상수일 때 다음과 같다.

$$Ax^2 + By^2 + Cz^2 + Dxy + Eyz + Fxz + Gx + Hy + Iz + J = 0$$

위 식은 평행이동과 회전에 의해 다음과 같은 두 가지 표준형 중 하나로 바꿀 수 있다. http://matrix.skku.ac.kr/2014-Album/Quadratic-form/

$$Ax^2 + By^2 + Cz^2 + J = 0 \quad \text{또는} \quad Ax^2 + By^2 + Iz = 0$$

이차곡면은 평면 안의 원뿔곡선에 대응하는 3차원 공간의 곡면이다.

예제 17 곡면 $z = x^2$ 의 그래프를 그려라.

[힌트] 주어진 함수는 이변수 함수 $z = f(x, y)$ 꼴이므로 Sage 명령어 plot3d (f(x, y), (x의 범위), (y의 범위))를 이용하여 3차원 공간 그래프를 그릴 수 있다.

http://matrix.skku.ac.kr/KOFAC/

```
var ('x, y')
plot3d( x^2, (x, -2, 2), (y, -2, 2), opacity = 0.4 )
```

답.

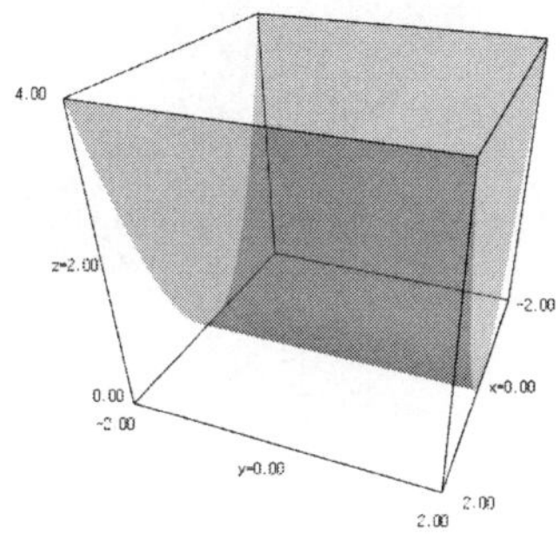

■

예제 18 곡면 $y^2 + z^2 = 1$ 을 그래프로 그려라.

[힌트] 주어진 이변수 함수가 음함수 형태인 경우 Sage 명령어 implicit_plot3d (방정식 형태의 식, (x범위), (y 범위), (z범위))를 이용하여 3차원 공간 그래프를 그릴 수 있다.

http://matrix.skku.ac.kr/KOFAC/

```
var ('x, y, z')
implicit_plot3d( y^2 + z^2 == 1, (x, -2, 2), (y, -2, 2), (z, -2, 2), opacity=0.4 )
```

답.

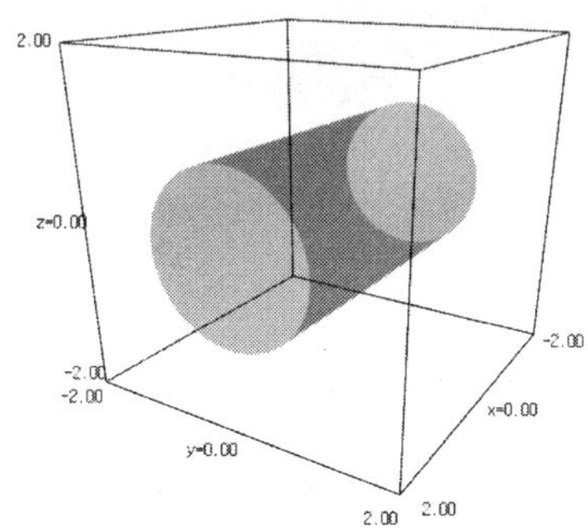

■

예제 19 다음 방정식으로 주어지는 **이차곡면**(quadric surface)의 그래프를 그려라.

$$x^2 + \frac{y^2}{9} + \frac{z^2}{4} = 1$$

http://matrix.skku.ac.kr/KOFAC/

```
var ('x, y, z')
implicit_plot3d(x^2+y^2/9+z^2/4==1, (x, -3, 3), (y, -3, 3), (z, -3, 3), opacity=0.4)
```

답. 타원면

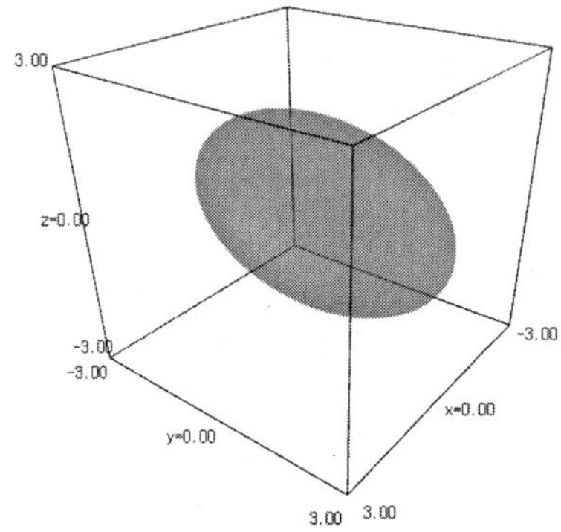

■

예제 20 곡면 $z = 4x^2 + y^2$ 의 그래프를 그려라.

http://matrix.skku.ac.kr/KOFAC/

```
var ('x, y')
plot3d( 4*x^2 + y^2, (x, -1, 1), (y, -1, 1), opacity=0.4, aspect_ratio=[5, 5, 2] )
```

답.

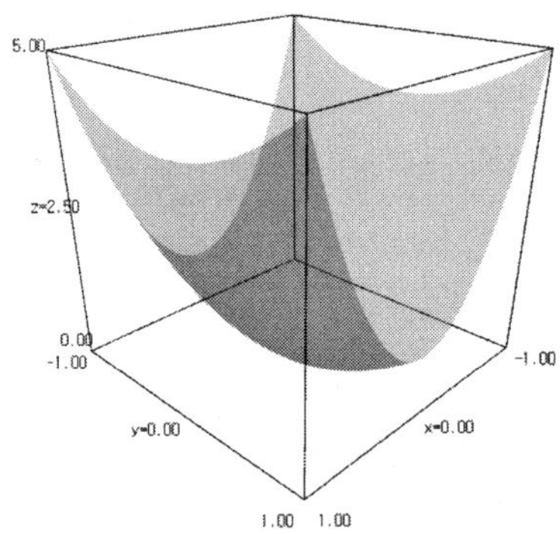

■

예제 21 곡면 $z = y^2 - x^2$ 의 그래프를 그려라.

http://matrix.skku.ac.kr/KOFAC/

```
var ('x, y')
plot3d(y^2-x^2, (x, -2, 2), (y, -2, 2), opacity=0.4, color='orange', aspect_ratio=[2, 2, 1])
```

답. 쌍곡포물면, 안장점(Saddle)존재,

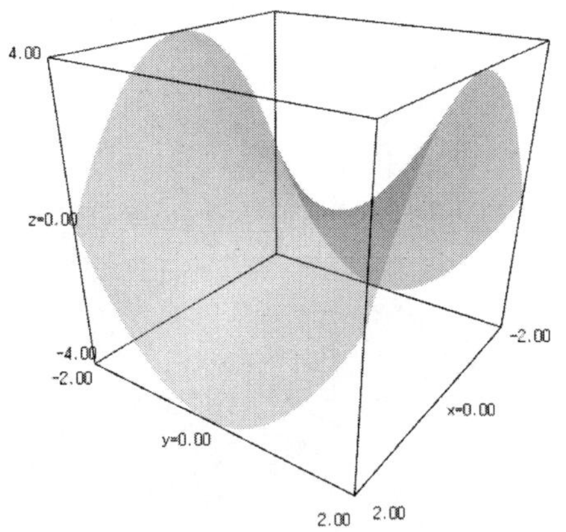

■

예제 22 곡면 $\frac{x^2}{4}+y^2-\frac{z^2}{4}=1$ 의 그래프를 그려라.

http://matrix.skku.ac.kr/KOFAC/

```
var ('x, y, z')
implicit_plot3d( x^2/4 + y^2 - z^2/4 == 1, (x, -5, 5), (y, -5, 5), (z, -5, 5), opacity = 0.4)
```

답. 일엽(단엽)포물면,

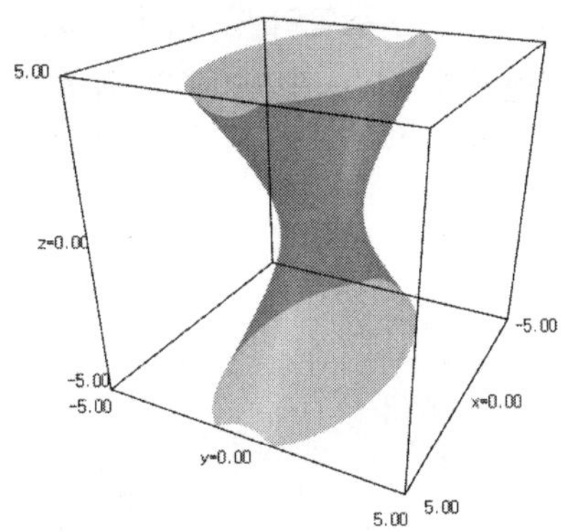

■

예제 23 곡면 $4x^2-y^2+2z^2+4=0$ 의 그래프를 그려라.

http://matrix.skku.ac.kr/KOFAC/

```
var ('x, y, z')
implicit_plot3d(4*x^2-y^2+2*z^2+4==0, (x, -5, 5), (y, -5, 5), (z, -5, 5), opacity=0.4)
```

답. 쌍엽쌍곡면,

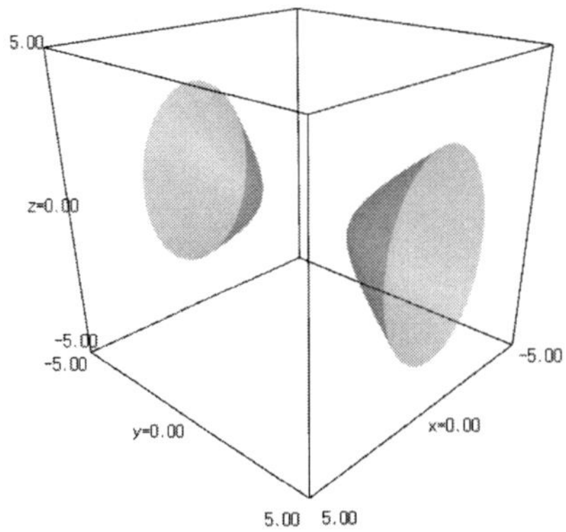

■

열린 문제 2 다른 교재에서 찾은 다양한 **이차곡면**(quadric surface)을 그려보시오.

3.7 다변수 함수(Functions of Several Variables)

이변수함수는 독립변수가 두 개인 경우를 뜻한다. 변수 x와 y는 **독립변수**(independent variable)가 되고, 함수 f는 집합 $D \subset \mathbb{R}^2$에 속하는 실수들의 순서쌍 (x, y)에 $z = f(x, y)$로 나타내는 유일한 실수를 대응시키는 규칙이다. 이때 z는 $f(x, y)$에 대한 **종속변수**(dependent variable)이다. 따라서 집합 D는 f의 독립변수를 정의역으로 가지므로 xy-평면에서 (x,y)의 순서쌍으로 나타낼 수 있는 집합이며, $\{f(x, y) \mid (x, y) \in D\}$는 f의 치역이다. 일변수함수 $y = f(x)$의 그래프가 $xy-$평면에서의 곡선 C로 표현되는 것과 마찬가지로 이변수함수 f의 그래프는 방정식이 $z = f(x, y)$인 **곡면**(surface) S로 표현된다.

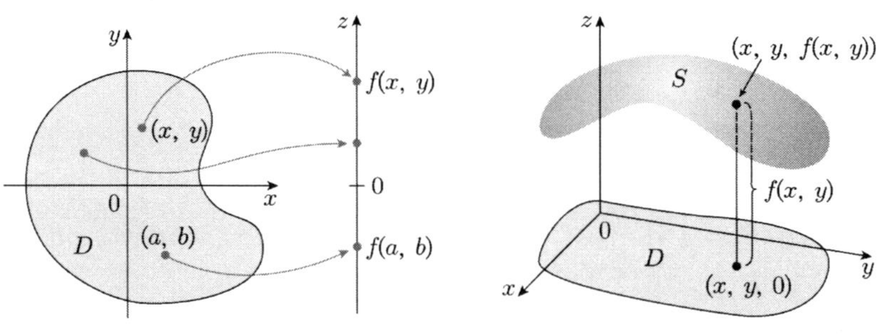

참고 이변수함수 f의 정의역은 $\mathbb{R}^2$의 부분집합이고, f의 치역은 $\mathbb{R}$의 부분집합이다.

예제 24 아래 두 실수함수의 $f(1, -4)$ 값을 구하고, 그 정의역을 그려라.

(a) $f(x, y) = \dfrac{\sqrt{x-y+1}}{x+2}$ (b) $f(x, y) = x \ln(y^2 + x)$

풀이. (a)

http://matrix.skku.ac.kr/KOFAC/

```
var ('x, y')
f( x, y ) = sqrt( x - y + 1)/( x + 2 )
print ( f( 1, -4 ) )
region_plot( [ x - y + 1 >= 0], (x, -3, 3), (y, -3, 3), incol = 'lightblue', bordercol = 'black' )
# 내부는 하늘색, 경계선은 검은색으로 나타난다.
```

답. 1/3*sqrt(6) # $f(1, -4)$의 값

정의역:

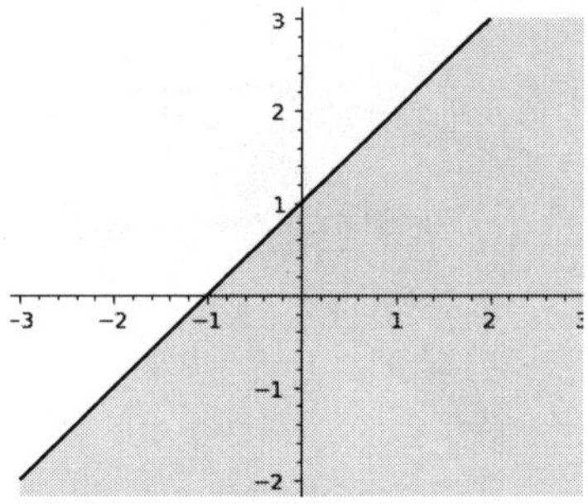

정의역에 속하지 않는 점$(-3, 1)$에서의 값을 주어진 함수에 대입하면 실수 범위 밖의 답이 나온다. ■

풀이. (b)

http://matrix.skku.ac.kr/KOFAC/

```
var ('x, y')
f( x, y ) = x*log( y^2 + x )
print ( f( 1, -4 ) )
region_plot( y^2 + x > 0, (x, -3, 3), (y, -3, 3), incol = 'lightblue' )
```

답. log(17) # $f(1, -4)$의 값

정의역:

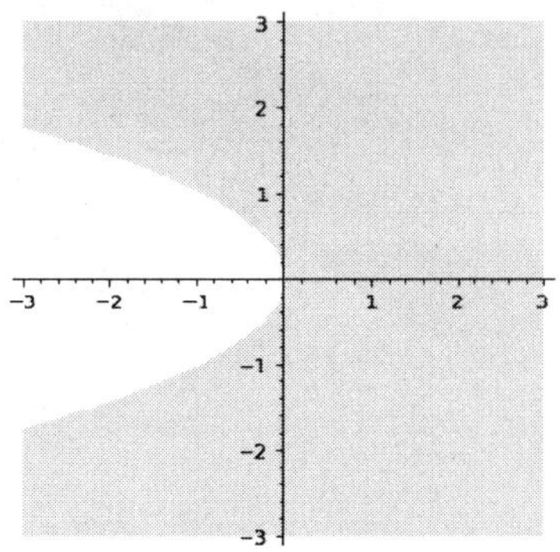

정의역에 속하지 않는 점$(-1, 0)$에서의 값을 주어진 함수에 대입하면 실수 범위 밖의 답이 나온다. ■

예제 25 함수 $z = f(x, y) = \cos y$의 그래프를 그려라.

풀이. $z = \cos y$는 Sage 내부 명령어 plot3d를 이용해서 그래프를 그릴 수 있다.

http://matrix.skku.ac.kr/KOFAC/

```
var ('x, y')
f(x, y) = cos (y)
plot3d(f, (x, -4*pi, 4*pi), (y, -2*pi, 2*pi), opacity = 0.4, aspect_ratio = [1, 1, 3])
```

답.

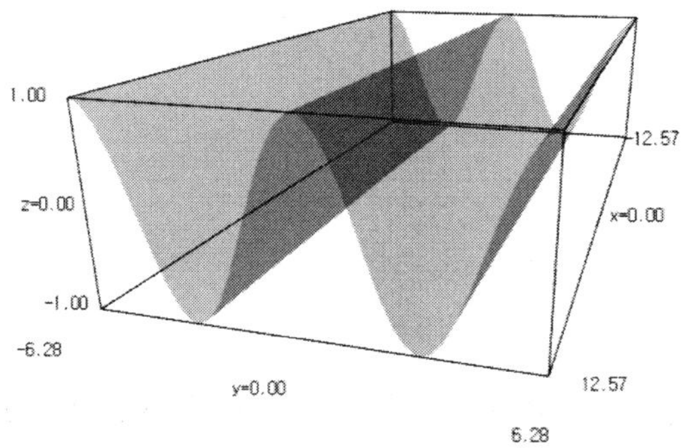

■

또는 다음과 같이 평면의 방정식 $z - \cos y = 0$ (음함수)로 변경하여 Sage 내부 명령어 implicit_plot3d로도 동일한 그래프를 얻을 수 있다.

http://matrix.skku.ac.kr/KOFAC/

```
var ('x, y, z')
implicit_plot3d(z - cos(y) == 0, (x, -4*pi, 4*pi), (y, -2*pi, 2*pi), (z, -1, 1), opacity = 0.4,
aspect_ratio = [1, 1, 3])
```

답.

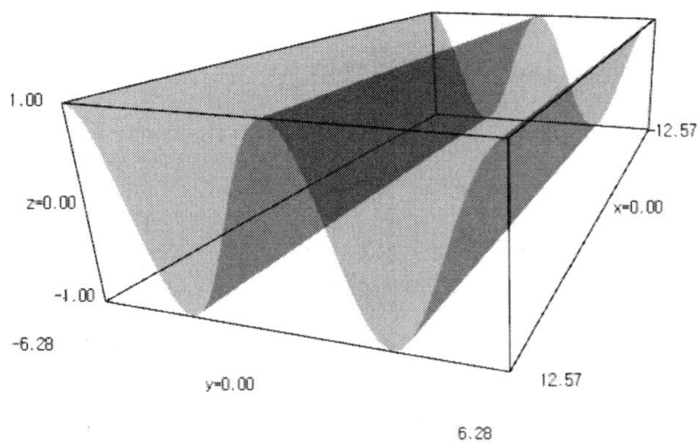

■

예제 26 $z = f(x, y) = \sqrt{16 - x^2 - y^2}$ 의 그래프를 그려라.

풀이. 이 그래프의 경우 sage의 내부명령어 plot3d가 정의역의 경계선 $x^2 + y^2 = 16$, $z = 0$에 해당되는 그래프를 제대로 표현하지 못하므로 함수식을 **음함수 형태** $x^2 + y^2 + z^2 = 16$, $z \geq 0$로 고쳐서 sage의 내부 명령어인 implicit_plot3d를 사용하여 그래프를 그릴 수 있다.

http://matrix.skku.ac.kr/KOFAC/

```
var ('x, y, z')
implicit_plot3d(z^2+x^2+y^2==16, (x, -4, 4), (y, -4, 4), (z, 0, 4), opacity=0.4)
```

답.

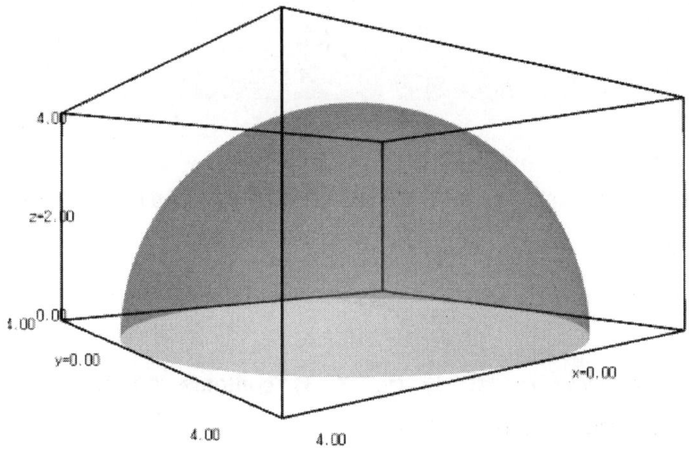

■

마찬가지로 3개 이상의 독립변수를 갖는 **다변수 함수**(function of several variables, multivariable function)도 동일한 방법으로 정의할 수 있다.

참고 n변수 함수 f는 집합 $D \subset \mathbb{R}^n$에 속하는 실수들의 순서조(n-tuple)인 $(x_1, x_2, \cdots, x_n)$에 실수값 $z = f(x_1, x_2, \cdots, x_n)$를 대응시키는 규칙이다.

3.8 등위곡선(Level Curves)

이변수함수 $z = f(x, y)$의 **등위곡선**(level curves, contour curves)은 방정식이 $f(x, y) = k$인 곡선을 말한다. 이때 k는 (f의 치역에 속한) 상수이다. 즉 일정한 높이의 점들을 연결한 곡선이 등고선(또는 등위곡선)이다. 이는 해저 지형이나, 기온분포, 육지 지형의 높낮이를 나타낼 때 주로 사용한다.

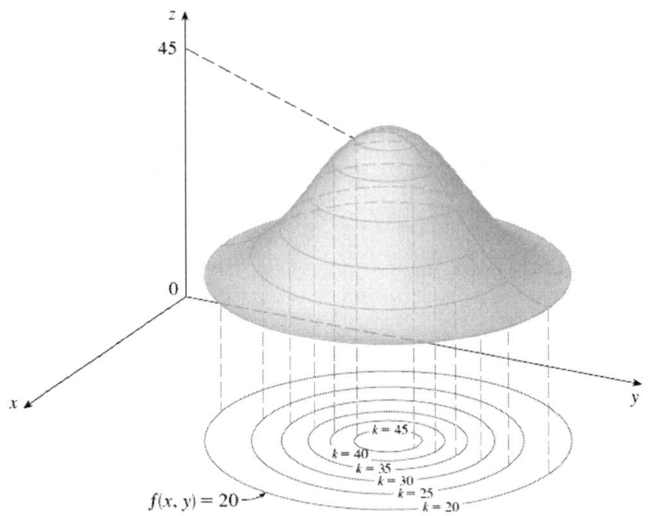

예제 27 값 $k = -2, -1, 0, 1, 2$에 대하여 함수 $f(x, y) = y - \tan^{-1}x$의 등위곡선을 그려보시오.

http://matrix.skku.ac.kr/KOFAC/

```
var ('x, y')
contour_plot( y - arctan(x), (x, -3, 3), (y, -3, 3), contours = (-2, -1, 0, 1, 2),
fill = False, cmap = 'hsv', labels = True )
```

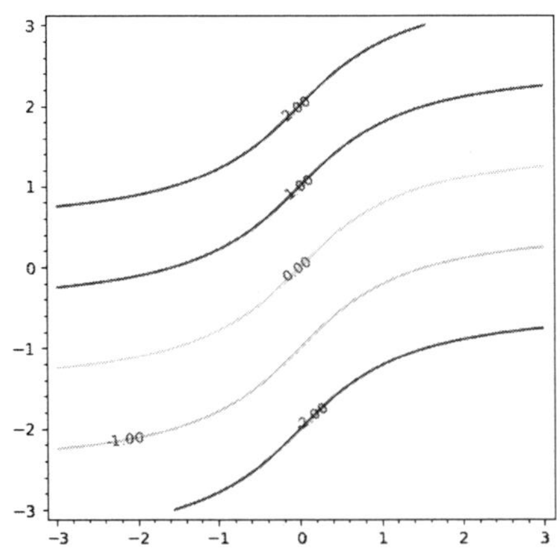

■

참고 등위곡선은 Sage 명령어 **contour_plot**을 이용하여 그릴 수 있다. 기본 형식은 다음과 같다.

contour_plot(f(x, y), (x, a, b), (y, c, d))

이때 옵션 **contours = (해당하는 k값)** 을 활용하여 원하는 k값을 줄 수 있다.

예제 28 $g(x,\ y) = \sqrt{16 - x^2 - y^2}$ 라 할 때 $g(x, y) = k$를 만족한다고 하면 $k = 1$, 1.5, 2, 2.5, 3, 3.5에 대한 등위곡선을 그려라.

[힌트] 함수 $g(x,\ y) = \sqrt{16 - x^2 - y^2} = k$의 등위곡선을 그리면 된다.

http://matrix.skku.ac.kr/KOFAC/

```
var ('x, y')
contour_plot( sqrt( 16 - x^2 - y^2 ), (x, -3, 3), (y, -3, 3), contours = (1, 1.5, 2, 2.5, 3, 3.5), fill = False, cmap = 'hsv', labels = True )
```

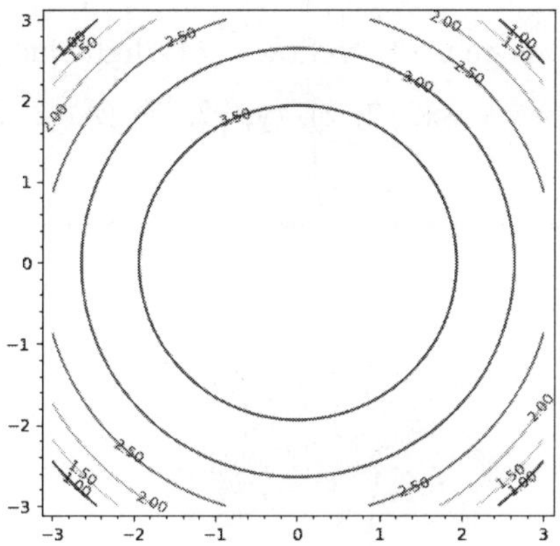

■

예제 29 함수 $h(x,\ y) = 4x^2 + y^2 + 1$ 의 등위곡선(level curve)을 몇 개만 그려라.

http://matrix.skku.ac.kr/KOFAC/

```
var ('x, y')
contour_plot( 4*x^2 + y^2 + 1, (x, -2, 2), (y, -2, 2), fill = False, cmap = 'hsv', labels = True )
```

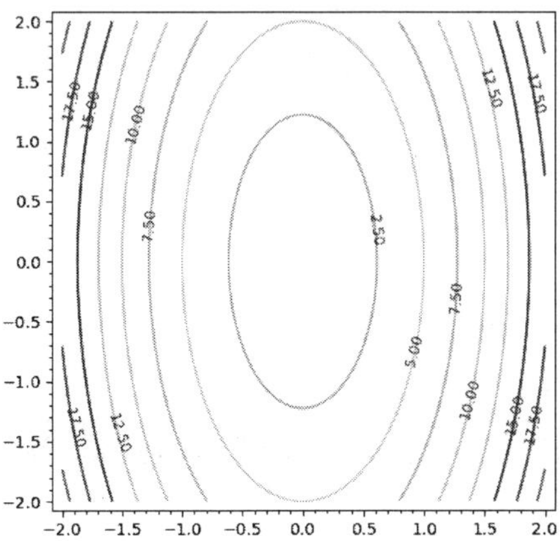

■

3변수 이상의 함수에 대해서는 **contour_plot**이 작동하지 않는다. 예를 들어 3변수 함수의 경우에는 다음과 같은 방법으로 **등위곡면**(level surfaces)을 그려볼 수는 있다.(이변수함수의 경우는 등위곡선을, 3변수 함수는 등위곡면을 그릴 수 있다.)

예제 30 함수 $f(x, y, z) = x^2 + y^2 + z^2$ 의 **등위곡면**(level surface)을 구하라.

http://matrix.skku.ac.kr/KOFAC/

```
var ('x, y, z')
f(x, y, z) = x^2 + y^2 + z^2  # 3변수 함수
p = Graphics()
for k, col in [ (1, 'red'), (2, 'orange'), (3, 'yellow'), (4, 'lightblue') ]:  # 여기에 (k값, 색깔)
p += implicit_plot3d(f(x, y, z) == k, (x, -2, 2), (y, -2, 2), (z, -2, 2), opacity=0.4, color=col)
p
```

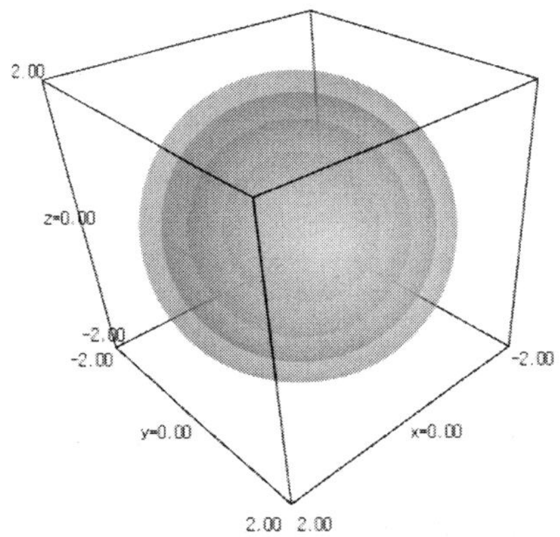

■

열린 문제 3 다른 교재에서 찾은 다양한 다변수 함수의 그래프와 **등위곡선**(level curve) 또는 **등위곡면**(level surface)을 그려보시오.

(1) f(x, y) = sin(x) + 2*sin(y)

```
var ('x, y')
contour_plot(sin(x) + 2*sin(y) , (x, -5, 5), (y, -5, 5), contours = (-2, -1, 0, 1, 2), fill = False, cmap = 'hsv', labels = True )
```

2) f(x, y) =(8*x^2 + y^2)^(e^(-x^2 - y^2))

```
var ('x, y')
contour_plot((8*x^2 + y^2)^(e^(-x^2 - y^2)), (x, -2, 2), (y, -2, 2), fill = False, cmap = 'hsv', labels = True )
```

3) f(x, y) =y^2 - x^2

```
var ('x, y')
contour_plot(y^2 - x^2 , (x, -2, 2), (y, -2, 2), fill = False, cmap = 'hsv', labels = True )
```

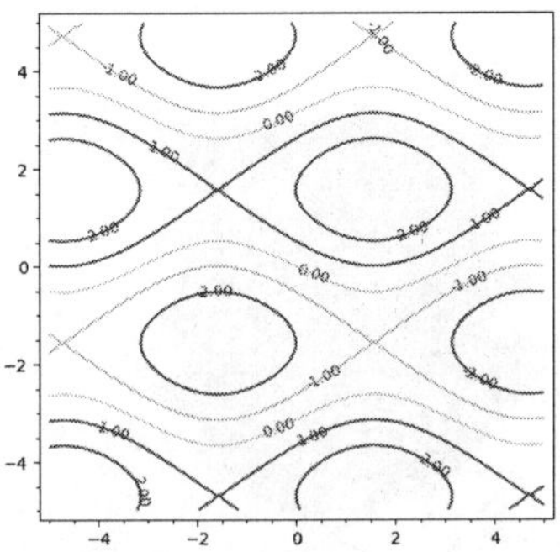
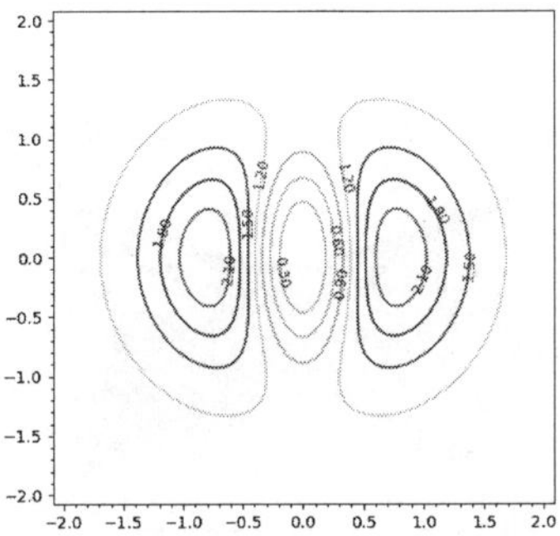
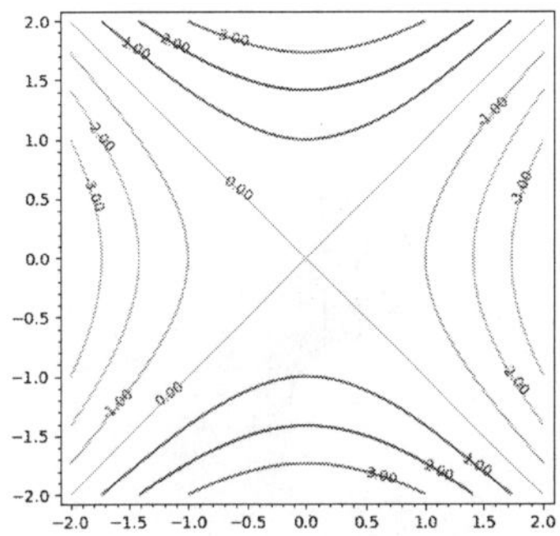

■ 등위곡면

1) f(x, y, z) = x^3 + y^3 + z^3

```
var ('x, y, z')
f(x, y, z) = x^2 + y^2 + z^2                                   # 3변수 함수
p = Graphics()
for k, col in [ (1, 'red'), (2, 'orange'), (3, 'yellow'), (4, 'lightblue') ]: # 여기에 k값, 색깔
    p + = implicit_plot3d(f(x, y, z) == k, (x, -2, 2), (y, -2, 2), (z, -2, 2), opacity = 0.4, color = col)
p
```

2) f(x, y, z) = sqrt(4*x) + y^2 - 3*z^2

```
var ('x, y, z')
f(x, y, z) = sqrt(4*x) + y^2 - 3*z^2                           # 3변수 함수
p = Graphics()
for k, col in [ (1, 'red'), (2, 'orange'), (3, 'yellow'), (4, 'lightblue'), (5, 'green') ]:
                                                               # 여기에 k값, 색깔
    p + = implicit_plot3d(f(x, y, z) == k, (x, -2, 2), (y, -2, 2), (z, -2, 2), opacity = 0.5, color = col)
p
```

3) f(x, y, z) = 4*x^2 + sin(y) + cot(3*z)

```
var ('x, y, z')
f(x, y, z) = 4*x^2 + sin(y) + cot(3*z)                         # 3변수 함수
p = Graphics()
```

```
for k, col in [ (1, 'red'), (2, 'orange'), (3, 'yellow'), (4, 'lightblue'), (5, 'green') ]:
                                                                        # 여기에 k값, 색깔
    p + = implicit_plot3d(f(x, y, z) = k, (x, −2, 2), (y, −2, 2), (z, −2, 2), opacity = 0.5, color = col)
p
```

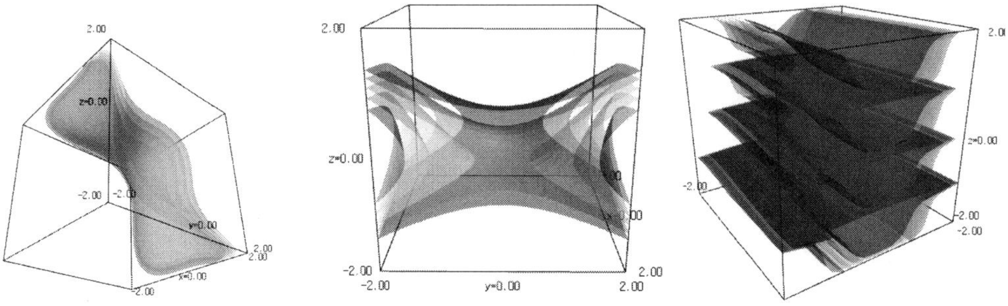

3.9 이변수함수의 극한과 연속

이변수함수 $f(x,y)$에 대하여 점 $(x,\ y)$가 점 $(a,\ b)$로 접근할 때, $f(x,\ y)$가 일정한 값 L로 한없이 가까이 가면, $(x,\ y)\ \rightarrow\ (a,\ b)$일 때, $\boldsymbol{f(x,y)}$**는** $\boldsymbol{L}$**에 수렴(converge)한다**고 하고 다음과 같이 나타낸다.

$$\lim_{(x,y)\rightarrow(a,b)} f(x,\ y) = L \quad \text{또는 } (x,\ y) \rightarrow (a,\ b)\text{일 때, } f(x,\ y) \rightarrow L$$

이때 L을 $f(x,y)$의 **극한**(limit)이라고 한다.

위의 정의 중에서 $(x,\ y)$가 $(a,\ b)$로 접근하는 방식은 무수히 많은데(아래 왼쪽 그림), 방향과 경로가 모두 임의대로 정해질 수 있다. **극한이 존재한다는 것은** $\boldsymbol{(x,y)}$**가 어떤 방향이나 어떤 경로를 통해서** $\boldsymbol{(a,b)}$**로 접근하든지 동일한 상수** $\boldsymbol{L}$**로 다가간다는 것을 말하는 것이다.** 이것이 일변수 함수의 경우와 본질적인 차이를 일으키는 부분이다. 일변수 함수의 극한에서는 아래 오른쪽 그림과 같이 좌극한과 우극한의 두 가지 방향만 고려하면 된다.

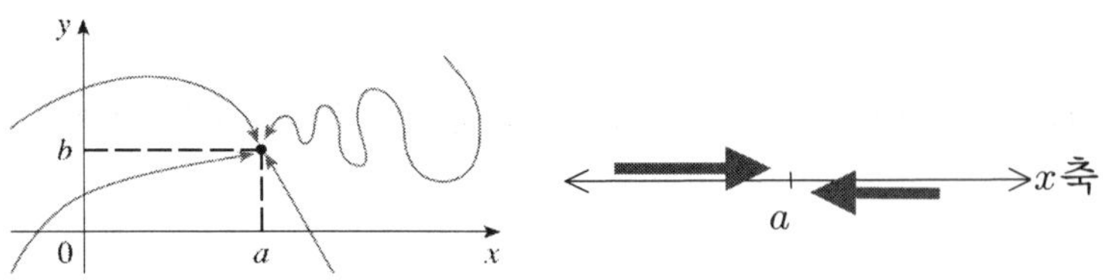

일변수 함수의 경우 좌극한과 우극한만 비교했던 것에 비해, 2변수의 함수의 극한이 존재하지 않는 경우를 보이기는 것은 막막해 보이지만 생각보다 간단하게 증명될 수도 있다. 예를 들어, 적절한 두 경로를 정하여 극한이 다르다는 것을 보이면 된다. 예를 들어, $y = mx$ 또는 $y = mx^2$과 같은 임의의 함수를 경로로 잡아, 경로에 따라 극한값이 유일하지 않음을 보여도 된다.

참고 임의의 경로 C_1 을 따라 $(x, y) \to (a, b)$일 때 $f(x, y) \to L_1$ 이고, 또 다른 임의의 경로 C_2 을 따라 $(x, y) \to (a, b)$일 때 $f(x, y) \to L_2$ 라고 할 때 $L_1 \neq L_2$ 이면, 극한 $\lim_{(x,y)\to(a,b)} f(x, y)$는 존재하지 않는다.

예제 31 $\lim_{(x,y)\to(0,0)} \dfrac{x^3 - y^3}{x^3 + y^3}$ 이 존재하지 않음을 보여라.

http://matrix.skku.ac.kr/KOFAC/

```
var ('x, y')
f(x, y) = (x^3 - y^3)/(x^3 + y^3)
print ( limit ( f(x, 0), x = 0))              # 경로 (1)
print ( limit ( f(0, y), y = 0))              # 경로 (2)
```

```
1       #  limit ( f(x, 0), x = 0)
-1      #  limit( f(0, y), y = 0)
```

증명. **(1)**과 같이 x축을 따라 $(0,0)$에 접근하는 경우 극한값은 1이고 **(2)**와 같이 y축을 따라 $(0,0)$에 접근하는 경우 극한값은 -1이므로, 각각의 **경로에 따른 극한값이 다르므로** $\lim_{(x,y)\to(0,0)} \dfrac{x^2 - y^2}{x^2 + y^2}$ **은 존재하지 않는다.** ■

예제 32 $\lim_{(x,y)\to(0,0)} \dfrac{3x^2 y}{x^3 + y^3}$ 는 존재하는가?

http://matrix.skku.ac.kr/KOFAC/

```
var ('x, y')
f(x, y) = 3*x^2*y/( x^3 + y^3 )
print ( limit( f(x, 0), x = 0 ))              #(1)
print ( limit( f(x, x), x = 0 ))              #(2)
```

답. 0

3/2

(1)과 같이 x축을 따라 $(0,0)$에 접근하는 경우 극한값은 0이고 **(2)**와 같이 직선 $y = x$를 따라 $(0,0)$에 접근하는 경우 극한값은 1/2이므로, 두 경로에 따라 극한값이 다르므로 $\lim_{(x,y)\to(0,0)} \dfrac{xy}{x^2 + y^2}$ 은 존재하지 않는다. ■

이변수함수의 극한이 존재하는 경우는 모든 경로를 고려할 수 없으므로 극한의 엄밀한 정의에 의해 증명을 거쳐야 한다. 우리는 이후에 학습할 **편도함수**(partial derivatives, 편미분, Partial differential)을 정의하기 위해 극한의 개념이 필요한 것이므로 **앞으로는 다변수 함수 중 극한이 존재하는 경우만 살펴보겠다.**

참고 **2변수함수의 극한이 존재하면, 다음과 같이 계산할 수 있다.**

① $\lim_{(x,y)\to(a,b)} f(x,y) = \lim_{x\to a}\left(\lim_{y\to b} f(x,y)\right)$의 극한값

② $\lim_{(x,y)\to(a,b)} f(x,y) = \lim_{y\to b}\left(\lim_{x\to a} f(x,y)\right)$의 극한값

예제 33 (존재하는) 극한값 $\lim_{(x,y)\to(0,0)} \frac{3x^2y}{x^2+y^2}$ 을 구하라.

http://matrix.skku.ac.kr/KOFAC/

```
var('x, y')
f(x, y) = 3*x^2*y/( x^2 + y^2 )
limit( limit( f(x, y), x = 0 ), y = 0 )
```

답. 0

따라서 극한값 $\lim_{(x,y)\to(0,0)} \frac{3x^2y}{x^2+y^2}$ 은 0이다. ■

이변수함수의 극한의 성질은 $\lim_{(x,y)\to(a,b)} f(x,y)$**과** $\lim_{(x,y)\to(a,b)} g(x,y)$ **가 각각 존재한다면 일변수 함수의 경우와 유사하다.**

① $\lim_{(x,y)\to(a,b)} \{f(x,y)+g(x,y)\} = \lim_{(x,y)\to(a,b)} f(x,y) + \lim_{(x,y)\to(a,b)} g(x,y)$

② $\lim_{(x,y)\to(a,b)} \{f(x,y)-g(x,y)\} = \lim_{(x,y)\to(a,b)} f(x,y) - \lim_{(x,y)\to(a,b)} g(x,y)$

③ $\lim_{(x,y)\to(a,b)} \{f(x,y)\times g(x,y)\} = \lim_{(x,y)\to(a,b)} f(x,y) \times \lim_{(x,y)\to(a,b)} g(x,y)$

④ $\lim_{(x,y)\to(a,b)} \{f(x,y)\div g(x,y)\} = \lim_{(x,y)\to(a,b)} f(x,y) \div \lim_{(x,y)\to(a,b)} g(x,y)$,

단, $\lim_{(x,y)\to(a,b)} g(x,y) \neq 0$

이변수함수 f 에 대한 연속성(continuity)에 대한 정의는 '$\lim_{x\to a} f(x) = f(a)$일 때 연속'이라고 정의하는 일변수함수의 경우와 같은 방법으로 한다. 즉, **이변수함수 f에 대해 아래와**

같은 관계식이 성립하면, f는 점 (a, b)에서 연속(f is continuous at (a, b))이라고 한다.

$$\lim_{(x, y) \to (a, b)} f(x, y) = f(a, b)$$

그리고 D에 속하는 모든 점 (a, b)에서 f가 연속이면, **f는 영역 D에서 연속(f is continuous on D)** 이라고 한다.

예제 34 이변수함수 $f(x, y) = \dfrac{x - 2y}{x + 3y}$가 주어진 점 $(1, 2)$에서 연속임을 보여라.

http://matrix.skku.ac.kr/KOFAC/

```
var ('x, y')
f(x, y) = (x - 2*y)/(x + 3*y)
print ( f(1, 2) )
limit(limit(f(x, y), x = 1), y = 2)
```

답. -3/7

-3/7

$f(1, 2) = -\dfrac{3}{7} = \lim_{(x, y) \to (1, 2)} f(x, y)$이므로 f는 $(1, 2)$에서 연속이다. ■

마찬가지로 3개 이상의 독립변수를 갖는 **다변수 함수**(function of several variables)에 대해서도 동일한 방법으로 극한과 연속을 정의할 수 있다.

3변수 함수의 연속 3변수 함수 $w = f(x, y, z)$가 $(x, y, z) = (a, b, c)$에서 **연속**(continuous) 이려면

① 함숫값 $f(a, b, c)$이 존재하고

② 극한 $\lim_{(x, y, z) \to (a, b, c)} f(x, y, z)$이 존재하며

③ $\lim_{(x, y, z) \to (a, b, c)} f(x, y, z) = f(a, b, c)$이어야 한다.

3.10 이변수함수의 편도함수(Partial Derivatives)

이변수함수 $z = f(x, y)$가 (a, b)의 적당한 근방에서 y를 고정하고 x에 대한 변화량만 고려한 극한

$$\lim_{h \to 0} \frac{f(a + h, b) - f(a, b)}{h}$$

이 존재하면, 이 극한(limit)을 (a, b)에서 **f의 x에 대한 편미분 계수**(partial derivative of f with respect to x at (a, b))라 하고, 다음과 같이 표기한다.

$$\left.\frac{\partial z}{\partial x}\right|_{(a,b)}, \left.\frac{\partial f}{\partial x}\right|_{(a,b)}, z_x(a,b), f_x(a,b)$$

즉 $f_x(a,b)$는 먼저 $y=b$로 고정하여 x에 관하여 $f(x,b)$를 미분한 후 $x=a$를 대입하는 것과 같다.

마찬가지로 (a,b)에서 **f의 y에 대한 편미분 계수**(partial derivative of f with respect to y at (a,b))를 정의할 수 있다.

$$f_y(a,b)=\lim_{k\to 0}\frac{f(a,b+k)-f(a,b)}{k}=\left.\frac{d}{dy}f(a,y)\right|_{y=b}$$

만일 함수 $z=f(x,y)$의 정의역인 D 내부의 모든 점 (x,y)에서 함수 $z=f(x,y)$의 x 또는 y에 대한 편미분 계수가 존재하면 이를 **편도함수**(partial derivative)라고 하고 다음과 같이 나타낸다.

$\frac{\partial z}{\partial x}, \frac{\partial f}{\partial x}, z_x, f_x(x,y)$: $f(x,y)$의 x에 관한 편도함수(partial derivative with respect to x)

$\frac{\partial z}{\partial y}, \frac{\partial f}{\partial y}, z_y, f_y(x,y)$: $f(x,y)$의 y에 관한 편도함수(partial derivative with respect to y)

두 편도함수 f_x, f_y를 통틀어 f의 **1계 편도함수**(the first order partial derivative)라 하고 f_x는 x에 대한 **편도함수**, **f_y는 y에 대한 편도함수**라고 한다.

참고 $z=f(x,y)$의 1계 **편도함수를 찾는 방법**

① f_x는 y를 상수로 생각하고 $f(x,y)$를 x에 관해 미분하여 구한다.

② f_y는 x를 상수로 생각하고 $f(x,y)$를 y에 관해 미분하여 구한다.

예제 35 $f(x,y)=2x^3+2y^3+3xy$일 때 $f_x(2,1)$와 $f_y(2,1)$을 구하라.

http://matrix.skku.ac.kr/KOFAC/

```
var ('x, y')
f(x, y) = 2*x^3 + 2*y^3 + 3*x*y
dfdx = diff(f, x)            # x에 관한 편도함수
print ( dfdx(2, 1))
dfdy = diff(f, y)            # y에 관한 편도함수
print (dfdy(2, 1))
```

답. $f_x(2,\ 1) = 27$

$f_y(2,\ 1) = 12$ ■

예제 36 $f(x,\ y) = \cos\left(\dfrac{1+x}{y}\right)$일 때 $\dfrac{\partial f}{\partial x}$와 $\dfrac{\partial f}{\partial y}$를 계산하라.

http://matrix.skku.ac.kr/KOFAC/

```
var ('x, y')
f(x, y) = cos((1+x) / y)
print ( "fx = ", diff(f(x, y), x))
print ( "fy = ", diff(f(x, y), y))
```

답. fx = -sin((x + 1)/y)/y $\quad \# \dfrac{\partial f}{\partial x}$

fy = (x + 1)*sin((x + 1)/y)/y^2 $\quad \# \dfrac{\partial f}{\partial y}$ ■

편도함수는 다음과 같은 기하학적인 의미가 있다.

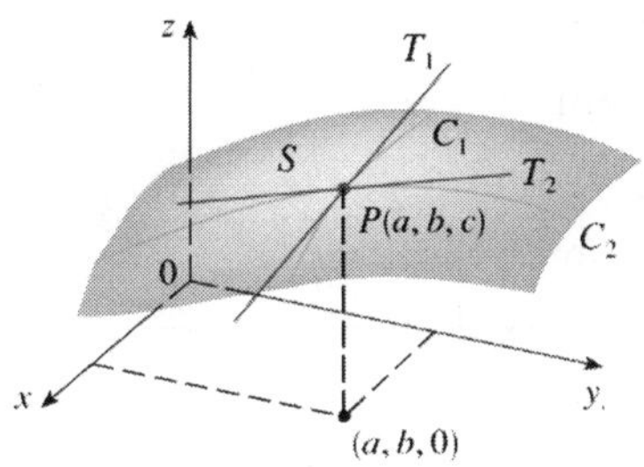

위의 그림과 같이 이변수함수 $z = f(x,\ y)$의 그래프가 곡면 S를 나타낸다고 하자. 이제 $y = b$로 고정하면, $z = f(x,\ y)$는 x만의 함수 $z = f(x,\ b)$가 되고 이는 평면 $y = b$와 곡면 S가 만나는 곡선 C_1을 나타낸다. 또한, $x = a$로 고정하면 y만의 함수 $z = f(a,\ y)$을 얻게 되고 이는 평면 $x = a$와 곡면 S가 만나는 곡선 C_2를 나타낸다. 그러면 $f_x(a,\ b)$는 점 $(a,\ b)$에서 C_1에 접하는 접선의 기울기가 되고, $f_y(a,\ b)$는 점$(a,\ b)$에서 C_2에 접하는 접선의 기울기가 된다.

같은 방법으로 3개 이상의 독립변수를 갖는 다변수 함수에 대해서도 편도함수를 정의할 수 있다. 예를 들어, 함수 $w = f(x, y, z)$의 제 1계 편도함수는 다음과 같이 정의된다.

$$f_x(x,\ y,\ z) = \lim_{h \to 0} \frac{f(x+h,\ y,\ z) - f(x,\ y,\ z)}{h}$$

$$f_y(x, y, z) = \lim_{h \to 0} \frac{f(x, y+h, z) - f(x, y, z)}{h}$$

$$f_z(x, y, z) = \lim_{h \to 0} \frac{f(x, y, z+h) - f(x, y, z)}{h}$$

그리고 n변수 함수 $u = f(x_1, x_2, \ldots, x_n)$일 때 i번째 변수 x_i에 관한 편도함수는 다음과 같이 정의된다. 즉 i번째 변수 x_i를 제외한 나머지 변수를 상수로 취급하고 x_i에 대하여 미분하면 된다.

$$\frac{\partial u}{\partial x_i} = \lim_{h \to 0} \frac{f(x_1, \cdots, x_{i-1}, x_i + h, x_{i+1}, \cdots, x_n) - f(x_1, \cdots, x_{i-1}, x_i, x_{i+1}, \cdots, x_n)}{h}$$

$$\frac{\partial u}{\partial x_i} = \frac{\partial f}{\partial x_i} = f_{x_i} = f_i = D_i f$$

◪ 열린 문제 4 $f(x, y, z) = e^{x^2+y^2} \ln z$일 때 f의 1계 편도함수(the first order partial derivative)를 모두 찾아라.

http://matrix.skku.ac.kr/KOFAC/

```
var ('x, y, z')
f(x, y, z) = e^(x^2 + y^2)*log(z)
print ( "fx = ", diff(f(x, y, z), x))
print ( "fy = ", diff(f(x, y, z), y))
print ( "fz = ", diff(f(x, y, z), z))
```

답. fx = 2*x*e^(x^2 + y^2)*log(z) # f의 1계 편도함수, $\frac{\partial f}{\partial x}$

fy = 2*y*e^(x^2 + y^2)*log(z) # f의 1계 편도함수, $\frac{\partial f}{\partial y}$

fz = e^(x^2 + y^2)/z # f의 1계 편도함수, $\frac{\partial f}{\partial z}$ ■

이변수함수 $z = f(x, y)$의 편도함수 f_x와 f_y도 역시 이변수함수이다. 그러므로 f_x와 f_y가 미분가능하다면 f_x와 f_y의 x, y에 대한 편도함수(총 4개)도 생각할 수 있다. 이를 $z = f(x, y)$의 **2계 편도함수**(the 2nd order partial derivative)라 한다.

참고 $z = f(x, y)$의 2계 편도함수(the 2nd order partial derivative)는 다음과 같다.

$$(f_x)_x = f_{xx} = f_{11} = \frac{\partial}{\partial x}\left(\frac{\partial f}{\partial x}\right) = \frac{\partial^2 f}{\partial x^2} = \frac{\partial^2 z}{\partial x^2} = \cdots$$

$$(f_x)_y = f_{xy} = f_{12} = \frac{\partial}{\partial y}\left(\frac{\partial f}{\partial x}\right) = \frac{\partial^2 f}{\partial y\, \partial x} = \frac{\partial^2 z}{\partial y\, \partial x} = \cdots$$

$$(f_y)_x = f_{yx} = f_{21} = \frac{\partial}{\partial x}\left(\frac{\partial f}{\partial y}\right) = \frac{\partial^2 f}{\partial x\, \partial y} = \frac{\partial^2 z}{\partial x\, \partial y} = \cdots$$

$$(f_y)_y = f_{yy} = f_{22} = \frac{\partial}{\partial y}\left(\frac{\partial f}{\partial y}\right) = \frac{\partial^2 f}{\partial y^2} = \frac{\partial^2 z}{\partial y^2} = \cdots$$

예제 37 $f(x,\ y) = y\sin x^2 + x^2 y^3 + 2x e^y$ 의 2계 편도함수를 모두 구하여라.

http://matrix.skku.ac.kr/KOFAC/

```
var ('x, y')
f(x, y) = y*sin(x^2) + x^2*y^3 + 2*x*e^y
print ( "fxx = ", diff(f(x, y), x, 2))
print ( "fyy = ", diff(f(x, y), y, 2))
print ( "fxy = ", diff(diff(f(x, y), x), y))
print ( "fyx = ", diff(diff(f(x, y), y), x))
```

답. fxx = -4*x^2*y*sin(x^2) + 2*y^3 + 2*y*cos(x^2)
fyy = 6*x^2*y + 2*x*e^y
fxy = 6*x*y^2 + 2*x*cos(x^2) + 2*e^y
fyx = 6*x*y^2 + 2*x*cos(x^2) + 2*e^y ■

위의 **예제 37** 에서 $f_{xy} = f_{yx}$이 성립하였다. 즉 편미분 하는 순서에 관계없이 동일한 결과를 얻게 되었다. 그러나, **일반적으로** $f_{xy} \neq f_{yx}$ **이다.**

다음의 [클레로의 정리]는 $f_{xy} = f_{yx}$를 만족하는 조건을 제시해준다. 앞으로 이 책에서는 $f_{xy} = f_{yx}$를 만족하는 함수들에 대해서만 살펴보도록 하겠다.

클레로의 정리(Clairaut's Theorem) 점 $(a,\ b)$를 포함하는 근방 D에서 정의되는 함수를 f라 하자. **만일 2계 편도함수 f_{xy}와 f_{yx}가 D에서 모두 연속이면** 다음이 성립한다.

$$f_{xy}(a,\ b) = f_{yx}(a,\ b).$$

또한 3계 이상의 **고계 편도함수**(higher order partial derivative)도 정의할 수 있다. 예를 들어, f_{xyy}는 다음과 같이 정의된다. 마찬가지로 영역 D에서 고계 편도함수가 모두 연속이면 [클레로의 정리]가 성립한다.

$$f_{xyy} = (f_{xy})_y = \frac{\partial}{\partial y}\left(\frac{\partial^2 f}{\partial y\,\partial x}\right) = \frac{\partial^3 f}{\partial y^2\,\partial x} = \cdots = f_{yyx}$$

열린 문제 5 3변수 함수 $f(x, y, z) = \cos(x^2 + y^2 z^3)$에 대하여, f_{xxyz}와 f_{yxzx}를 계산하라.

[힌트] 아래 코드는 f_{xxyz}를 계산한 코드이다. 이 코드를 이용하여 f_{yxzx}를 구하고 f_{xxyz}와 미분 결과가 같은지 다른지를 알아보시오.

http://matrix.skku.ac.kr/KOFAC/

```
var ('x, y, z')
f(x, y) = cos(x^2 + y^2*z^3)
print ( "fxxyz = ", diff(diff(diff(f(x, y), x, 2), y), z))
```

답. fxxyz = 24*x^2*y^3*z^5*cos(y^2*z^3 + x^2) + 12*y^3*z^5*sin(y^2*z^3 + x^2) + 24*x^2*y*z^2*sin(y^2*z^3 + x^2) - 12*y*z^2*cos(y^2*z^3 + x^2) ■

(*) 3.11 편미분방정식

편도함수는 물리법칙들을 설명하는 **편미분방정식**(partial differential equation)에 사용된다. 편미분방정식의 예로는 라플라스 방정식, 파동방정식 등이 있다.

특히, 라플라스 방정식(laplace equation)은

$$\frac{\partial^2 u}{\partial x^2} + \frac{\partial^2 u}{\partial y^2} = 0$$

이며 위 방정식의 해를 **조화함수**(harmonic function)라 한다.

예제 38 함수 $u(x, y) = e^x \sin y$가 라플라스 방정식 $\frac{\partial^2 u}{\partial x^2} + \frac{\partial^2 u}{\partial y^2} = 0$의 해임을 보여라.

http://matrix.skku.ac.kr/KOFAC/

```
var ('x, y')
u(x, y) = e^x*sin(y)
print ( "u_xx + u_yy = ", diff(u(x, y), x, 2) + diff(u(x, y), y, 2))
```

답. u_xx + u_yy = 0, $u(x, y) = e^x \sin y$가 라플라스 방정식을 만족한다. ■

파동방정식(wave equation)은 바다의 파도, 소리의 파동, 불빛의 파장, 흔들리는 줄을 따라 움직이는 진동 등을 나타낸다. 다음과 같이 나타낼 수 있다.

$$\frac{\partial^2 u}{\partial t^2} = a^2 \frac{\partial^2 u}{\partial x^2}$$

예제 39 함수 $u(x, t) = \sin(x - at)$가 파동방정식 $\frac{\partial^2 u}{\partial t^2} = a^2 \frac{\partial^2 u}{\partial x^2}$을 만족함을 보여라.

http://matrix.skku.ac.kr/KOFAC/

```
var ('x, t, a')
assume(a>0)
u(x, t) = sin(x - a*t)
utt = diff(u(x, t), t, 2)
uxx = diff(u(x, t), x, 2)
print ( "u_tt = ", utt)
print ( "u_xx = ", uxx)
print ( "u_tt - a^2*u_xx= ", utt - a^2*uxx)
```

답.
```
u_tt =  -a^2*sin(-a*t + x)
u_xx =  -sin(-a*t + x)
u_tt - a^2*u_xx=  0
```
■

(*) 3.12 주단위법선벡터, 종법선벡터(Principal Unit Normal, Binomial Vector)

매끄러운(smooth) 공간곡선 $\mathrm{r}(t)$ 위의 주어진 점에는 단위접선벡터 $\mathrm{T}(t)$와 직교하는 벡터는 많이 있다. 모든 t에 대해 $\|\mathrm{T}(t)\| = 1$ 이므로 $\mathrm{T}(t) \cdot \mathrm{T}(t) = 1$의 양변을 t에 대하여 미분하면 다음을 얻는다.

$$\mathrm{T}(t) \cdot \mathrm{T}'(t) = 0 \iff \mathrm{T}'(t) \perp \mathrm{T}(t)$$

즉, $\mathrm{T}(t)$와 $\mathrm{T}'(t)$ 서로 수직이다. 여기에서 $\mathrm{T}'(t)$는 단위벡터라는 보장은 없다. 따라서 곡선 C가 벡터함수 r에 의하여 정의된 매끄러운 곡선(smooth curve)일 때 t에서 주단위법선벡터(principal unit normal vector 줄여서 단위법선벡터) $\mathrm{N}(t)$를 다음과 같이 정의할 수 있다.

$$\mathrm{N}(t) = \frac{\mathrm{T}'(t)}{\|\mathrm{T}'(t)\|}, \quad \mathrm{T}'(t) \neq 0.$$

참고 벡터함수 r (t) 의 단위접선벡터 T (t) 와 단위법선벡터 N (t) 에 수직인 벡터 B (t) 는 **종법선벡터**(binormal vector)라 한다. 이것은 B (t) = T (t)×N (t) 가 됨을 알 수 있다.

곡선 $C(t)$ 상의 점에서 단위접선벡터 $\boldsymbol{T}(t)$ 에 수직이고 $\boldsymbol{N}(t)$ 와 $\boldsymbol{B}(t)$ 를 포함하는 평면을 **법평면**(normal plane)이라 하고 $\boldsymbol{N}(t)$ 에 수직이고 $\boldsymbol{B}(t)$ 와 $\boldsymbol{T}(t)$ 를 포함하는 평면을 **전직평면**(rectifying plane)이라 하고 $\boldsymbol{B}(t)$ 에 수직이고 $\boldsymbol{T}(t)$ 와 $\boldsymbol{N}(t)$ 를 포함하는 평면을 **접촉평면**(osculating plane)이라 한다.

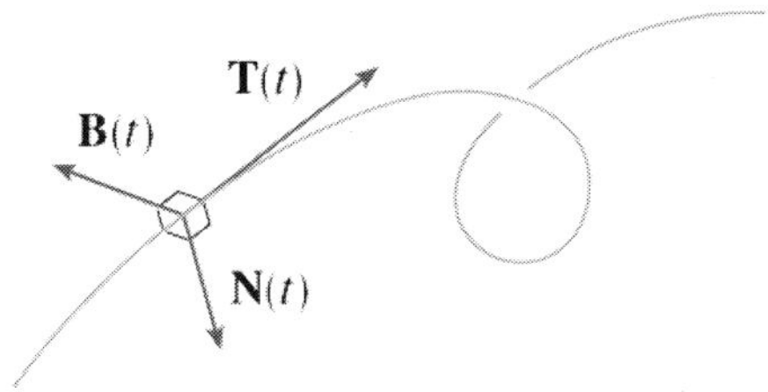

Week 3 과제 (1) 위의 예와 실습실을 둘러보시고, 유사한 문제를 코드를 바꾸면서 풀어보세요. (2) 그 후 궁금한 어떤 질문 또는 할 수 있게 된 일 및 학습하는 과정에서 배우거나 느낀 내용 또는 본인의 문제를 직접 풀어보고 구한 답을 간단하게 I-campus 강의실 BBS(QnA 또는 문의게시판)에 공유하세요. (3) 중간고사 전에 본인이 풀어보고 공유하거나, 질문하거나, 답변한 문제/내용들을 모아서 제출하고 발표하게 됩니다.

4주차 접평면, 연쇄법칙, 방향도함수, 그래디언트 벡터

학습목표	이번 주차에서는 접평면, 선형근사, 전미분에 관하여 살펴보고, 연쇄법칙과 방향도함수의 개념을 기초로 하여 기울기벡터(그래디언트 벡터)에 관하여 학습한다.
핵심개념	접평면, 선형근사, 전미분, 연쇄법칙, 방향도함수, 그래디언트 벡터
실습실	http://matrix.skku.ac.kr/M-calculus/W4/

4.1 접평면(Tangent Plane)과 선형근사(Linear Approximation)

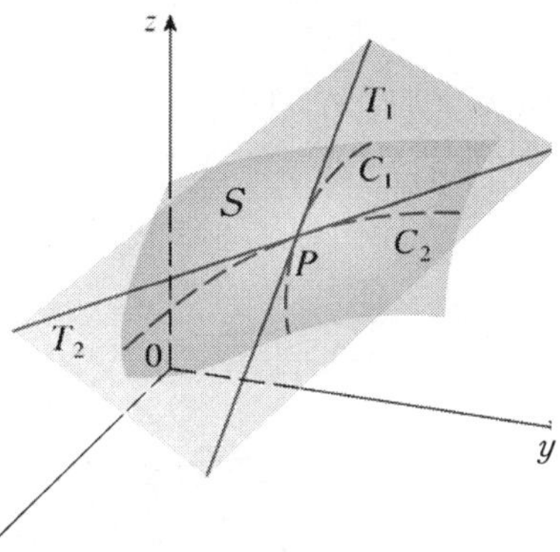

곡면 S를 z에 대하여 나타내면 $z=f(x, y)$이고, f는 연속인 1계 편도함수를 가지며, 3차원상의 점 $P(x_0, y_0, z_0)$가 S 위의 점이라 하자. 그리고 곡선 C_1과 C_2는 곡면 S와 수직평면 $y=y_0$, $x=x_0$이 각각 교차함으로써 얻어지는 **교선**(line of intersection)이라 하자. 그러면 점 P는 C_1과 C_2에 모두 놓여 있다.

이때, T_1는 점 P에서 곡선 C_1에 대한 접선이고, T_2는 점 P에서 곡선 C_2에 대한 접선이다. 그러면 점 P에서 곡면 S에 대한 **접평면**(tangent plane)은 접선 T_1과 T_2를 모두 포함하는 평면으로 정의한다.

접평면의 방정식 (An equation of the tangent plane)

$z=f(x, y)$가 연속인 편도함수를 가질 때, $z_0=f(x_0, y_0)$이고 점 $P(x_0, y_0, z_0)$에서 곡면 $z=f(x, y)$에 대한 **접평면**(tangent plane)**의 방정식**은 다음과 같다.

$$z-f(x_0, y_0)=z-z_0=f_x(x_0, y_0)(x-x_0)+f_y(x_0, y_0)(y-y_0)$$

예제 1 점 $\left(1,\ 1,\ \frac{1}{2}\right)$에서 곡면 $z = \frac{1}{x^2+y^2}$에 대한 **접평면**(tangent plane)의 방정식을 구하라.

http://matrix.skku.ac.kr/KOFAC/

```
var ('x, y, z')
f(x, y) = 1/(x^2 + y^2)
fx = diff(f, x)
fy = diff(f, y)
print (z == f(1, 1) + fx(1, 1)*(x - 1) + fy(1, 1)*(y - 1))
p1 = plot3d(f(x, y), (x, -3, -0.3), (y, -3, -0.3), opacity = 0.4)
p2 = plot3d(f(x, y), (x, 0.3, 3), (y, 0.3, 3), opacity = 0.4)
p3 = plot3d(f(1, 1) + fx(1, 1)*(x - 1) + fy(1, 1)*(y - 1), (x, -1, 3), (y, -1, 3), opacity =
    0.4, color = 'red')
show(p1 + p2 + p3, aspect_ratio = [1, 1, 1])
```

답. z == -1/2*x - 1/2*y + 3/2 #접평면의 방정식,

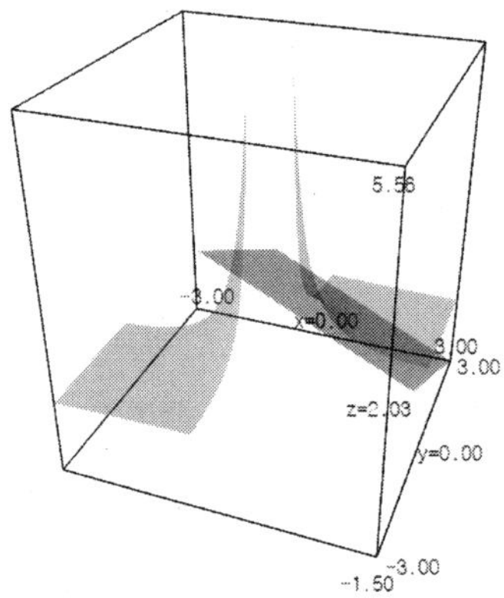

■

참고 점 $(a,\ b,\ f(a,\ b))$에서 이변수함수 f의 그래프에 대한 **접평면의 방정식은**

$$z = f(a,\ b) + f_x(a,\ b)(x-a) + f_y(a,\ b)(y-b)$$

이다. 즉, **접평면(tangent plane)의 방정식은** 점 $(a,\ b,\ f(a,\ b))$에서 **이변수함수 f가 표현하는 곡면에 가장 근사한 선형(일차식) 표현**이다.

$(a,\ b)$에서 f의 **선형화**(linearization)는 다음과 같이 구한다.

$$L(x,\ y) = f(a,\ b) + f_x(a,\ b)(x-a) + f_y(a,\ b)(y-b)$$

그러면 점 (a, b) 근처에서 함수 f의 근삿값은

$$f(x, y) \approx f(a, b) + f_x(a, b)(x-a) + f_y(a, b)(y-b) = L(x, y)$$

로 구할 수 있으며, 이를 함수 f의 **선형근사**(linear approximation) 또는 **접평면 근사**(tangent plane approximation)라고 한다.

예제 2 (1, 0)에서 $z = \ln(x^2 + y^2)$의 **선형근사 함수** $L(x, y)$를 구하고, $z(1.1, -0.1) = \ln(1.1^2 + 0.1^2)$의 근삿값 $L(1.1, -0.1)$을 구하라.

http://matrix.skku.ac.kr/KOFAC/

```
var ('x, y')
f(x, y) =  ln (x^2 + y^2)
fx = diff(f, x)
fy = diff(f, y)
L(x, y) = f(1, 0) + fx(1, 0)*(x - 1) + fy(1, 0)*(y - 0)
print ( "fx =", fx )
print ( "fy =", fy )
print ( "L(x, y) =", L(x, y))
print ( "f(1.1, -0.1) =", f(1.1, -0.1))
print ( "L(1.1, -0.1) =", L(1.1, 0.1))
```

답. fx = (x, y) |--> 2*x/(x^2 + y^2) : 연속 at (1, 0)

fy = (x, y) |--> 2*y/(x^2 + y^2) : 연속 at (1, 0) 따라서 $z = \ln(x^2 + y^2)$는 (1, 0)에서 연속.

선형근사 함수 L(x, y) = 2*x - 2

f(1.1, -0.1) = 0.198850858745165

근삿값 : L(1.1, -0.1) = 0.200000000000000 ■

4.2 전미분(Total Differential, Total Derivative)

$y = f(x)$에 대하여 x가 a에서 $a + \Delta x$로 변하면 y의 증분 Δy는

$$\Delta y = f(a + \Delta x) - f(a)$$

이다. $z = f(x, y)$에 대하여 x가 a에서 $a + \Delta x$로 변하고 y가 b에서 $b + \Delta y$로 변하면 z의 증분 Δz (increment)는

$$\Delta z = f(a+\Delta x,\ b+\Delta y) - f(a,\ b)$$

이다. Δz는 (x, y)가 (a, b)에서 $(a+\Delta x, b+\Delta y)$로 변할 때 f의 값의 변화를 나타낸다. $z=f(x, y)$일 때, Δz가 다음과 같이 표현되면 **"f는 (a, b)에서 미분가능(differentiable)하다"**고 한다.

$$\Delta z = f_x(a, b)\Delta x + f_y(a, b)\Delta y + \epsilon_1 \Delta x + \epsilon_2 \Delta y$$

여기서 $(\Delta x, \Delta y) \to (0, 0)$일 때 $\epsilon_1 \to 0$, $\epsilon_2 \to 0$이다.

참고 **편도함수 f_x, f_y가 (a, b) 부근에서 존재하고 (a, b)에서 연속이면 f는 (a, b)에서 미분가능**하다.

전미분 (total differential, total derivative)

미분가능한 이변수함수 $z=f(x, y)$에 대해 **미분**(differential) dx와 dy를 독립변수로 정의하면, 이변수함수의 모든 독립변수의 변화에 따라 z가 변화하는 행태를 근사하는 양인 **전미분**(total derivative, total differential) dz는 다음과 같이 정의된다.

$$dz = f_x(x, y)dx + f_y(x, y)dy = \frac{\partial z}{\partial x}dx + \frac{\partial z}{\partial y}dy$$

즉, 전미분은 2변수함수의 증분의 주요선형부분이다.

$dx = \Delta x = x - a$, $dy = \Delta y = y - b$ z의 미분(differential)은

$$dz = f_x(a, b)(x-a) + f_y(a, b)(y-b)$$

이다. 전미분 표기법으로 선형근사식을 다시 표현하면

$$f(x, y) \approx f(a, b) + dz = f(a, b) + f_x(a, b)(x-a) + f_y(a, b)(y-b) = L(x, y)$$

이다.

참고 미분(differential) dz**와 증분**(increment) Δz**의 관계**

(x, y)가 (a, b)에서 $(a+\Delta x, b+\Delta y)$까지 변화 할 때 **미분**(differential) dz는 **접평면의 높이의 변화**(비율)를 나타내고, **증분** Δz는 곡면 $z=f(x, y)$의 함숫값의 변화량(차이)을 나타낸다.

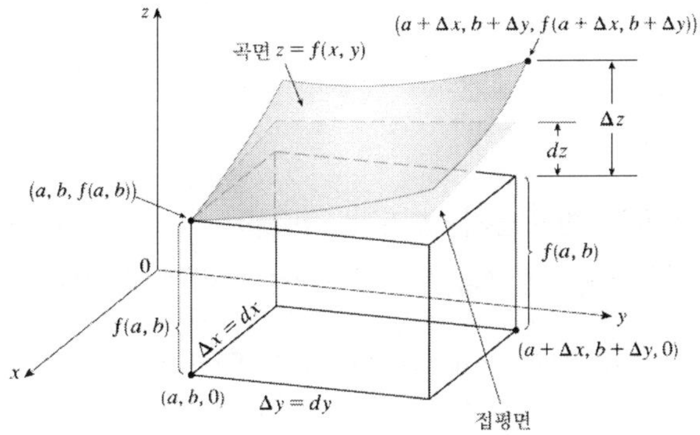

$$z = f(a,\ b) + f_x(a,\ b)(x-a) + f_y(a,\ b)(y-b)$$

$$\Delta z = f(x+\Delta x,\ y+\Delta y) - f(x,\ y) \approx f_x \Delta x + f_y \Delta y$$
$$f(x+\Delta x,\ y+\Delta y) \approx f(x,\ y) + f_x \Delta x + f_y \Delta y$$

이제, Δx와 Δy가 아주 작은 값이라고 할 때 $\Delta x = dx$, $\Delta y = dy$로 놓으면

$$\Delta z = f(x+\Delta x,\ y+\Delta y) - f(x,\ y) \approx f_x \Delta x + f_y \Delta y = f_x dx + f_y dy = dz$$

이므로 $dz \approx \Delta z$이다.

예제 3 $z = f(x,\ y) = 5x^2 - xy + 3y^2$일 때 (1, 2)에서의 전미분 dz를 구하고 x가 1에서 1.05, y가 2에서 1.95로 변할 때 Δz와 dz의 값을 구하라.

http://matrix.skku.ac.kr/KOFAC/

```
f(x, y) = 5*x^2 - x*y + 3*y^2
fx = diff(f, x)
fy = diff(f, y)
print (fx)
print (fy)
dz=fx*0.05+fy*(-0.05)                    # dz=fx*dx+fy*dy
print (dz)
print ("증분 =", f(1.05, 1.95)- f(1,2) )
print ("미분(dz )=", fx(1,2)*0.05+fy(1,2)*(-0.05) )
```

```
(x, y) |--> 10*x - y
(x, y) |--> -x + 6*y
```

(1) 답. 미분 dz= (10*x − y)*(x-a) + (-x+6*y)*(y-b) = 0.55*x − 0.35*y

(2) 답. 증분 Δz= −0.12750 when x=1, y=2

미분 dz = (10*x − y)*0.05 + (x − 6*y)*(−0.05) = 0.55*x − 0.35*y =−0.15000■

예제 4 직원뿔의 밑면의 반지름과 높이가 각각 10 cm , 25 cm 이고, 반지름과 높이가 0.1 cm 오차로 측정될 때, 부피 계산에서 최대 추정오차는 얼마인가?

http://matrix.skku.ac.kr/KOFAC/

```
var ('r, h, dr, dh')
V(r, h) = 1/3*pi*r^2*h              #직원뿔의 부피공식, r은 반지름, h는 높이, V는 부피
Vr = diff(V, r)
Vh = diff(V, h)
print ( V(10, 25) )                 #직원뿔의 부피

dV = Vr*dr + Vh*dh                  #추정오차
print ( dV(r=10, h=25, dr=0.1, dh=0.1) )  #주어진 조건에서의 추정오차, dV
```

답. 반지름과 높이가 각각 10 cm , 25 cm 인 직원뿔의 부피 = 2500/3*pi (cm^2)

최대 추정오차, 20.000*pi (cm^2) ■

4.3 이변수 함수의 연쇄법칙(Chain Rule)

일변수 함수 $y=f(x)$가 x에 관하여 미분가능한 함수이고 $x=x(t)$가 모두 t에 관하여 미분가능하면, y는 t**에 대하여 미분가능한 함수**이다. $y'(t)$는

$$\frac{dy}{dt}=\frac{dy}{dx}\cdot\frac{dx}{dt}$$

이다.

이변수 함수 $z=f(x,y)$가 x**와** y**에 관하여 미분가능한 함수이고** $x=x(t)$**와** $y=y(t)$**가 모두** t**에 관하여 미분가능한 함수이면,** z**는** t**에 대하여 미분가능한 함수**이다. $z'(t)$는

$$\frac{dz}{dt}=\frac{\partial z}{\partial x}\cdot\frac{dx}{dt}+\frac{\partial z}{\partial y}\cdot\frac{dy}{dt}$$

이다.

함수 $z=f(x,y)$가 x와 y에 관하여 미분가능한 함수이고 $y=y(x)$**가** x**에 관하여 미분가능한 함수이면,** z는 x에 대하여 미분가능한 함수이다. $z'(x)=\dfrac{dz}{dx}$는

$$\frac{dz}{dx} = \frac{\partial z}{\partial x} + \frac{\partial z}{\partial y} \cdot \frac{dy}{dx}$$

이다.

예제 5 $x = \cos t - \sin t$, $y = \cos t + \sin t$, $z = x^2 y + xy^2$일 때 $t = 0$에서 $\frac{dz}{dt}$를 구하라.

http://matrix.skku.ac.kr/KOFAC/

```
var ('t, u, v')
f(u, v) = u^2*v + u*v^2
fu = diff(f, u)
fv = diff(f, v)
print (fu)
print (fv)
x = cos(t) - sin(t)
y = cos(t) + sin(t)
xt = diff(x, t)
yt = diff(y, t)
print (xt)
print (yt)
print (diff(f(x, y), t).subs(t = 0))
```

답. (u, v) |--> 2*u*v + v^2

(u, v) |--> u^2 + 2*u*v

-cos(t) - sin(t)

cos(t) - sin(t)

$t = 0$ 에서 $\frac{dz}{dt} = \frac{\partial z}{\partial x} \cdot \frac{dx}{dt} + \frac{\partial z}{\partial y} \cdot \frac{dy}{dt} = 0$ ■

함수 $z = f(x, y)$가 x와 y에 관하여 미분가능한 함수이고 f_x와 f_y가 연속이고 $x = x(s, t)$와 $y = y(s, t)$가 모두 s와 t에 관하여 미분가능한 함수라고 하자. 그러면 z는 s와 t에 대하여 미분가능한 함수이고, 다음이 성립한다.

$$\frac{\partial z}{\partial s} = \frac{\partial z}{\partial x} \cdot \frac{\partial x}{\partial s} + \frac{\partial z}{\partial y} \cdot \frac{\partial y}{\partial s}$$

$$\frac{\partial z}{\partial t} = \frac{\partial z}{\partial x} \cdot \frac{\partial x}{\partial t} + \frac{\partial z}{\partial y} \cdot \frac{\partial y}{\partial t}$$

이다.

참고 Chain rule (Tree Diagram)

1. 함수 $z = f(x, y)$가 x와 y에 관하여 미분가능한 함수이고 $x = x(t)$와 $y = y(t)$가 모두 t에 관하여 미분가능한 함수이면, **z는 t에 대하여 미분가능한 함수**이다. 4.3절 연쇄법칙은 아래와 같이 나무 그림으로 표현된다. 같은 변수에서 분기되어 이어진 선(가지)끼리는 곱하고 같은 변수로 모아지는 다른 선(가지)에 있는 것들은 더하면 된다.

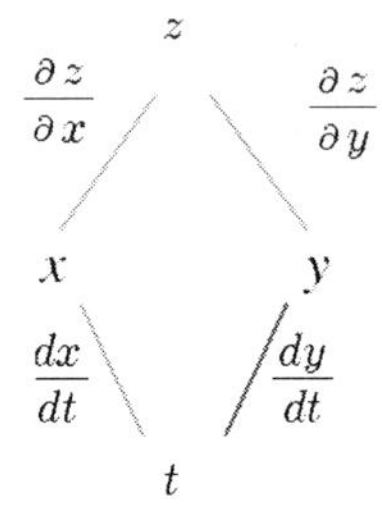

$$\frac{dz}{dt} = \frac{\partial z}{\partial x} \cdot \frac{dx}{dt} + \frac{\partial z}{\partial y} \cdot \frac{dy}{dt}$$

2. $x = x(s, t)$와 $y = y(s, t)$가 모두 s와 t에 관하여 미분가능할 때 함수 $z = f(x, y)$의 s와 t에 관한 미분의 식은 아래와 같이 나무 그림으로 표현하면 쉽다. 마찬가지로 같은 변수에서 이어져 분기된 선(가지)끼리는 곱하고 최종적으로 같은 변수로 표현되는 선(가지)는 더해지는 것으로 생각하면 된다.

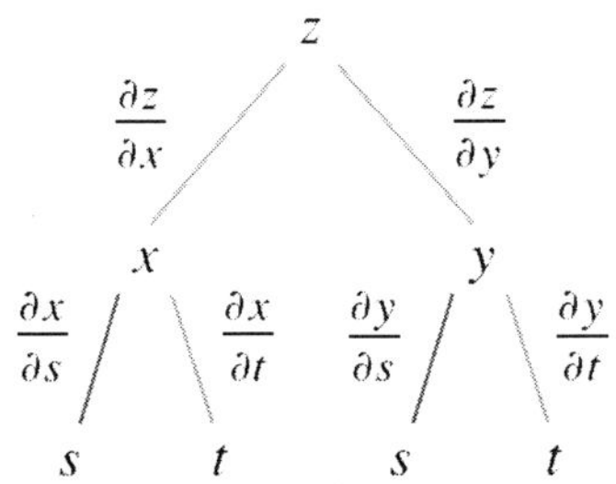

$$\frac{\partial z}{\partial s} = \frac{\partial z}{\partial x} \cdot \frac{\partial x}{\partial s} + \frac{\partial z}{\partial y} \cdot \frac{\partial y}{\partial s}, \quad \frac{\partial z}{\partial t} = \frac{\partial z}{\partial x} \cdot \frac{\partial x}{\partial t} + \frac{\partial z}{\partial y} \cdot \frac{\partial y}{\partial t}$$

함수 $z = f(x)$가 x에 관하여 미분가능한 함수이고 $x = x(s, t)$가 모두 s와 t에 관하여 미분가능한 함수이면, z는 s와 t에 대하여 미분가능한 함수이고, 다음이 성립한다.

$$\frac{\partial z}{\partial s} = \frac{dz}{dx} \frac{\partial x}{\partial s}$$

$$\frac{\partial z}{\partial t} = \frac{dz}{dx} \frac{\partial x}{\partial t}$$

예제 6 $z=\ln x\cos y$, $x=s+t^2$, $y=s^2+t$일 때 $\dfrac{\partial z}{\partial s}$, $\dfrac{\partial z}{\partial t}$을 구하라.

http://matrix.skku.ac.kr/KOFAC/

```
var ('s, t, u, v')
f(u, v) = ln(u)*cos(v)
x = s + t^2
y = s^2 +t
print ("dz/ds=", diff(f(x, y), s))          # ∂z/∂s = ∂z/∂x · ∂x/∂s + ∂z/∂y · ∂y/∂s
print ("dz/dt=", diff(f(x, y), t))          # ∂z/∂t = ∂z/∂x · ∂x/∂t + ∂z/∂y · ∂y/∂t
```

답. dz/ds = −2*s*log(t^2 + s)*sin(s^2 + t) + cos(s^2 + t)/(t^2 + s)

dz/dt = $-\log(t^2+s)\sin(s^2+t)+\dfrac{2t\cos(s^2+t)}{t^2+s}$ ■

예제 7 $x=s+t$, $y=s-t$, $z=s+9$이고 $u=e^x y+(x+y)\tan^{-1}(z^2+1)$일 때 $\dfrac{\partial u}{\partial s}$의 값을 구하라.

http://matrix.skku.ac.kr/KOFAC/

```
var ('r, s, t, u, v, w')
f(u, v, w) = e^u *v + (u + v)* arctan(w^2 + 1)
x = s + t
y = s - t
z = s + 9
print (diff ( f(x, y, z), s ))
show (diff ( f(x, y, z), s ))
```

답. $\dfrac{\partial u}{\partial s}$ = (s − t)*e^(s + t) + 4*(s + 9)*s/(((s + 9)^2 + 1)^2 + 1) + 2*arctan((s + 9)^2 + 1) + e^(s + t)

$= (s-t)e^{(s+t)}+\dfrac{4(s+9)s}{((s+9)^2+1)^2+1}+2\arctan((s+9)^2+1)+e^{(s+t)}$ ■

예제 8 $g(s,t)=f(t^2-s^2,\ s^2-t^2)$이고 f는 미분가능일 때, g가 방정식 $s\dfrac{\partial g}{\partial t}+\dfrac{\partial g}{\partial s}=0$을 만족함을 보여라.

http://matrix.skku.ac.kr/KOFAC/

```
var ('s, t, u, v')
x = t^2 - s^2
y = s^2 - t^2
g = function('g')(u, v)
show (diff(g(u = x, v = y), t))      # D[0](g)는 g를 첫번째 변수 x에 대해서 편미분 했다는 의미
show (diff(g(u = x, v = y), s))      # D[1](g)은 g를 두번째 변수 y에 대해서 편미분 했다는 의미
print (expand(s*diff(g(u = x, v = y), t) + t*diff(g(u = x, v = y), s)))
```

dg/dt=2*t*D[0](g)(-s^2 + t^2, s^2 - t^2) - 2*t*D[1](g)(-s^2 + t^2, s^2 - t^2)

$=2tD[0](g)(-s^2+t^2,s^2-t^2)-2tD[1](g)(-s^2+t^2,s^2-t^2)$ # D[0](g)=(dg/dx), 첫번째 변수 x

dg/ds=-2*s*D[0](g)(-s^2 + t^2, s^2 - t^2) + 2*s*D[1](g)(-s^2 + t^2, s^2 - t^2)

$=-2sD[0](g)(-s^2+t^2,s^2-t^2)+2sD[1](g)(-s^2+t^2,s^2-t^2)$ # D[1](g)=(dg/dy), 두번째 변수 y

이므로 s*diff(g, t) + t*diff(g, s) = 0. (Chain rule)

답. $s\dfrac{\partial g}{\partial t}+\dfrac{t\,\partial g}{\partial s}=0$ **임이 확인되었다.** ■

예제 9 $z=f(x,\ y)$가 연속인 2계 편도함수를 가지며 $x=r+s$이고 $y=r-s$일 때 $\dfrac{\partial z}{\partial r}$와 $\dfrac{\partial^2 z}{\partial r^2}$을 구하라.

풀이.
$$\frac{\partial z}{\partial r}=\frac{\partial f}{\partial x}\frac{\partial x}{\partial r}+\frac{\partial f}{\partial y}\frac{\partial y}{\partial r}=f_x(r+s,r-s)\cdot 1+f_y(r+s,r-s)\cdot 1$$
$$=f_x(r+s,r-s)+f_y(r+s,r-s)$$
$$\frac{\partial^2 z}{\partial r^2}=\frac{\partial}{\partial r}\left(\frac{\partial z}{\partial r}\right)=\frac{\partial}{\partial r}(f_x(r+s,r-s)+f_y(r+s,r-s))$$
$$=\frac{\partial}{\partial r}f_x(r+s,r-s)+\frac{\partial}{\partial r}f_y(r+s,r-s)$$
$$=f_{xx}(r+s,r-s)\cdot 1+f_{xy}(r+s,r-s)$$
$$\cdot 1+f_{yx}(r+s,r-s)\cdot 1+f_{yy}(r+s,r-s)\cdot 1$$
$$=f_{xx}(r+s,r-s)+2f_{xy}(r+s,r-s)+f_{yy}(r+s,r-s)$$

http://matrix.skku.ac.kr/KOFAC/

```
var ('r, s, u, v')
x = r + s
y = r - s
f = function('f')(u, v)
print ( diff(f(u = x, v = y), r) )          # dz/dr
print ( diff(f(u = x, v = y), r, 2) )       # d^2z/dr^2
```

답. 1. $\frac{\partial z}{\partial r}$ = D[0](f)(r + s, r − s) + D[1](f)(r + s, r − s) # D[0](g)=dg/dx, D[1](g)=dg/dy,

D[0](f)(r + s, r − s)의 의미는 df/dx를 계산 한 후 x와 y에 각각 r + s 와 r − s 을 대입했다는 뜻입니다.

$f_x(r+s, r-s)+f_y(r+s, r-s)$

답. 2. $\frac{\partial^2 z}{\partial r^2}$ = D[0, 0](f)(r + s, r − s) + 2*D[0, 1](f)(r + s, r − s) + D[1, 1](f)(r + s, r − s)

D[0, 0](f)(r + s, r − s)의 의미는 **d^2f/dx^2**를 계산 한 후 x와 y에 각각 r + s와 r − s을 대입했다는 의미.

D[0, 1](f)(r + s, r − s)의 의미는 **d(df/dx)/dy**를 계산 한 후 x와 y에 각각 r + s와 r − s을 대입했다는 의미.

D[1, 1](f)(r + s, r − s)의 의미는 **d^2f/dy^2**를 계산 한 후 x와 y에 각각 r + s와 r − s을 대입했다는 의미.

$f_{xx}(r+s, r-s)+2f_{xy}(r+s, r-s)+f_{yy}(r+s, r-s)$ ■

4.4 음함수 미분법(Differentiation of Implicit Function)

방정식 $F(x, y)=0$이 x에 대하여 미분가능한 함수 $y=f(x)$를 정의한다고 하자. 즉 정의역에 있는 모든 x에 대해 $F(x, f(x))=0$를 만족한다고 하자. 만일 $F_y(x, y)\neq 0$이면 연쇄법칙에 의해 다음이 성립한다.

$$F_x(x, y)\frac{dx}{dx}+F_y(x, y)\frac{dy}{dx}=0 \Rightarrow \frac{dy}{dx}=-\frac{F_x(x, y)}{F_y(x, y)}$$

예제 10 $x\sin y+y\cos x=0$일 때 $y'=\frac{dy}{dx}=-\frac{F_x(x, y)}{F_y(x, y)}$을 구하라.

http://matrix.skku.ac.kr/KOFAC/

```
var ('x, y')
F(x, y) = x*sin(y) + y*cos(x)
Fx = diff(F(x, y), x)
Fy = diff(F(x, y), y)
print ( -Fx/Fy )
```

답. $y'=\frac{dy}{dx}=-\frac{F_x(x, y)}{F_y(x, y)}$ = (y*sin(x) − sin(y))/(x*cos(y) + cos(x)) ■

방정식 $F(x, y, z)=0$가 함수 $z=f(x, y)$를 정의한다고 하자. 즉 f의 정의역의 모든 (x, y)에 대해 $F(x, y, f(x, y))=0$을 만족한다고 하자. F와 f가 모두 미분가능하고 $F_z(x, y, z)\neq 0$이면, 연쇄법칙에 의해 다음이 성립한다.

$$F_x(x, y, z)\frac{\partial x}{\partial x}+F_y(x, y, z)\frac{\partial y}{\partial x}+F_z(x, y, z)\frac{\partial z}{\partial x}=0\text{에서 }\frac{\partial x}{\partial x}=1\text{이고 }\frac{\partial y}{\partial x}=0\text{이므로}$$

$F_x(x, y, z)+F_z(x, y, z)\frac{\partial z}{\partial x}=0$ 즉

$$\frac{\partial z}{\partial x}=-\frac{F_x(x, y, z)}{F_z(x, y, z)}$$

이다. 같은 방법으로

$$F_x(x, y, z)\frac{\partial x}{\partial y}+F_y(x, y, z)\frac{\partial y}{\partial y}+F_z(x, y, z)\frac{\partial z}{\partial y}=0\text{에서 }\frac{\partial x}{\partial y}=0\text{이므로}$$

$F_y(x, y, z)+F_z(x, y, z)\frac{\partial z}{\partial y}=0$ 즉

$$\frac{\partial z}{\partial y}=-\frac{F_y(x, y, z)}{F_z(x, y, z)}$$

이다.

음함수 $F(x, y, z)=0$의 미분

$F(x, y, z)=0$가 z를 x와 y의 미분가능한 함수로 정의할 때, $F_z(x, y, z)\neq 0$이면 다음이 성립한다.

$$\frac{\partial z}{\partial x}=-\frac{F_x(x, y, z)}{F_z(x, y, z)},\quad \frac{\partial z}{\partial y}=-\frac{F_y(x, y, z)}{F_z(x, y, z)}$$

예제 11 방정식 $3x^3+4y^3+5z^3+6xyz=7$일 때 $\frac{\partial z}{\partial x}=-\frac{F_x(x, y, z)}{F_z(x, y, z)}$와 $\frac{\partial z}{\partial y}$을 구하라.

http://matrix.skku.ac.kr/KOFAC/

```
var ('x, y, z')
f(x, y, z) = 3*x^3 + 4*y^3 + 5*z^3 + 6*x*y*z - 7
fx = diff(f(x, y, z), x)
fy = diff(f(x, y, z), y)
fz = diff(f(x, y, z), z)
print ("dz/dx =", -fx/fz)
print ("dz/dy =", -fy/fz)
```

답. dz/dx = −(3*x^2 + 2*y*z)/(2*x*y + 5*z^2)

답. dz/dy = −2*(2*y^2 + x*z)/(2*x*y + 5*z^2) ■

예제 12 음함수가 $x^3 + e^{y^3 + z^3} - y\sin(x-z) = 0$에 대하여 $\frac{\partial z}{\partial x} = -\frac{F_x(x, y, z)}{F_z(x, y, z)}$와 $\frac{\partial z}{\partial y} = -\frac{F_y(x, y, z)}{F_z(x, y, z)}$을 구하라.

http://matrix.skku.ac.kr/KOFAC/

```
var ('x, y, z')
F(x, y, z) = x^3 + e^(y^3 + z^3) - y*sin(x- z)
Fx = diff(F(x, y, z), x)
Fy = diff(F(x, y, z), y)
Fz = diff(F(x, y, z), z)
print ("dz/dx=", -Fx/Fz)
print ("dz/dy=", -Fy/Fz)
```

답. dz/dx= −(3*x^2 − y*cos(x − z))/(3*z^2*e^(y^3 + z^3) + y*cos(x − z))

$\frac{\partial z}{\partial y}$ = −(3*y^2*e^(y^3 + z^3) − sin(x − z))/(3*z^2*e^(y^3 + z^3) + y*cos(x − z)) ■

열린 문제 1 다른 교재에서 적당한 이변수함수 $z = f(x, y)$를 찾아서 $F(x, y, z) = 0$ 모양의 음함수로 표현한 후, 그 음함수의 편도함수 $\frac{\partial z}{\partial x} = -\frac{F_x(x, y, z)}{F_z(x, y, z)}$와 $\frac{\partial z}{\partial y} = -\frac{F_y(x, y, z)}{F_z(x, y, z)}$를 구하시오. [예, $x^2 + 2y^2 + 3z^2 = 1$]

4.5 방향도함수(Directional Derivative)

점(x_0, y_0)가 중심인 원의 내부 D에서 정의된 함수 $z = f(x, y)$의 점(x_0, y_0)에서 단위벡터 $\mathrm{u} = u_1\mathrm{i} + u_2\mathrm{j}$ 방향으로의 **방향도함수**는 다음과 같이 정의된다.

$$D_{\mathrm{u}} f(x_0, y_0) = \lim_{h \to 0} \frac{f(x_0 + hu_1, y_0 + hu_2) - f(x_0, y_0)}{h}$$

방향도함수(Directional derivative)

$z=f(x,\ y)$가 $(x_0,\ y_0)$에서 미분 가능한 함수이고 $(x_0,\ y_0)$에서 모든 방향으로의 도함수를 가진다고 하자. $\mathrm{u}=u_1\mathrm{i}+u_2\mathrm{j}=(u_1,\ u_2)$을 단위벡터라 하면 다음이 성립한다.

$$D_{\mathrm{u}}f(x_0,\ y_0)=f_x(x_0,\ y_0)u_1+f_y(x_0,\ y_0)u_2$$

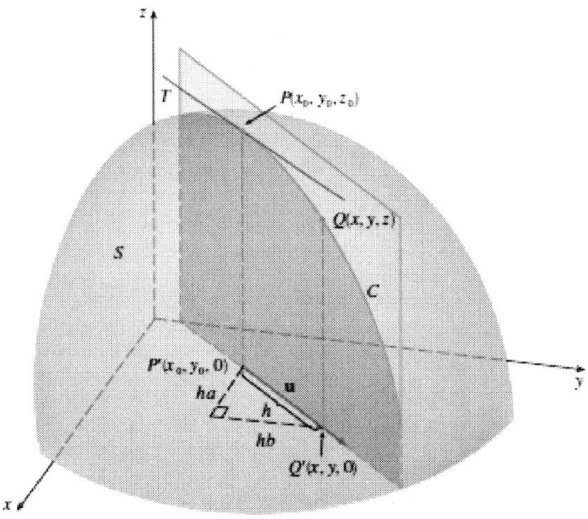

편도함수와 유사하게 방향도함수는 다음과 같은 기하학적 의미가 있다. 먼저 위의 그림과 같이 이변수함수 $z=f(x,\ y)$의 그래프가 곡면 S를 나타낸다고 하자. 그러면 xy-평면 상의 점 $P(x_0,\ y_0)$을 지나고 벡터 $\mathrm{u}=u_1\mathrm{i}+u_2\mathrm{j}$에 평행한 직선을 포함하며 xy-평면에 수직인 평면은 곡면 S와 교선 C를 이룬다. 이때 함수 f의 점$(x_0,\ y_0)$에서 단위벡터 u 방향으로의 방향도함수 $D_{\mathrm{u}}f(x_0,\ y_0)$는 점 $(x_0,\ y_0)$에서 곡선 C에 접하는 접선 T의 기울기가 된다.

참고 $z=f(x,\ y)$가 $(x_0,\ y_0)$에서 미분 가능한 함수이면, $(x_0,\ y_0)$에서 모든 방향으로의 방향도함수를 가진다.

f가 x와 y의 미분가능 함수이면 f는 임의의 단위벡터 $\mathrm{u}=(a,\ b)$방향에 대한 방향도함수는 다음과 같이 계산된다. (증명 생략)

$$\begin{aligned} D_{\mathrm{u}}\ f(x,\ y) &= f_x(x,\ y)a+f_y(x,\ y)b \\ &= (f_x(x,\ y),\ f_y(x,\ y))\cdot(a,b) \\ &= (f_x(x,\ y),\ f_y(x,\ y))\cdot \mathrm{u} \end{aligned}$$

특히 단위벡터 u가 x축의 양의 방향과 각 θ를 이루면

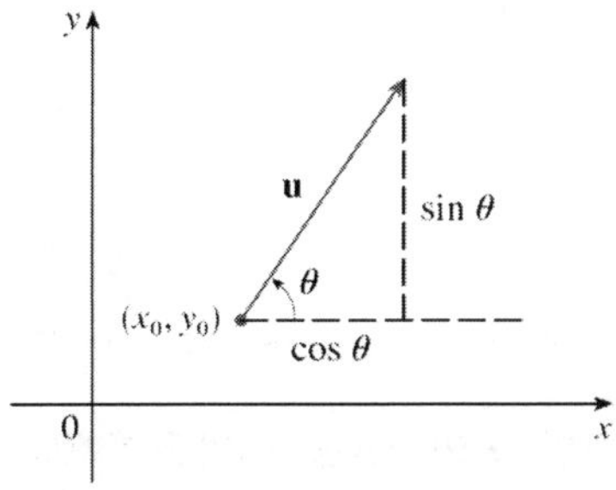

u= $(\cos\theta, \sin\theta)$방향에 대한 방향도함수는 다음과 같다.

$$D_{\mathrm{u}}f(x_0, y_0) = f_x(x_0, y_0)\cos\theta + f_y(x_0, y_0)\sin\theta$$
$$= (f_x(x_0, y_0), f_y(x_0, y_0)) \cdot (\cos\theta, \sin\theta)$$
$$= (f_x(x_0, y_0), f_y(x_0, y_0)) \cdot \mathrm{u}$$

참고 여기에서 벡터 $(f_x(x, y), f_y(x, y))$을 $\nabla f = \mathrm{grad} f$로 표기하고 이것을 f의 그래디언트(gradient, 경사, 기울기)라 한다. 그럼 방향도함수는

$D_{\mathrm{u}}f(x_0, y_0) = (f_x(x_0, y_0), f_y(x_0, y_0)) \cdot \mathrm{u} = \nabla f \cdot \mathrm{u}$로 표현된다.

방향도함수와 $f(x, y, z)$의 편도함수의 관계들은 아래와 같다.

① $D_{\mathrm{i}}f(x_0, y_0, z_0) = \nabla f(x_0, y_0, z_0) \cdot \mathrm{i} = f_x$, i 방향으로 f의 방향도함수

$D_{\mathrm{j}}f(x_0, y_0, z_0) = \nabla f(x_0, y_0, z_0) \cdot \mathrm{j} = f_y$, j 방향으로 f의 방향도함수

$D_{\mathrm{k}}f(x_0, y_0, z_0) = \nabla f(x_0, y_0, z_0) \cdot \mathrm{k} = f_z$, k 방향으로 f의 방향도함수

② $D_{-\mathrm{i}}f(x_0, y_0, z_0) = -f_x$, $D_{-\mathrm{j}}f(x_0, y_0, z_0) = -f_y$, $D_{-\mathrm{k}}f(x_0, y_0, z_0) = -f_z$

예제 13 $f(x, y) = 6 - 3x^2 - y^2$이고 단위벡터 u가 x축의 양의 방향과 각 $\theta = \frac{\pi}{4}$을 이룰 때, $D_{\mathrm{u}}f(x, y)$을 구하라. $D_{\mathrm{u}}f(1, 2)$의 값은 얼마인가?

http://matrix.skku.ac.kr/KOFAC/

```
var ('x, y')
a = vector( [ cos(pi/4), sin(pi/4) ] )
u = a / a.norm()
f(x, y) = 6 - 3*x^2 - y^2
gradf = f.gradient()
print ( u.inner_product( gradf(x,y) ))
print ( u.inner_product( gradf(1, 2) ))
```

답. $D_{\mathrm{u}} f(x, y) =$ -3*sqrt(2)*x - sqrt(2)*y

답. $D_{\mathrm{u}} f(1, 2) =$ -5*sqrt(2) ■

4.6 Gradient(기울기벡터, 그래디언트 벡터, Gradient Vector)

f가 두 변수 x와 y의 함수이면 f의 gradient(기울기벡터, 그래디언트 벡터, Gradient Vector) ∇f 또는 $\mathrm{grad}\, f$는

$$\nabla f(x, y) = (f_x(x, y), f_y(x, y)) = f_x(x, y)\mathbf{i} + f_y(x, y)\mathbf{j}$$

로 정의한다.

예제 14 $f(x, y) = \dfrac{1}{\|\mathbf{x}\|} = \dfrac{1}{\sqrt{x^2+y^2}}$일 때 $\nabla f(x, y)$를 구하라.

http://matrix.skku.ac.kr/KOFAC/

```
var ('x, y')
f(x, y) = 1/sqrt(x^2+y^2)
f.gradient()
```

답. (x, y) |--> (-x/(x^2 + y^2)^(3/2), -y/(x^2 + y^2)^(3/2))

즉, $\nabla f(x, y) = \left(\dfrac{-x}{(x^2+y^2)^{3/2}}, \dfrac{-y}{(x^2+y^2)^{3/2}} \right)$ ■

참고 기울기 벡터에 대한 이 기호를 이용해서 미분가능한 함수의 방향도함수(directional derivative)는

$$D_{\mathrm{u}} f(x, y) = \nabla f(x, y) \cdot \mathbf{u}$$

라고 정의 할 수 있다. 기호 "∇"는 "그래디언트(gradient) 또는 델(del)"이라고 읽는다.

예제 15 벡터 $\mathbf{v} = 3\mathbf{i} + 4\mathbf{j}$의 방향에 대한 점 $(0, 2)$에서의 함수 $f(x, y) = ye^x - \cos xy$의 방향도함수를 구하라.

http://matrix.skku.ac.kr/KOFAC/

```
var ('x, y')
f(x, y) = y * e^x - cos( x * y )
gradf = f.gradient()
```

```
v = vector( [ 3, 4 ] )
u = ( 1/v.norm() ) * v                  # u = v/||v||
duf = gradf(0,2) * u                    # gradf(0,2)*u = gradf(0,2).inner_product(u)
print (duf)                             # D_u f(x, y) = ∇f(x, y) · u
```

답. 점 $(0,\ 2)$에서의 $\mathrm{u} = \frac{\mathrm{v}}{\|\mathrm{v}\|}$ 방향에 대한 f의 방향도함수 = 2

$\#D_{\mathrm{u}} f(x,\ y) = \nabla f(x,\ y) \cdot \mathrm{u}$ ■

예제 16 $f(x,\ y,\ z) = xy^2 - 4x^2y + z^2$ 일 때

(a) f의 gradient (기울기 벡터)를 구하고

(b) $\mathrm{v} = 6\mathrm{i} + 2\mathrm{j} + 3\mathrm{k}$ 방향으로 $(1,\ -1,\ 2)$에서 f의 방향도함수(directional derivative)를 구하라.

http://matrix.skku.ac.kr/KOFAC/

```
var ('x, y, z')
f(x, y, z) = x*y^2 - 4*x^2 *y + z^2
gradf = f.gradient()
v = vector([6, 2, 3])
u = (1/v.norm())*v
duf = gradf(1, -1,2)*u                  # D_v f(x, y, z) = ∇f(x, y, z) · v
print (gradf(x, y, z))                  # f 의 gradient(기울기 벡터),
print (duf)
```

답. (a) f의 gradient(기울기 벡터), (-8*x*y + y^2, -4*x^2 + 2*x*y, 2*z)

답. (b) $\mathrm{u} = \frac{\mathrm{v}}{\|\mathrm{v}\|}$ 방향으로 $(1,\ -1,\ 2)$에서 f의 방향도함수, 54/7 ■

방향도함수(directional derivative)는 특정한 단위벡터 u 방향으로의 도함수이다. 이제 방향도함수가 언제 최대가 되는지 생각해 보자. $z = f(x,\ y)$의 $(x_0,\ y_0)$에서의 $\mathrm{grad}f(x_0,\ y_0)$는

$$\mathrm{grad}f(x_0,\ y_0) = \nabla f(x_0,\ y_0) = (f_x(x_0,\ y_0),\ f_y(x_0,\ y_0)) = f_x(x_0,\ y_0)\mathrm{i} + f_y(x_0,\ y_0)\mathrm{j}$$

이다. 단위벡터 $\mathrm{u} = (u_1,\ u_2)$방향으로의 방향도함수(변화율)를 구하면

$$\begin{aligned} D_{\mathrm{u}} f(x_0,\ y_0) &= f_x(x_0,\ y_0)u_1 + f_y(x_0,\ y_0)u_2 = \nabla f(x_0,\ y_0) \cdot \mathrm{u} \\ &= \|\nabla f(x_0,\ y_0)\|\|\mathrm{u}\|\cos\theta = \|\nabla f(x_0,\ y_0)\|\cos\theta \end{aligned}$$

이다. 따라서 f 의 **방향도함수**(변화율)는 $\cos\theta = 1$ 일 때 **가장 큰 양의 값**을 갖는다. 즉 기울기벡터(gradient vector)는 방향도함수가 최대인 방향, 즉 함수가 가장 빠르게 증가하는 방향을 나타낸다.

결론적으로 $\theta = 0$**일 때** $\cos\theta = 1$**이므로 변화율(방향도함수)은 최대**가 되고 $\theta = \pi$일 때 $\cos\theta = -1$이 되므로 최소가 된다. 특히 $\theta = \frac{\pi}{2}$일 때 $\cos\theta = 0$이므로 Gradient에 수직인 u 방향은 f에 변화를 주지 않는 방향이다. (즉, $D_{\mathbf{u}}f(x_0, y_0) = \|\nabla f(x_0, y_0)\| \cdot \cos\frac{\pi}{2} = 0$)

참고 3변수 함수 $w = f(x, y, z)$의 (x_0, y_0, z_0)에서의 $\mathrm{grad}f(x_0, y_0, z_0)$는

$$\mathrm{grad}f(x_0, y_0, z_0) = \nabla f(x_0, y_0, z_0) = f_x(x_0, y_0, z_0)\mathbf{i} + f_y(x_0, y_0, z_0)\mathbf{j} + f_z(x_0, y_0, z_0)\mathbf{k}$$

이고, 단위벡터 $\mathbf{u} = (u_1, u_2, u_3)$ 방향으로의 방향도함수는 다음과 같다.

$$\begin{aligned} D_{\mathbf{u}}f(x_0, y_0, z_0) &= f_x(x_0, y_0, z_0)u_1 + f_y(x_0, y_0, z_0)u_2 + f_z(x_0, y_0, z_0)u_3 \\ &= \nabla f(x_0, y_0, z_0) \cdot \mathbf{u} = \|\nabla f(x_0, y_0, z_0)\|\|\mathbf{u}\|\cos\theta = \|\nabla f(x_0, y_0, z_0)\|\cos\theta \end{aligned}$$

방향도함수 $D_{\mathbf{u}}f(x, y) = \nabla f(x, y) \cdot \mathbf{u}$와 $f(x, y, z)$의 편도함수의 관계들은 아래와 같다.

① $D_{\mathbf{i}}f(x_0, y_0, z_0) = \nabla f(x_0, y_0, z_0) \cdot \mathbf{i} = f_x$, i 방향으로 f의 방향도함수
$D_{\mathbf{j}}f(x_0, y_0, z_0) = \nabla f(x_0, y_0, z_0) \cdot \mathbf{j} = f_y$, j 방향으로 f 의 방향도함수
$D_{\mathbf{k}}f(x_0, y_0, z_0) = \nabla f(x_0, y_0, z_0) \cdot \mathbf{k} = f_z$, k 방향으로 f 의 방향도함수

② $D_{-\mathbf{i}}f(x_0, y_0, z_0) = -f_x$, $D_{-\mathbf{j}}f(x_0, y_0, z_0) = -f_y$, $D_{-\mathbf{k}}f(x_0, y_0, z_0) = -f_z$

예제 17 다음 물음에 답하여라.

(a) $f(x, y, z) = xe^y + yz$일 때 $P(2, 0, 0)$으로부터 $Q(4, 1, -2)$방향으로 f의 변화율(방향도함수)을 구하라.

(b) 어떤 방향으로 f는 최대 변화율을 갖는가? 그 변화율의 최댓값은 얼마인가?

http://matrix.skku.ac.kr/KOFAC/

```
var ('x, y, z')
f(x, y, z) = x * e^y + y*z
gradf = f.gradient()
P = vector( [ 2, 0, 0 ] )
Q = vector( [ 4, 1, -2 ] )
v = Q - P
```

```
u = ( 1/v.norm() ) * v                # (2/3, 1/3, -2/3)
duf = ( gradf(2,0,0) ) * u
print (duf)

v = gradf( 2,0,0 )                    # ∇f(x0, y0)= (1, 2, 0) 방향일 때 최대
duf = gradf( 2,0,0 ).norm()           # ||∇f(x0, y0)||cosθ=||∇f(x0, y0)||가 최댓값
print (v)
print (duf)
```

답. (a) f의 변화율, 4/3

답. (b) f가 최대 변화율을 갖는 방향 ($\theta = 0$ 일 때), (1, 2, 0)

그 변화율의 최댓값, sqrt(5) ■

참고 **gradient(기울기벡터, gradient vector)의 의미**

등위곡선 $f(x,y) = c$를 **매개변수함수** $x = x(t), y = y(t)$**로 나타내면** $f(x(t), y(t)) = c$ 이다. 이때 c가 상수이므로 이 식의 양변을 t에 대하여 미분하면 연쇄법칙에 의해

$$\frac{df}{dt} = \frac{\partial f}{\partial x} \cdot \frac{dx}{dt} + \frac{\partial f}{\partial y} \cdot \frac{dy}{dt} = \nabla f \cdot \left(\frac{dx}{dt}, \frac{dy}{dt}\right) = 0$$

가 된다. 이때 **벡터**$\left(\frac{dx}{dt}, \frac{dy}{dt}\right)$**는 매개변수** t**에 대한 벡터함수** $(x(t), y(t))$**의 미분이므로 등위곡선의 접선벡터**가 되며, $\nabla f \cdot \left(\frac{dx}{dt}, \frac{dy}{dt}\right) = 0$이므로 **등위곡선의 접선벡터와 기울기벡터(gradient vector)는 수직(직교)이다.** 즉 기울기벡터(gradient vector)는 등위곡선에 수직(직교)인 벡터이다. 또한 방향도함수가 최대인 방향, 즉 함수가 가장 빠르게 증가하는 방향이다

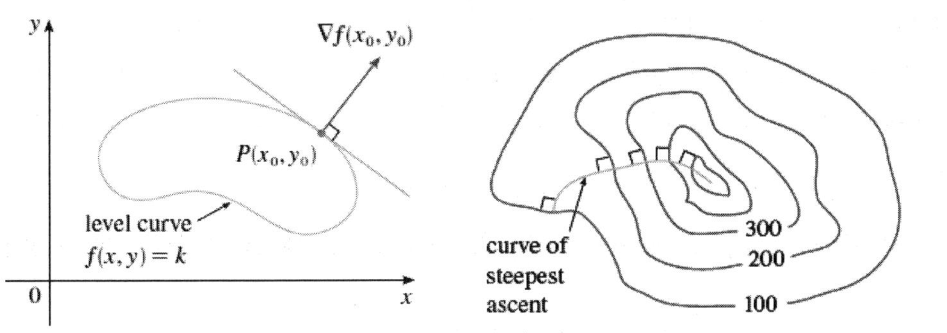

◪ 열린 문제 2 특정한 점에서의 gradient(기울기 벡터, 그레이디언트)의 방향을 구할 수 있는 지도나 기압의 등고선 그림을 찾아보시오.

4.7 등위곡면에 대한 접평면(Tangent Plane over Level Surface)

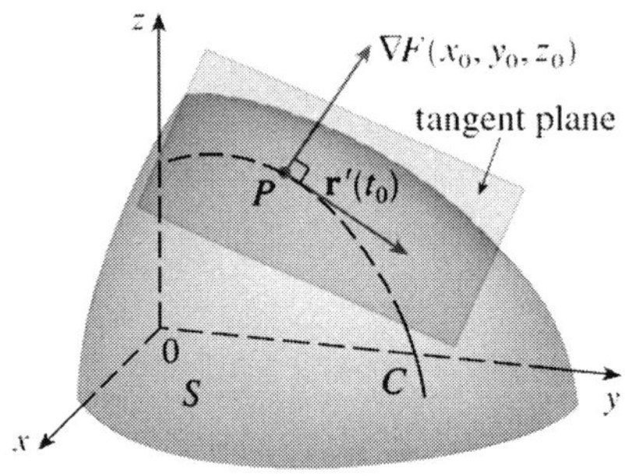

이변수 함수와 마찬가지로 등위곡면 $F(x, y, z)=0$ 상의 한 점 (x_0, y_0, z_0)에서의 기울기벡터(gradient vector) $\nabla F(x_0, y_0, z_0)$는 등위곡면과 수직이다. 따라서 위의 (x_0, y_0, z_0)에서의 접평면의 방정식(An equation of tangent plane)은 다음과 같다.

$$F_x(x_0, y_0, z_0)(x-x_0)+F_y(x_0, y_0, z_0)(y-y_0)+F_z(x_0, y_0, z_0)(z-z_0)=0$$

그리고 곡면 $F(x, y, z)=0$의 한 점 $P(x_0, y_0, z_0)$에서의 법선의 벡터방정식(vector equation of normal line)은 방향벡터가 $\nabla F(x_0, y_0, z_0)$이므로 다음과 같다.

$$(x, y, z)=(x_0, y_0, z_0)+t\nabla F(x_0, y_0, z_0) \ (t\in\mathbb{R})$$

이 식을 대칭방정식으로 표현하면 다음과 같다.

$$\frac{x-x_0}{F_x(x_0, y_0, z_0)}=\frac{y-y_0}{F_y(x_0, y_0, z_0)}=\frac{z-z_0}{F_z(x_0, y_0, z_0)}$$

특히, $z=f(x, y)$일 경우 $F(x, y, z)=f(x, y)-z=0$이고 $F_x=f_x$, $F_y=f_y$, $F_z=-1$이므로 (x_0, y_0, z_0)에서의 **법선벡터**(normal vector)는 $\mathrm{N}=f_x(x_0, y_0)\mathrm{i}+f_y(x_0, y_0)\mathrm{j}-\mathrm{k}$가 된다. 따라서 점 (x_0, y_0, z_0)에서 $F(x, y, z)=f(x, y)-z=0$의 접평면의 방정식은

$$f_x(x_0, y_0)(x-x_0)+f_y(x_0, y_0)(y-y_0)-(z-z_0)=0$$

이고, $F(x, y, z)=f(x, y)-z=0$의 점 (x_0, y_0, z_0)에서의 법선의 (대칭) 방정식은

$$\frac{x-x_0}{f_x(x_0, y_0)}=\frac{y-y_0}{f_y(x_0, y_0)}=\frac{z-z_0}{-1}$$ 이다.

예제 18 점 $\left(\frac{\pi}{2},\ 0,\ -1\right)$에서 $z = e^{3y}\cos 2x$의 **접평면의 방정식과 법선의 벡터방정식을** 구하여라.

풀이. 접평면 $f_x(x_0, y_0)(x - x_0) + f_y(x_0, y_0)(y - y_0) - (z - z_0) = 0$은 아래 명령어로 구한다.

L(x, y, z) = Fx(pi/2, 0, -1)*(x - pi/2) + Fy(pi/2, 0, -1)*(y - 0) + Fz(pi/2, 0, -1)*(z + 1)

그리고 법선의 벡터방정식은 아래 명령어로 구할 수 있다.

r = x_0 + t*vector([Fx(pi/2, 0, -1), Fy(pi/2, 0, -1), Fz(pi/2, 0, -1)])

http://matrix.skku.ac.kr/KOFAC/

```
var ('x, y, z, t')
F(x, y, z) = exp(3 * y) * cos( 2*x ) - z
x0 = vector([pi/2, 0, -1])                                    # 한 점
p = vector([x, y, z])
gradF = F.gradient()                                          # 그래디언트
L(x, y, z) = gradF(x0[0], x0[1], x0[2]).inner_product(p - x0)
r = x0 + t*gradF(x0[0], x0[1], x0[2])
print (L(x, y, z) == 0 )                                      # 접평면의 방정식
print (r)                                                     # 법선의 벡터방정식
p1 = implicit_plot3d(F(x, y, z) == 0, (x, -4, 4), (y, -4, 4), (z, -6, 6), opacity = 0.4)
                                                              # 등위곡면
p2 = implicit_plot3d(L(x, y, z) == 0, (x, -4, 4), (y, -4, 4), (z, -6, 6), opacity = 0.4, color = 'red')
                                                              # 접평면
p3 = parametric_plot3d(r, (t, -1, 1), color = 'green', thickness = 2)    # 법선
p1 + p2 + p3
```

답. 접평면의 방정식, **-3*y - z - 1 == 0**

답. 법선의 방정식, **(1/2*pi, -3*t, -t - 1)**

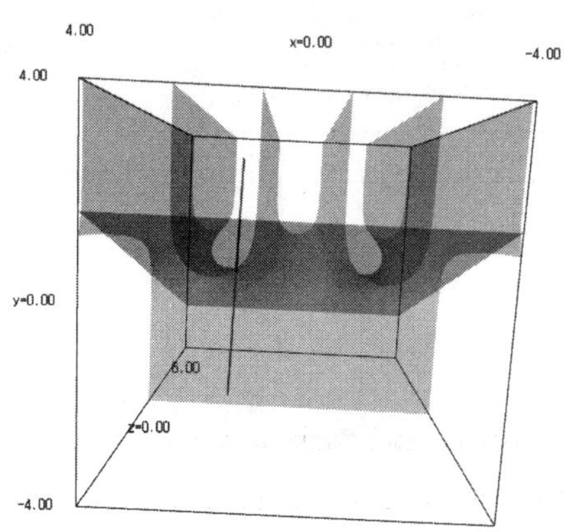

■

(*) 4.8 헤시안행렬(Hessian Matrix. Hesse 행렬, Hessian)

일변수함수에서 임계점이 함수의 도함수가 0이 되는 점일 때, 그 임계점이 극대점, 극소점, 변곡점인지는 **2계 도함수 판정법**을 이용해서 판정할 수 있었다. 마찬가지로 변수가 2개 이상인 함수에서도 극대점, 극소점 등을 구할 수 있는데 다변수 함수의 경우에는 **헤시안행렬**(Hessian Matrix. Hesse 행렬, Hessian)을 활용한다.

$z=f(x,\,y)$의 2계 편도함수가 존재하고 연속일 때 **헤시안행렬**은 다음과 같이 표현된다.

$$\nabla^2 f = H(f) = \begin{bmatrix} \dfrac{\partial^2 f}{\partial x^2} & \dfrac{\partial^2 f}{\partial x\,\partial y} \\ \dfrac{\partial^2 f}{\partial y\,\partial x} & \dfrac{\partial^2 f}{\partial y^2} \end{bmatrix} = \begin{bmatrix} f_{xx} & f_{xy} \\ f_{xy} & f_{yy} \end{bmatrix}$$

2계 편도함수가 연속이므로 **헤시안행렬**은 대칭행렬이다. 다변수 함수 $y=f(x_1,\,x_2,\,\cdots,\,x_n)$일 때 **헤시안행렬**(Hessian. Hesse 행렬)은 아래와 같다.

$$\nabla^2 f = H(f) = \begin{bmatrix} \dfrac{\partial^2 f}{\partial x_1^2} & \dfrac{\partial^2 f}{\partial x_1\,\partial x_2} & \cdots & \dfrac{\partial^2 f}{\partial x_1 \partial x_n} \\ \dfrac{\partial^2 f}{\partial x_2\,\partial x_1} & \dfrac{\partial^2 f}{\partial x_2^2} & \cdots & \vdots \\ \vdots & \vdots & \ddots & \vdots \\ \dfrac{\partial^2 f}{\partial x_n \partial x_1} & \dfrac{\partial^2 f}{\partial x_n \partial x_2} & \cdots & \dfrac{\partial^2 f}{\partial x_n^2} \end{bmatrix}$$

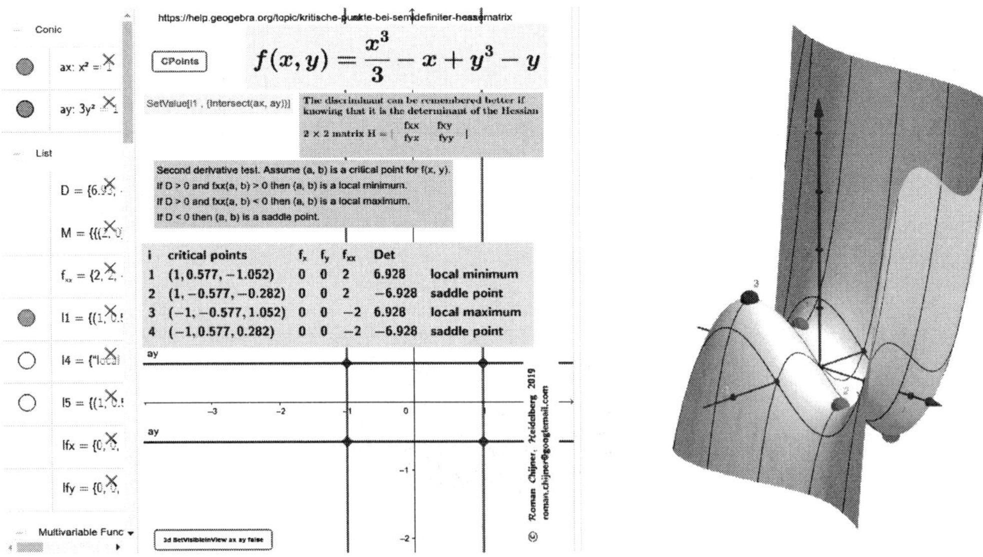

Finding critical points and their nature using hessian matrix

https://www.geogebra.org/m/e4mwke9b

열린문제 모음 1

1주차 벡터, 행렬, 선형연립방정식

열린 문제 1 위에서 배운 벡터와 행렬에 대한 연산을 다른 교재의 행렬에 적용하는 행렬 연산을 시행해 보시오. [http://matrix.skku.ac.kr/KOFAC/ 에서 실습]

열린 문제 2 인터넷이나 다른 교재에서 5차 (이상) 행렬을 찾아서, 전치행렬과 역행렬이 존재하는지를 확인하고, 존재하면 찾아보시오.

열린 문제 3 다른 교재의 선형 연립방정식의 해를 위의 명령어로 구하시오.
(Hint: http://matrix.skku.ac.kr/2018-album/LA-Sec-3-5-lab.html 실습)

열린 문제 4 6×9 행렬 A와 6차원 벡터 $\mathbf{b}$를 임의로 생성하여 선형연립방정식 $A\mathbf{x}=\mathbf{b}$의 해집합을 구하여라.

2주차 벡터의 노름, 내적, 외적, 직선과 평면의 방정식, 정사영(Projection)

열린 문제 1 임의로 10차원 벡터 $\mathbf{a}$와 $\mathbf{b}$를 생성하여 $\|\mathbf{a}\|$, $\|\mathbf{b}\|$, $\mathbf{a}\cdot\mathbf{b}$, $\mathbf{a}$와 $\mathbf{b}$가 이루는 사잇각 θ (호도법, 육십분법)를 구하시오.

열린 문제 2 4차원 공간 $\mathbb{R}^4$에서의 **방향코사인**(direction cosine)에 대하여도 유사한 이론 전개가 가능한지 확인해 보세요.

열린 문제 3 임의로 $\mathbb{R}^3$상의 세 벡터 $\mathbf{a}$, $\mathbf{b}$, $\mathbf{c}$를 생성하여 $\mathbf{a}\times\mathbf{b}$, $\mathbf{a}\cdot(\mathbf{b}\times\mathbf{c})$ 등을 계산하고 외적의 연산법칙들이 성립하는지 확인하시오.

열린 문제 4 다른 교재에서 찾은 $\mathbb{R}^3$에서의 직선과 평면의 방정식에 관한 문제를 해결하시오.

열린 문제 5 $\mathbb{R}^4$상의 한 점 $P(x_0, y_0, z_0, w_0)$에서 평면 $\pi : ax+by+cz+dw+e=0$에 이르는 최단거리를 구하고, 이에 관하여 토론하시오.

3주차 벡터함수와 공간곡선, 다변수 함수의 편미분

◩ 열린 문제 1 다른 교재에서 적당한 벡터함수 $\mathrm{r}(t)$를 찾아 그 그래프를 그리고 접선벡터 $\mathrm{r}'(t)$와 곡률 $\kappa(t)$를 구하고, 적당한 범위 $a \le t \le b$에서 **곡선의 길이**(arc length)**의 근삿값**을 구하여라.

◩ 열린 문제 2 다른 교재에서 찾은 다양한 **이차곡면**(quadric surface)을 그려보시오.

◩ 열린 문제 3 다른 교재에서 찾은 다양한 다변수 함수의 그래프와 **등위곡선**(level curve) **또는 등위곡면**(level surface)을 그려보시오.

◩ 열린 문제 4 $f(x, y, z) = e^{x^2+y^2}\ln z$일 때 f의 1계 편도함수(the first order partial derivative)를 모두 찾아라.

◩ 열린 문제 5 3변수 함수 $f(x, y, z) = \cos(x^2 + y^2z^3)$에 대한 f_{xxyz}와 f_{yxzx}를 계산하라.

4주차 편미분, 연쇄법칙, 방향도함수, 그래디언트 벡터

◩ 열린 문제 1 다른 교재에서 적당한 이변수함수 $z = f(x, y)$를 찾아서 $F(x, y, z) = 0$ 모양의 음함수로 표현한 후, 그 편도함수 $\frac{\partial z}{\partial x} = -\frac{F_x(x, y, z)}{F_z(x, y, z)}$와 $\frac{\partial z}{\partial y} = -\frac{F_y(x, y, z)}{F_z(x, y, z)}$를 구하시오.

◩ 열린 문제 2 특정한 점에서의 gradient(기울기 벡터, 그레이디언트)의 방향을 구할 수 있는 지도나 기압의 등고선 그림을 찾아보시오.

Midterm Exam 샘플 (Solution)

http://sage.skku.edu/, https://sagecell.sagemath.org/,
http://math1.skku.ac.kr/, http://sage.knou.ac.kr/
http://matrix.skku.ac.kr/Cal-Book/ http://matrix.skku.ac.kr/cal-lab/Math-CAS.htm
http://matrix.skku.ac.kr/Mobile-Sage-G/sage-grapher.html
http://matrix.skku.ac.kr/cal-lab/sage-grapher.html,
http://matrix.skku.ac.kr/cal-lab/sage-grapher-para.html
https://www.sagemath.org/, https://cocalc.com/,

```
var('t') # 변수정의 (매개변수방정식)
x=2+2*t; y=-3*t-2
parametric_plot((x, y), (t, -10, 10), rgbcolor='red') # 직선 Plot

var('a, b, c, d, x, y, z, r, n') # 변수정의 (매개변수방정식)
f(x)=exp(-2*x)                          # 함수 정의
g(x)=f.taylor(x,2,4)                    # 테일러전개

plot(f(x), (x, -2, 2))                  # 함수의 그래프
implicit_plot(sin(x)-2*y==3, (x, -2, 2), (y, -2, 2)) # 음함수 그래프

solve(f(x)==0, x)                       # Solve 방정식 풀이
diff(f(x), x, 2)                        # f(x)의 2계 도함수
integral(f(x), x)                       # x에 관한 부정적분
integral(f(x), x, -2, 3)                # [-2, 3]까지의 정적분
limit(f(x), x=2)                        # 극한
limit(f(x), x=2, dir='+')               # 우극한
limit(f(x), x=2, dir='-')               # 좌극한
limit(f(x), x=+oo)                      # +infinity 에서의 극한
limit(f(x), x=-oo)                      # -infinity 에서의 극한
limit(ln(3*n)/ln(5*n), n=+oo)

a(n) = ((e)/10)^n
sum(a(n), n, 1, +oo)                    # 급수의 계산

u(n)=1/(n*2^n)
rho=limit(abs(u(n+1)/u(n)), n=+oo)
R=1/rho; R                              # 수렴반경

x = (3, -4, 5)
a=sqrt(x[0]^2)                          # yz평면과의 거리
b=sqrt(x[1]^2)                          # zx평면과의 거리
c=sqrt(x[2]^2)                          # xz평면과의 거리
d=sqrt(x[1]^2 +x[2]^2)                  # x 축과의 거리
e=sqrt(x[0]^2 +x[2]^2)                  # y 축과의 거리
f=sqrt(x[0]^2 +x[1]^2)                  # z 축과의 거리

f.partial_fractions(x)                  # 부분분수
find_root(f(x), a, b)             # [a, b] 사이에서 근사해 구하기
```

```
a=vector(QQ, [2, -4, 3]);d= -2
a.norm()                                        # 벡터의 크기
distance=abs(a.dot_product(a)+d)/a.norm()       # 거리

r(t)=(t-t^3, t^2, 0)                            # 벡터함수 정의
dr=diff(r(t), t)
ddr=diff(r(t), t, 2)
T=dr.dot_product(ddr)/dr.norm()                 #.dot_product()는 내적
N=(dr.cross_product(ddr)).norm()/dr.norm()      #.cross_product()는 외적

var('t')                                        # 변수정의 (매개변수방정식)
r(t)=(t-t^3, t^2, 0)                            # 벡터함수 정의
dr=diff(r(t),t)
g(t)=sqrt((dr[0]^2+dr[1]^2+dr[2]^2).simplify_trig());
k=integral(g(t),t,-5,5)                         # arc length
S=integral(r(t), t)                             # integral은 적분하는 명령어
v=diff(r(t), t)                       # diff는 t에 관해 도함수 구하는 명령어
a=diff(v, t)                          # diff(r(t), t, 2) 와 a는 가속도 벡터함수
s= v.norm()          # s는 속도의 크기, .norm()은 벡터의 크기를 구한다.
v2=v.subs(t=2)                                  # v2는 t=2 일 때 속도
a2=a.subs(t=2)                                  # a2는 t=2 일 때 가속도
p1=parametric_plot(r(t), (t, 0, 3)) # parametric_plot은 매개변수함수 그림
p2=line([r(2), r(2)+v2], color='red')  # line은 선분을 두 점을 잇는 선분
p3=line([r(2), r(2)+a2], color='green')
show(p1+p2+p3)
var('x, y, z')
p1=implicit_plot3d(x^2+y^2==5, (x, -3, 3), (y, -3, 3), (z, -3, 3))
p2=implicit_plot3d(x*y==z, (x, -3, 3), (y, -3, 3), (z, -3, 3),
rgbcolor='green', opacity=0.4)
show(p1+p2)
contour_plot(f(x, y), (x, -1, 1), (y, -1, 1), fill=False, cmap='hsv',
axes=True, labels=True)                         # level curve 그리기
```

Ⅰ. (2pt x 18 = 36) Mark True(T) or False(F) in the blanks ( ).

1. (F) The cross product of $\mathbf{a} = \langle a_1, a_2, a_3 \rangle$ and $\mathbf{b} = \langle b_1, b_2, b_3 \rangle$ is the vector

$$\begin{vmatrix} \mathbf{i} & \mathbf{j} & \mathbf{k} \\ a_1 & a_2 & a_3 \\ b_1 & b_2 & b_3 \end{vmatrix} = \begin{vmatrix} a_2 & a_3 \\ b_2 & b_3 \end{vmatrix} \mathbf{i} + \begin{vmatrix} a_1 & a_3 \\ b_1 & b_3 \end{vmatrix} \mathbf{j} + \begin{vmatrix} a_1 & a_2 \\ b_1 & b_2 \end{vmatrix} \mathbf{k}.$$

2. (F) The distance D from P_1 to the plane is equal to the absolute value of the scalar projection of $\mathbf{b}$ onto the normal vector $\mathbf{n} = (a, b, c)$ (See Figure). Thus,

$$D = \|\mathrm{proj}_{\mathbf{n}}\mathbf{b}\| = \frac{\|\mathbf{n} \cdot \mathbf{b}\|}{\|\mathbf{n}\|} = \frac{|ax_1 + by_1 + cz_1 - d|}{\sqrt{a^2 + b^2 + c^2}}.$$

And the vector $\mathrm{orth}_{\mathbf{n}}\mathbf{b} = \mathbf{b} - \mathrm{proj}_{\mathbf{n}}\mathbf{b}$ known as orthogonal projection of $\mathbf{b}$, is orthogonal to $\mathbf{n}$.

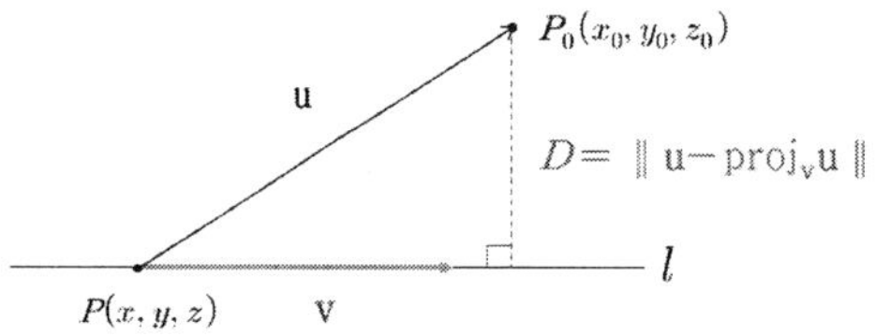

3. (T) If $\mathbf{a} = \langle a_1, a_2, a_3 \rangle$, $\mathbf{b} = \langle b_1, b_2, b_3 \rangle$, and $\mathbf{c} = \langle c_1, c_2, c_3 \rangle$, then

$$\mathbf{a} \cdot (\mathbf{b} \times \mathbf{c}) = \begin{vmatrix} a_1 & a_2 & a_3 \\ b_1 & b_2 & b_3 \\ c_1 & c_2 & c_3 \end{vmatrix}.$$

4. (T) If $\mathbf{r}(t)$ is a vector function and $|\mathbf{r}(t)| = c$, where c is a constant for all t, then $\mathbf{r}'(t) \cdot \mathbf{r}(t) = 0$ for all t.

5. (T) Let C be a smooth curve defined by the vector function $\mathbf{r}$, and the unit tangent vector $\mathbf{T}(t)$ is $\mathbf{T}(t) = \dfrac{\mathbf{r}'(t)}{|\mathbf{r}'(t)|}$. The curvature κ of a curve $\mathbf{r}$ is $\kappa = \left|\dfrac{d\mathbf{T}}{ds}\right|$ and we can compute the curvature as $\kappa = \left|\dfrac{d\mathbf{T}}{ds}\right| = \left|\dfrac{\frac{d\mathbf{T}}{dt}}{\frac{ds}{dt}}\right| = \dfrac{|\mathbf{T}'(t)|}{|\mathbf{r}'(t)|}$ since $\dfrac{d\mathbf{T}}{dt} = \dfrac{d\mathbf{T}}{ds}\dfrac{ds}{dt}$.

If C is smooth curve defined by the vector function $\mathbf{r}$, then the curvature κ can be expressed as

$$\kappa(t) = \frac{|\mathbf{r}'(t) \times \mathbf{r}''(t)|}{|\mathbf{r}'(t)|^3}.$$

6. (T) The principal unit normal vector $\mathbf{N}(t)$ (or simply unit normal) for a smooth curve in space is $\mathbf{N}(t) = \dfrac{\mathbf{T}'(t)}{|\mathbf{T}'(t)|}$.

7. (T) Let $f : D \subseteq \mathbb{R}^2 \to \mathbb{R}$. Then the graph of f is a set of points graph $f = \{(x, y, z) \in \mathbb{R}^3 \mid (x, y) \in D \text{ and } z = f(x, y)\}$. One way to plot is to look at set of points $(x, y, f(x, y) = c)$ for various values of c, which is the intersection of the surface and the plane $z = c$. The intersection is called the **level curve** at the level $z = c$. If we know these level curves for all values of c, then we can visualize the surface $z = f(x, y)$.

Ⅱ. (3pt x 6 = 18) State or Define.

1. Choose 1 definition, and state in your words what it means.

> **A.** ⑬ Cross product of two vectors ⑭ Cauchy-Schwarz Inequality ⑮ Triangle Inequality ⑯ Projection ⑰ Tangential and normal components of the acceleration vector, $\mathbf{a}_T = \dfrac{\mathbf{r}'(t) \cdot \mathbf{r}''(t)}{|\mathbf{r}'(t)|}$ and $\mathbf{a}_N = \dfrac{|\mathbf{r}'(t) \times \mathbf{r}''(t)|}{|\mathbf{r}'(t)|}$

2. Choose 2 terminologies or concepts from each group (A, B) and state their meanings as much as you can.

> **B. ...** ⑩ Arc Length ⑪ Curvature .. ⑫ Limit of a function with two variables

Notice that for space curves $\mathbf{r}(t) = f(t)\,\mathbf{i} + g(t)\,\mathbf{j} + h(t)\,\mathbf{k}$,

$$|\mathbf{r}'(t)| = |f'(t)\,\mathbf{i} + g'(t)\,\mathbf{j} + h'(t)\,\mathbf{k}| = \sqrt{[f'(t)]^2 + [g'(t)]^2 + [h'(t)]^2}$$

and hence the arc length formula can be also be written as

$$L = \int_a^b |\mathbf{r}'(t)|\, dt.$$

Curvature of Curves

Definition15

The curvature κ of a curve $\mathbf{r}$ is the magnitude of the rate of change of the unit tangent vector with respect to arc length. That is,

$$\kappa = \left| \frac{d\mathbf{T}}{ds} \right|$$

where $\mathbf{T}$ is the unit tangent vector.

Definition1 Cross Product of Two Vectors

The cross product of two vectors $\mathbf{a} = \langle a_1, a_2, a_3 \rangle$ and $\mathbf{b} = \langle b_1, b_2, b_3 \rangle$ is the vector

$$\mathbf{a} \times \mathbf{b} = \langle a_2 b_3 - a_3 b_2,\ a_3 b_1 - a_1 b_3, a_1 b_2 - a_2 b_1 \rangle.$$

The cross product of the vectors $\mathbf{a} = a_1\mathbf{i} + a_2\mathbf{j} + a_3\mathbf{k}$ and $\mathbf{b} = b_1\mathbf{i} + b_2\mathbf{j} + b_3\mathbf{k}$ can also be obtained as follows

$$\mathbf{a} \times \mathbf{b} = \begin{vmatrix} \mathbf{i} & \mathbf{j} & \mathbf{k} \\ a_1 & a_2 & a_3 \\ b_1 & b_2 & b_3 \end{vmatrix} = \begin{vmatrix} a_2 & a_3 \\ b_2 & b_3 \end{vmatrix} \mathbf{i} - \begin{vmatrix} a_1 & a_3 \\ b_1 & b_3 \end{vmatrix} \mathbf{j} + \begin{vmatrix} a_1 & a_2 \\ b_1 & b_2 \end{vmatrix} \mathbf{k}$$

or in the determinant form

$$\mathrm{a} \times \mathrm{b} = \begin{vmatrix} \mathrm{i} & \mathrm{j} & \mathrm{k} \\ a_1 & a_2 & a_3 \\ b_1 & b_2 & b_3 \end{vmatrix} \begin{array}{l} \leftarrow \text{Unit vectors} \\ \leftarrow \text{Components of } \mathrm{a}. \\ \leftarrow \text{Components of } \mathrm{b} \end{array}$$

Continuity of Functions of Three Variables

The notions of limit and continuity for functions of three or more variables are natural extensions of those just considered. For example, a function $w = f(x, y, z)$ is continuous at (a, b, c) if

$$\lim_{(x,\,y,\,z)\to(a,\,b,\,c)} f(x, y, z) = f(a, b, c)$$

...

Ⅲ. (2pt x 19 = 38pt) Find or Explain or Fill the blanks.

1. Draw the surface of $x^2 - y^2 = 3$ in R^3.

Sol

```
var('x,y,z')
implicit_plot3d(x^2-y^2==3, (x, -5, 5), (y, -5, 5), (z, -5, 5))
```

■

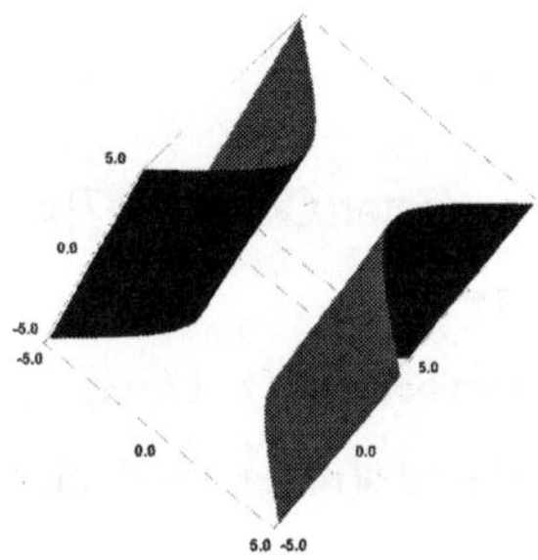

2. Draw **the level curves(contour lines)** for the function $f(x, y) = 4xye^{-2x^2-3y^2}$.

Sol

(Sage)

```
var('x, y')
f(x, y)=4*x*y*exp(-2*x^2-3*y^2)
contour_plot(f(x, y), (x, -1, 1), (y, -1, 1), fill=False,
cmap='hsv', axes=True, labels=True)
```

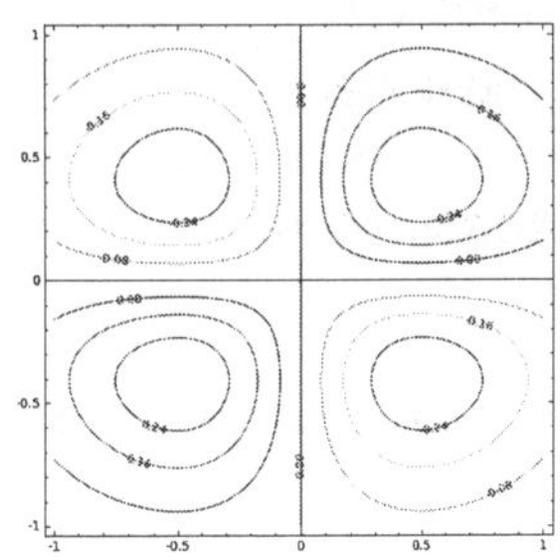

3. Determine the dot product and cross product of two vectors

$$\mathrm{a} = \langle 6,\ -3,\ 4 \rangle,\ \mathrm{b} = \langle 2,\ 0,\ -3 \rangle.$$

Verify whether they are orthogonal, parallel, or neither.

▶▶ **Sol**

```
a=vector([6,-3,4])
b=vector([2,0,-3])
c=a.dot_product(b)
d=a.cross_product(b)
print (c, d)
```

Answer: 0, <9, 26, 6>

They are orthogonal, ■

4. Find an equation of the plane through the point (2, −3, 4) and with normal vector (3, 3, 7), and find the distance from the point to the given plane.

▶▶ **Sol** The equation of the plane through a point (x_0, y_0, z_0) with the normal vector $\mathrm{n}=(a, b, c)$ is given as:

$a(x-x_0)+b(y-y_0)+c(z-z_0)=0$ when (x_0, y_0, z_0)=(2, −3, 4) and $\mathrm{n}=(3,3,7)$.

$\Rightarrow\ 3(x-2)+3(y+3)+7(z-4)=0$ $\qquad\therefore\ 3x+3y+7z=25$

```
n=vector(QQ, [3,3,7])
d=-25
p=vector(QQ, [2,-3,4])
dis=abs(n.dot_product(p)+d)/n.norm()
var('x, y, z')
P1=implicit_plot3d(3*x+3*y+7*z==25, (x, -14, 14),
(y, -14, 14), (z, -14, 14), color='blue', opacity=0.6)
show(P1)
print (dis)
```

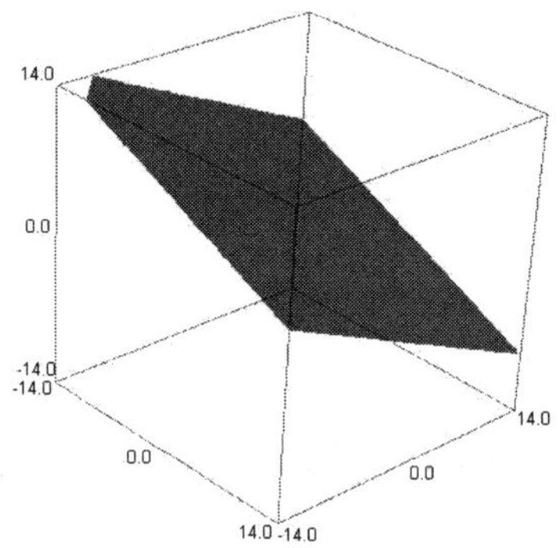

Answer: distance= 0 ■

5. Show that the curve with parametric equation $x=t^2\cos t,\ y=t^2\sin t,\ z=t^2$ lies on the cone $z^2=x^2+y^2$.

http://matrix.skku.ac.kr/cal-lab/cal-13-1-12.html

▶▶ **Sol** We have $x^2+y^2=t^2\sin^2 t+t^2\cos^2 t=t^2=z$.

```
var('x, y, z, t');
p1=parametric_plot3d((t^2*cos(t), t^2*sin(t), t^2), (t, -pi, pi), color='red' );
p2=implicit_plot3d(z^2==x^2+y^2, (x, -10, 10), (y, -10, 10), (z, 0, 30), color='yellow', opacity=0.5);
show(p1+p2);
```

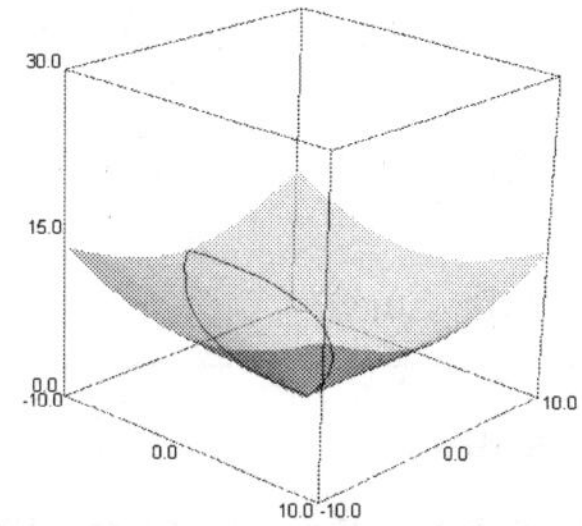

■

6. Find the domain of the vector function $\mathrm{r}(t)=\ln(4-t^2)\mathrm{i}+\dfrac{t+1}{t-1}\mathrm{j}+\cos t\mathrm{k}$.

Sol $4-t^2>0$ and $t\neq 1$.

$\Rightarrow \{t\in R \mid -2<t<2 \text{ and } t\neq 1\}$. ■

7. Find $\mathrm{r}'(t)$ and draw the position vector $\mathrm{r}(t)=<\cos t, t>$ and the tangent vector $\mathrm{r}'(t)$ for the given value of $t=\dfrac{\pi}{4}$.

http://matrix.skku.ac.kr/cal-lab/cal-13-2-1.html

Sol

```
var('t');
x(t)=cos(t);
y(t)=t;
r(t)=(x(t), y(t));
dr(t)=(diff(x(t), t) , diff(y(t), t) );
dr(t)
```

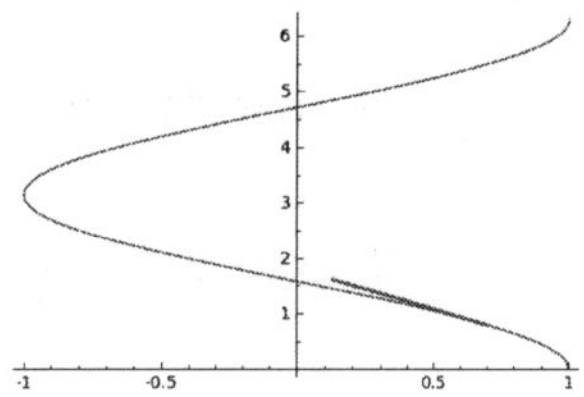

Answer: $\mathrm{r}'(t)=$ < -sin(t), 1>

```
t0=pi/4;
p1=r(t0);
p2=dr(t0)/abs(dr(t0))+r(t0);
p=parametric_plot((x(t), y(t)), (t, 0, 2*pi));
utv=line([p1, p2], rgbcolor=(1, 0, 0), width=2);
show( p + utv );
```

■

8. Find the length of the curve $\mathrm{r}(t) = < 4t,\ 3\cos t,\ 3\sin t >,\ -5 \le t \le 5.$

Sol Find $\mathrm{r}'(t)$ and $s(t) = |\mathrm{r}'(t)|$ and $L = \int_{-5}^{5} s(t)dt.$

Using Sage)

```
var('t')
r(t)=(  4*t, 3*cos(t), 3*sin(t)          )
parametric_plot3d(r(t),(t,-5,5)); show(p)

dr=diff(r(t),t)
s(t)=sqrt(( dr[0]^2+dr[1]^2+dr[2]^2).simplify_trig());
length=integral(s(t), t, -5, 5)
length
```

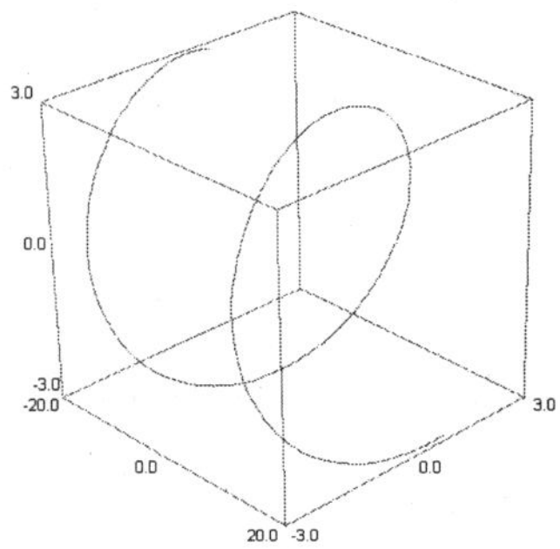

Answer: 50 ■

9. Find the unit tangent $\mathrm{T}(t)$, unit normal vectors $\mathrm{N}(t)$ and the curvature κ when $\mathrm{r}(t) = < 5\cos t,\ 5\sin t,\ 4t >.$

Sol $\mathrm{r}'(t) = <-5\sin t,\ 5\cos t,\ 4>,\ |\mathrm{r}'(t)| = \sqrt{(-5\sin t)^2 + (5\cos t)^2 + 4^2} = \sqrt{41}.$

$\Rightarrow$ **the unit tangent** $\mathrm{T}(t) = \dfrac{\mathrm{r}'(t)}{|\mathrm{r}'(t)|} = \left\langle -\dfrac{5}{\sqrt{41}}\sin t,\ \dfrac{5}{\sqrt{41}}\cos t,\ 4 \right\rangle.$

$\Rightarrow \mathrm{T}'(t) = \left\langle -\dfrac{5}{\sqrt{41}}\cos t,\ -\dfrac{5}{\sqrt{41}}\sin t,\ 0 \right\rangle$ and $|\mathrm{T}'(t)| = \dfrac{5}{\sqrt{41}}.$

Hence **the unit normal** vectors = $\mathrm{N}(t) = \dfrac{\mathrm{T}'(t)}{|\mathrm{T}'(t)|} = <-\cos t,\ -\sin t,\ 0>.$

$\Rightarrow$ **the curvature** $\kappa = \dfrac{|\mathrm{T}'(t)|}{|\mathrm{r}'(t)|} = \dfrac{5/\sqrt{41}}{\sqrt{41}} = \dfrac{5}{41}.$

Using Sage multi-cell)

Code	var('t')
	r(t)=(5*cos(t),5*sin(t),4*t)
	dr=diff(r(t),t)
	s(t)=sqrt((dr[0]^2+dr[1]^2+dr[2]^2).simplify_trig()); #dr.norm() 도 OK
	show(s(t))

Answer	$\sqrt{41}$

Code	T(t)=(dr[0]/s(t),dr[1]/s(t),dr[2]/s(t)) show(T(t))
Answer	(-541 $\sqrt{41}$ sin(t), 541 $\sqrt{41}$ cos(t), 441 $\sqrt{41}$)

Code	dT=diff(T(t),t) d(t)=sqrt((dT[0]^2+dT[1]^2+dT[2]^2).simplify_trig()); show(d(t))
Answer	$5\sqrt{141}$

Code	N(t)=(dT[0]/d(t),dT[1]/d(t),dT[2]/d(t)) show(N(t))
Answer	$(-\sqrt{141}\ \sqrt{41}\cos(t),\ -\sqrt{141}\ \sqrt{41}\sin(t),0)$

Code	k=d(t)/s(t) k.simplify_full()
Answer	5/41

■

10. Find the velocity, acceleration and speed of a particle with the given position function $\mathrm{r}(t) = < 2t^2+1,\ t^3,\ 2t^2-1 >$.

▶▶ **Sol** $\mathrm{v}(t) = \mathrm{r}'(t) = < 4t,\ 3t^2,\ 4t >$

$\Rightarrow\ \mathrm{a}(t) = \mathrm{r}(t) = < 4, 6t, 4 >\ \Rightarrow\ \mathrm{s}(t) = |\mathrm{v}(t)| = \sqrt{(4t)^2 + (3t^2)^2 + (4t)^2} = \sqrt{9t^4 + 32t^2}$

http://math1.skku.ac.kr/home/pub/1355/

```
var('t')
r(t)= (2*t^2 + 1, t^3, 2*t^2 - 1)
v= diff(r(t), t)  #v는 속도벡터함수, diff는 미분하는 명령어
a= diff(v(t), t)  #a는 가속도벡터함수
s= v.norm()       #s는 속도의 크기, .norm()은 벡터의 크기를 구한다.
p1 = parametric_plot3d(r(t), (t, 0, 20), color='blue', width= 2)
show (p1)
r(t); v; a; s
```

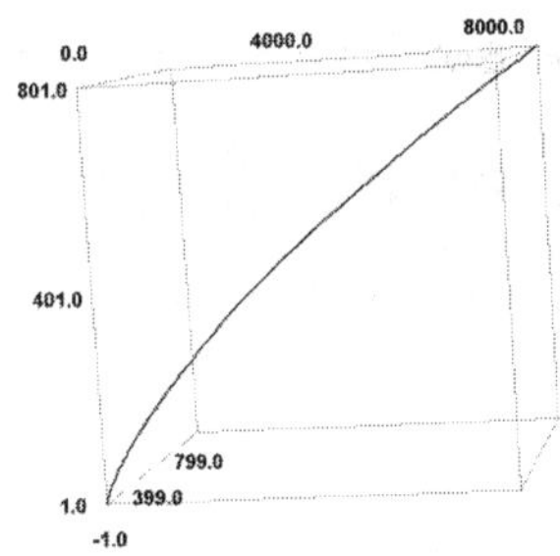

Position Vector : (2*t^2 + 1, t^3, 2*t^2 - 1)
Velocity Vector : (4*t, 3*t^2, 4*t)
Acceleration Vector : (4, 6*t, 4)
Speed : sqrt(abs(3*t^2)^2 + 2*abs(4*t)^2) ■

11. The position function of a particle is given by $\mathrm{r}(t) = < 2t,\ t,\ t^2 - 4t >$. When is the speed a minimum?

▶▶ **Sol** $\mathrm{v}(t) = \mathrm{r}'(t) = < 2, 1, 2t-4 >$

$$s(t) = |v(t)| = \sqrt{2^2 + 1^2 + (2t-4)^2} = \sqrt{4(t-2)^2 + 5}$$

$\therefore$ When $t = 2$, the speed is minimum.

```
var('t')
r(t)=(2*t, t, t^2-4*t)
v=diff(r(t), t)
s=v.norm()
s0=diff( s    , t)
solve(s0==0, t)
```

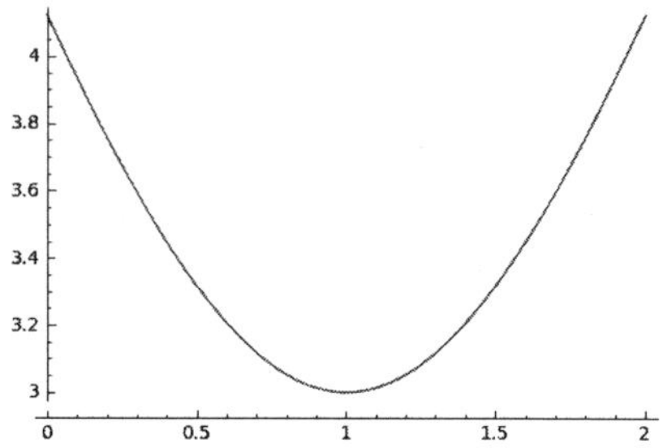

[t==2]

```
plot (s, (t, 0, 2))
```

Answer: $t = 2$ ■

12. Find the projection $\text{proj}_{\mathbf{x}}\mathbf{y}$ of $\mathbf{y}$ onto $\mathbf{x}$ and a vector component of $\mathbf{y}$ perpendicular to $\mathbf{x}$ for $\mathbf{x} = (4, -1, 3)$ and $\mathbf{y} = (3, 1, -2)$.

Sol Since $\mathbf{y} \cdot \mathbf{x} = 5$ and $|\mathbf{x}| = \sqrt{26}$, the projection of $\mathbf{y}$ onto $\mathbf{x}$ is

$\text{proj}_{\mathbf{x}}\mathbf{y} = \dfrac{\mathbf{y} \cdot \mathbf{x}}{\mathbf{x} \cdot \mathbf{x}}\mathbf{x} = \dfrac{5}{26}(4,-1,3) = \left(\dfrac{10}{13}, -\dfrac{5}{26}, \dfrac{15}{26}\right)$ and a vector component of $\mathbf{y}$ perpendicular to $\mathbf{x}$ is

$$\mathbf{w} = \mathbf{y} - \text{proj}_{\mathbf{x}}\mathbf{y} = (3,1,-2) - \left(\frac{10}{13}, -\frac{5}{26}, \frac{15}{26}\right)$$

$$= \left(\frac{29}{13}, \frac{31}{26}, -\frac{67}{26}\right)$$ ■

13. Compute $|\mathbf{a}|$, $\mathbf{a}+\mathbf{b}$, $2\mathbf{a}-3\mathbf{b}$ and $|\mathbf{a}-\mathbf{b}|$ where $\mathbf{a} = \langle 5, -1, 3\rangle$, $\mathbf{b} = \langle -1, 3, -2\rangle$.

Sol $|\mathbf{a}| = \sqrt{5^2 + (-1)^2 + 3^2} = \sqrt{35}$

$\mathbf{a}+\mathbf{b} = \langle 5, -1, 3\rangle + \langle -1, 3, -2\rangle = \langle 4, 2, 1\rangle$

$2\mathbf{a}-3\mathbf{b} = 2\langle 5,-1,3\rangle - 3\langle -1,3,-2\rangle = \langle 10,-2,6\rangle - \langle -3,9,-6\rangle = \langle 13,-11,12\rangle$

$|\mathbf{a}-\mathbf{b}| = |\langle 5,-1,3\rangle - \langle -1,3,-2\rangle| = |\langle 6,-4,5\rangle| = \sqrt{6^2 + (-4)^2 + 5^2} = \sqrt{77}$

14. Describe and sketch an equation for the surface obtained by rotating the parabola $z = x^2$ about the z-axis.

Sol 포물선 $z=x^2$을 z축을 축으로 회전하면, 옆의 그림과 같이 $z=c$ 평면 위에서 원들로 나타나므로, $z=x^2+y^2$ 라는 포물면의 방정식을 얻는다.

```
var('x,y,z')
implicit_plot3d(z==x^2+y^2,(x,-5,5), (y,-5,5), (z,-5,5), opacity=0.5)
```

Answer: The equation is $z=x^2+y^2$ ■

15. Describe and sketch the surface $z=\cos y$.

http://matrix.skku.ac.kr/cal-lab/cal-11-6-4.html

Sol yz축에서 $z=\cos y$ 을 그린 후, $x-$축을 따라 extend 한다.

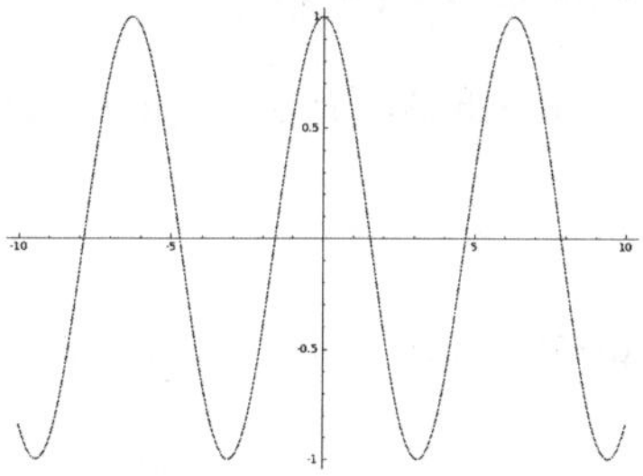

z=cos y

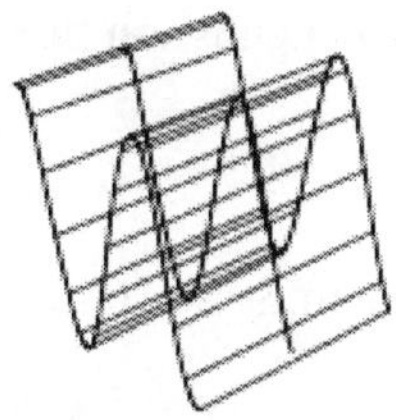

extend through x-axis

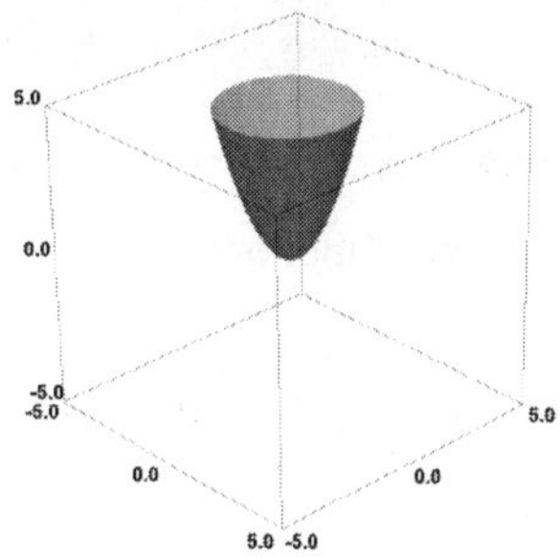


```
var('x, y')
z=cos(y)
plot3d(z, (x, -2, 2), (y, -pi, pi))
```

■

Ⅳ. Prove or Explain (Fill the blanks).

1. Show $\lim_{n\to\infty}\dfrac{2n-5}{3n}=\dfrac{2}{3}$ using ($\epsilon-\delta$ or) $\epsilon-N$ method.

Sol Proof : $\forall\ \epsilon>0$ [Find N (depending on ε)] so that

[Side Calculation] $\left|\dfrac{2n-5}{3n}-\dfrac{2}{3}\right|=\left|\dfrac{2n-5}{3n}-\dfrac{2n}{3n}\right|=\left|\dfrac{5}{3n}\right|<\epsilon$ for every $n\ge N$. If

$$n>\frac{5}{3\epsilon}\ \Rightarrow\ \frac{5}{3n}<\epsilon.$$

Let N be any integer larger than $\dfrac{5}{3\epsilon}$(follows from Archimedean Property).

$\Rightarrow$ Then we have $\frac{5}{3n} < \epsilon$ for all $n \ge N$, as desired. ■

2. Explain that the limit $\lim_{(x,y)\to(0,0)} \frac{x^3 y}{x^6+y^2}$ does NOT exist.

Sol Let $x \to 0$ and $y \to 0$ in such a way that $y = mx$. Then along this line

$$\lim_{(x,y)\to(0,0)} \frac{x^3 y}{x^6+y^2} = \lim_{x\to 0} \frac{mx^4}{x^6+m^2x^2} = \lim_{x\to 0} \frac{mx^2}{x^4+m^2} = \frac{0}{0+m^2} = 0$$

However, let $x \to 0$ and $y \to 0$ in such a way that $y = mx^3$. Then along this curve

$$\lim_{(x,y)\to(0,0)} \frac{x^3 y}{x^6+y^2} = \lim_{x\to 0} \frac{mx^6}{x^6+m^2x^6} = \lim_{x\to 0} \frac{mx^6}{(1+m^2)x^6} = \frac{m}{1+m^2}$$

Since the limit of the function depends on the manner in which (x,y) approaches to $(0,0)$, the function

$f(x,y) = \frac{x^3 y}{x^6+y^2}$ does not have a limit at $(0,0)$. For example, for $m=1$, $f(x,y) \to \frac{1}{2}$.

■

[Students presentation]

* 미적분학 with Sage Sec-11.1 Three-Dimensional Coordinate Systems, 문제풀이 by 김태현 http://youtu.be/_s_2T1VVob8
미적분학 with Sage Sec-11.2 Vectors, 문제풀이 by 오교혁 http://youtu.be/BFgh6irMqsc

* 미적분학 with Sage Sec-11.3 Calculus of The Dot Product, 문제풀이 by 서용태 http://youtu.be/qKTqcazFEhw
미적분학 with Sage Sec-11.4 Calculus of The Vector or Cross Product, 문제풀이 by 최주영 http://youtu.be/0gtL8BqjU2c

* 미적분학 with Sage Sec-11.5 Equations of Lines and Planes, 문제풀이 by 구본우 http://youtu.be/lxuGE_Erthg

* PDF : 미적분학 with Sage Sec-12.1 Vector-Valued Functions and Space Curves, 문제풀이 by 최양현 http://youtu.be/jvMI6OzdR_I

* PDF : 미적분학 with Sage Sec-12.2 Calculus of Vector Functions, 문제풀이 by 김동윤 http://youtu.be/VS5rPyOjP2I

5주차 이변수함수의 극대 극소, 최대 최소

학습목표	이변수함수의 극대, 극소, 최대, 최소를 구하는 방법을 학습한다.
핵심개념	이변수 함수의 극댓값, 극솟값, 최댓값, 최솟값, *라그랑주의 승수법
실습실	http://matrix.skku.ac.kr/M-calculus/W5/

5.1 이변수함수의 극대, 극소(Local Maximum, Local Minimum)

(독립) 변수가 두 개인 함수를 **이변수함수**(function of two variables)라 하고, (a,b)가 이변수함수 $f(x, y)$의 정의역 내의 한 점일 때,

① (a, b)의 적당한 근방의 모든 (x, y)에 대하여 $f(a, b) \geq f(x, y)$이면, $f(x, y)$는 (a, b)에서 **극대**(local maximum)가 된다고 하고, $f(a, b)$를 **극댓값**(local maximum value)이라 한다.

② (a, b)의 적당한 근방의 모든 (x, y)에 대하여 $f(a, b) \leq f(x, y)$이면, $f(x, y)$는 (a, b)에서 **극소**(local minimum)가 된다고 하고, $f(a, b)$를 **극솟값**(local minimum value)이라 한다.

만일 f의 정의역 안의 모든 (x, y)에 대하여 위의 부등식을 만족하면 f는 (a, b)에서 **최대**(absolute maximum) 또는 **최소**(absolute minimum)가 된다고 한다.

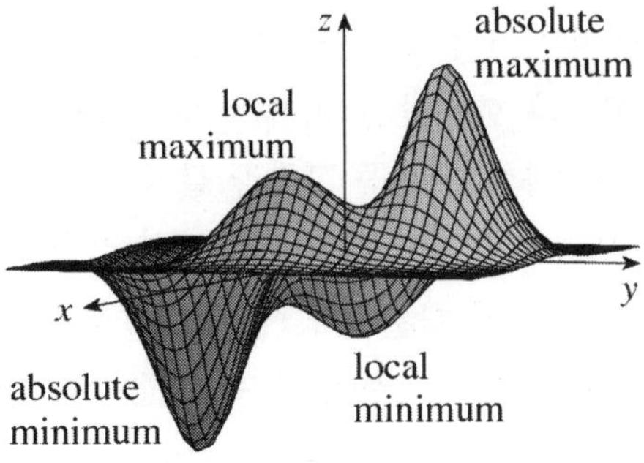

위의 그림을 보면, 극솟값들 중에 가장 작은 값이 최솟값이 되고, 극댓값들 중에 가장 큰 값이 최댓값이 된다. 따라서 함수의 최대, 최소를 구하기 위해서는 먼저 극소 또는 극대를 가질 만한 후보들을 찾을 수 있어야 한다. 다음 정리는 이에 대한 힌트를 제시해준다.

페르마의 임계점 정리(Fermat's theorem on critical points) 이변수함수(function of two variables) $f(x,y)$가 (a,b)에서 극댓값(또는 극솟값)을 갖고 (a,b)에서 f의 1계 편도함수가 모두 존재하면, $f_x(a,b)=0$, $f_y(a,b)=0$, 즉 $\nabla f(a,b)=0$을 만족한다.

참고 $\nabla f(a,\ b)=0$를 만족하는 점 $(a,\ b)$를 f의 **임계점**(critical point)이라 한다. f의 1계 편도함수가 아예 존재하지 않는 점도 역시 **임계점**(critical point)에 포함된다. 따라서 f가 극대 또는 극소를 가질만한 점에서는 (존재하는) 1계 편도함수의 값이 모두 0이어야 한다. 그러나 우리는 이 책에서는 편도함수가 항상 존재하는 경우만 살펴보기로 한다. 결론은 $f(x,\ y)$의 극댓값(또는 극솟값)을 찾으려면 우선 $\nabla f(a,\ b)=0$의 근을 구하는 것으로 시작한다.

예제 1 함수 $f(x,y)=x^2-2x+y^2+6y-7$의 임계점(critical points)을 구하여라.

풀이. $\nabla f(x,\ y)=(2x-2,\ 2y+6)$이므로 $(1,\ -3)$이 f의 유일한 임계점이다.

http://matrix.skku.ac.kr/KOFAC/

```
var ('x, y')
f(x, y) = x^2 - 2*x + y^2 + 6*y - 7
g = f.gradient()                          # 그래디언트
solve ([g[0] == 0, g[1] == 0], x, y)      # 임계점
```

답. f의 임계점, [[x == 1, y == -3]], (1, -3) ■

그러나, 임계점(critical points)이라고 해서 반드시 극대 또는 극소를 갖는 것은 아니다. 예를 들어, 함수 $f(x,\ y)=x^2-y^2$의 경우, $\nabla f(x,\ y)=(2x,\ -2y)$이므로 $(0,0)$이 함수 f의 유일한 임계점이다. 그러나 $(0,\ 0)$에서의 함숫값 $f(0,\ 0)=0$은 극댓값도 극솟값도 될 수 없다.

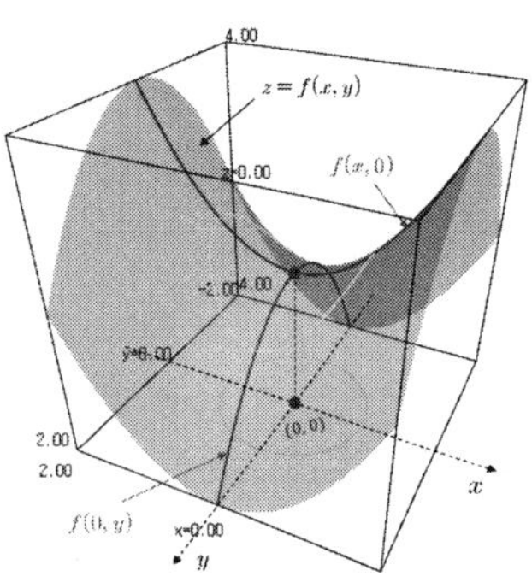

왜냐하면 왼쪽 그림과 같이 xy평면상에 $(0,0)$의 임의의 근방(노란색)에서 함수 f는 양의 값을 가질 수도, 음의 값을 가질 수도 있기 때문이다. 실제로 $x\neq 0$일 때, $f(x,0)=x^2>0$이므로 x축을 따라서 함수 f (빨간색)가 $(0,0)$에서 극소가 된다. 마찬가지로 $y\neq 0$일 때, $f(0,y)=-y^2<0$이므로 y축을 따라서 함수 f (녹색)가 $(0,0)$에서 극대가 된다.

이와 같이 **임계점**($\nabla f(a,b)=0$)이지만, 극대도 극소도 될 수 없는 (a,b)를 f의 **안장점**(saddle point)이라고 한다.

(일변수 함수의 극대, 극소 판정법을 일반화하면) 2계 편도함수를 이용하면 임계점에서

이변수함수의 극대, 극소, 안장점 여부를 판단할 수 있다. 이는 일변수 함수의 극대, 극소에 대한 2계 도함수 판정법과 유사하다.

이변수함수의 극대, 극소 판정법

점 (a,b)의 근방에서 이변수함수 f가 **연속인 2계 편도함수를 갖고**, (a,b)는 f의 임계점, 즉 $\nabla f(a,b)=0$를 만족한다고 하자. 이제 $\nabla^2 f$를 구하여 임계점을 대입한다.

$(f(x,\,y)$의 Hessian 행렬의 행렬식 at $(a,\,b))$

$$D=D(a,\,b)=|\nabla^2 f(a,\,b)|$$
$$=\begin{vmatrix} f_{xx}(a,b) & f_{xy}(a,b) \\ f_{xy}(a,b) & f_{yy}(a,b) \end{vmatrix}$$
$$=f_{xx}(a,b)f_{yy}(a,b)-\{f_{xy}(a,\,b)\}^2$$

라 하면 다음이 성립한다.

① $D>0$이고 $f_{xx}(a,b)>0$이면, $f(a,b)$는 **극솟값**이다. (Hessian 행렬의 고윳값이 모두 양)

② $D>0$이고 $f_{xx}(a,b)<0$이면, $f(a,b)$는 극댓값이다. (Hessian 행렬의 고윳값이 모두 음)

③ $D<0$이면, $f(a,b)$는 극댓값도 극솟값도 아니다. 점 (a,b)는 f의 **안장점**이다.

④ $D=0$이면, 이것만으로는 $f(a,b)$가 극댓값인지, 극솟값인지 또는 (a,b)가 f의 안장점인지 **판단할 수 없다**.

예제 2 함수 $f(x,y)=3x^2+2y^2-6x+8y+10$의 극댓값, 극솟값 또는 안장점을 구하라.

풀이. $\nabla f(x,y)=(6x-6,4y+8)$이므로 $\nabla f(1,-2)=(0,0)$이고, **임계점은 $(1,-2)$**이다. 함수 f의 그래프를 그려보면 다음과 같다.

http://matrix.skku.ac.kr/KOFAC/

```
var ('x, y')
f(x, y) = 3*x^2 + 2*y^2 - 6*x + 8*y + 10
plot3d ( f(x, y), (x, -2, 4), (y, -5, 1), opacity = 0.4, aspect_ratio = [3, 3, 1] )
```

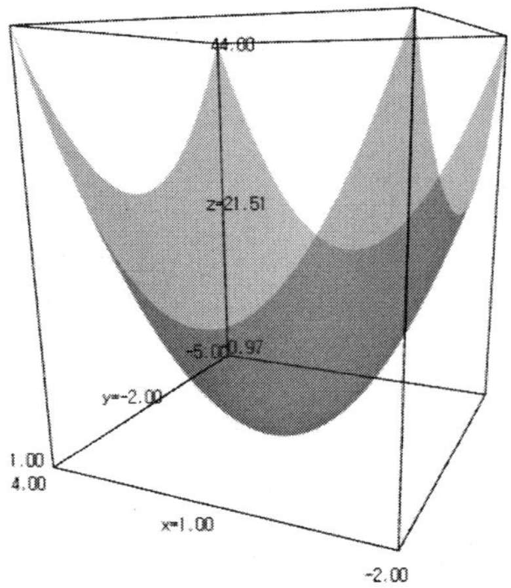

http://matrix.skku.ac.kr/KOFAC/

```
var ('x, y')
f(x, y) = 3*x^2 + 2*y^2 - 6*x + 8*y + 10
g = f.gradient()  # 그래디언트
solve ( [g[0] == 0, g[1] == 0], x, y )          # 임계점
```

답. [[x == 1, y == -2]], (1, -2)   # 임계점,

이제 $(1, -2)$에서 f의 헤시안(Hessian) 행렬 $\nabla^2 f$과 그 행렬식을 구하면 다음과 같다.

http://matrix.skku.ac.kr/KOFAC/

```
H = f.hessian()                  # 헤시안행렬(Hessian. Hesse 행렬)
print (H(1, -2))
print (H(1, -2).det())           # 행렬식
```

답. $(1, -2)$에서 f의 헤시안 행렬 $\nabla^2 f$, {[6 0], [0 4]}

답. $(1, -2)$에서 f의 헤시안 행렬 $\nabla^2 f$의 행렬식, 24   # $D(1, -2) = 24 > 0$

(이변수함수의 극대, 극소 판정법에 의하여) $f_{xx}(1, -2) = 6 > 0$이고 $D(1, -2) = 24 > 0$ 이므로 $f(1, -2)$는 **극솟값**이다. ■

예제 3 $f(x, y) = (x - 2y)(1 - xy)$의 헤시안 행렬 $\nabla^2 f$과 임계점들을 구하고, 각 임계점($\nabla f(a, b) = 0$)에서의 헤시안 행렬의 행렬식을 구한 후 (각 임계점에 대하여 이변수함수의 극대, 극소 판정법을 적용하여), 극댓값, 극솟값, 또는 안장점을 구하라.

http://matrix.skku.ac.kr/KOFAC/

```
var ('x, y')
f(x, y) = (x - 2*y)*(1 - x*y)
g = f.gradient()                          # 그래디언트
solve ([g[0] == 0, g[1] == 0], x, y)      # 임계점
```

답. [[x == -sqrt(2), y == -1/2*sqrt(2)], [x == sqrt(2), y == 1/2*sqrt(2)],
[x == -1/3*I*sqrt(3)*sqrt(2), y == 1/6*I*sqrt(6)],
[x == 1/3*I*sqrt(3)*sqrt(2), y == -1/6*I*sqrt(6)]] # I는 허수단위를 의미하므로 제외 ■

따라서 **임계점은** $\left(-\sqrt{2},\ -\frac{\sqrt{2}}{2}\right)$, $\left(\sqrt{2},\ \frac{\sqrt{2}}{2}\right)$**이다.** 이제 각 임계점에서 f의 헤시안 행렬 $\nabla^2 f$과 그 행렬식을 구하면 다음과 같다.

http://matrix.skku.ac.kr/KOFAC/

```
H = f.hessian()                                  # 헤시안
print (H(-sqrt(2), -1/2*sqrt(2)))
print (H(-sqrt(2), -1/2*sqrt(2)).det())          # Hessian의 행렬식
print ()
print (H(sqrt(2), 1/2*sqrt(2)))
print (H(sqrt(2), 1/2*sqrt(2)).det())            # 행렬식
```

답. [sqrt(2) 0]
[0 -4*sqrt(2)] # Hessian 행렬의 고윳값이 양과 음이 섞여있다. ← 안장점

$\left(-\sqrt{2},\ -\frac{\sqrt{2}}{2}\right)$에서 f의 헤시안 행렬 $\nabla^2 f$의 행렬식: -8 (안장점)

[-sqrt(2) 0]
[0 4*sqrt(2)] # Hessian 행렬의 고윳값이 양과 음이 섞여있다. ← 안장점

$\left(\sqrt{2},\ \frac{\sqrt{2}}{2}\right)$에서 f의 헤시안 행렬 $\nabla^2 f$의 행렬식: -8 (안장점) ■

$\left(-\sqrt{2},\ -\frac{\sqrt{2}}{2}\right)$, $\left(\sqrt{2},\ \frac{\sqrt{2}}{2}\right)$에서 $D=-8<0$이므로 이 점들은 모두 안장점이다. 따라서 **극댓값과 극솟값이 존재하지 않는다.** 이를 곡면과 함께 그려보면 다음과 같다.

http://matrix.skku.ac.kr/KOFAC/

```
var ('x, y')
f(x, y) = (x - 2*y)*(1 - x*y)
p1 = plot3d(f(x, y), (x, -2, 2), (y, -2, 2), opacity = 0.4)
p2 = point3d([(-sqrt(2), -1/2*sqrt(2), f(-sqrt(2), -1/2*sqrt(2))), (sqrt(2), 1/2*sqrt(2), f(sqrt(2),
1/2*sqrt(2)))], pointsize = 900, color = 'red')
show (p1 + p2, aspect_ratio = [3, 3, 1] )  # 그림을 확대하여 안장점을 확인하세요
```

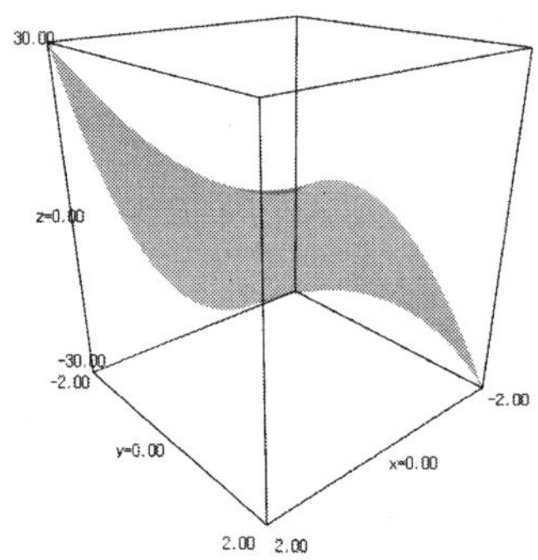

■

이변수함수 $f(x, y)$의 최대, 최소를 구하는 문제는 아래와 같은 문제에도 적용된다.

예제 4 점 $(0, 0, 0)$와 평면 $2x-y+2z=16$ 사이의 **최단거리**를 구하라.

풀이. 평면 위의 **임의의 점** (x, y, z)**와 점** $(0, 0, 0)$**사이의 거리**는 다음과 같다.

$$d=\sqrt{x^2+y^2+z^2}=\sqrt{x^2+y^2+\left(8-x+\frac{1}{2}y\right)^2}$$

여기서 $2x-y+2z=16$이므로 $z=8-x+\frac{1}{2}y$이다,

http://matrix.skku.ac.kr/KOFAC/

```
var ('x, y, z')
F(x, y, z) = 2*x - y + 2*z - 16   # F(x, y, z) == 0
solve (F(x, y, z) == 0, z)
```

답. [z == -x + 1/2*y + 8] ■

이 z를 위 식에 대입한 후, 계산의 편의를 위해 제곱하면, 이변수함수 $f(x,y)=d^2=x^2+y^2+\left(8-x+\frac{1}{2}y\right)^2$를 최소가 되도록 하는 (x, y)를 구하는 문제가 된다.

```
────────────── http://matrix.skku.ac.kr/KOFAC/ ──────────────
f(x, y) = x^2 + y^2 + (-x + 1/2*y + 8)^2      # 거리 d의 제곱
g = f.gradient()           # 그래디언트
print (solve ([g[0] == 0, g[1] == 0], x, y))      # 여기서 임계점 (32/9, -16/9)를 얻는다.
H = f.hessian()  # 헤시안
print (H(32/9, -16/9))
print (H(32/9, -16/9).det())                  # 행렬식
print (sqrt(f(32/9, -16/9)).simplify_full())          # 최단거리
```

답. [[x == (32/9), y == (-16/9)]], 임계점 (32/9, -16/9)

[4 -1]

[-1 5/2]

임계점 (32/9, -16/9)에서 f의 헤시안 행렬 $\nabla^2 f$의 행렬식: 9

임계점 $\left(\frac{32}{9}, -\frac{16}{9}\right)$에서 $D=9>0$이고, $f_{xx}=4>0$이므로 최단거리 d는 다음과 같다.

최단거리 = $\sqrt{f(x,y)}=d=\sqrt{x^2+y^2+\left(8-x+\frac{1}{2}y\right)^2}$ at 임계점 (32/9, -16/9) = 16/3.

$$d=\sqrt{f\left(\frac{32}{9}, -\frac{16}{9}\right)}=\frac{16}{3}$$ ■

참고사항

[행렬식] http://matrix.skku.ac.kr/LA-K/Ch-4/LA-Lab-kor-Ch-4.html

http://matrix.skku.ac.kr/2018-album/LA-Sec-4-1-lab.html

https://bite-sized-learning.tistory.com/387

3개 이상의 독립변수를 갖는 다변수 함수도 이변수함수와 동일한 방법으로, 2계 편도함수를 이용하여 임계점에서 함수의 극대, 극소, 안장점 여부를 판단할 수 있다. 이를 위해서는 정사각행렬의 **선행 주 소행렬식**(leading principal minor)과 **고윳값**(eigenvalue)에 대하여 알아야 한다. **행렬식**(determinant)**과 고윳값에 관한 자세한 사항은 추후 선형대수학 과목에서 배운다.** http://matrix.skku.ac.kr/2015-Album/BigBook-LinearAlgebra-2015.pdf

대칭행렬 $A=[a_{ij}]_{n\times n}$에 대하여 다음과 같은 $k\times k$ $(k=1, 2, \ldots, n)$ **소행렬식**(minor)을 각각

$$\Delta_1 = a_{11},\quad \Delta_2 = \begin{vmatrix} a_{11} & a_{12} \\ a_{21} & a_{22} \end{vmatrix},\quad \Delta_3 = \begin{vmatrix} a_{11} & a_{12} & a_{13} \\ a_{21} & a_{22} & a_{23} \\ a_{31} & a_{32} & a_{33} \end{vmatrix},\ \ldots\ ,\ \Delta_n = |A|$$

라 할 때, $\Delta_1, \Delta_2, \cdots, \Delta_n$을 A의 **선행 주 소행렬식**(leading principal minor)이라고 한다. 예를 들어, 4×4행렬의 선행 주 소행렬식은 다음과 같다.

$$\begin{bmatrix} a_{11} & a_{12} & a_{13} & a_{14} \\ a_{21} & a_{22} & a_{23} & a_{24} \\ a_{31} & a_{32} & a_{33} & a_{34} \\ a_{41} & a_{42} & a_{43} & a_{44} \end{bmatrix} \quad \begin{bmatrix} a_{11} & a_{12} & a_{13} & a_{14} \\ a_{21} & a_{22} & a_{23} & a_{24} \\ a_{31} & a_{32} & a_{33} & a_{34} \\ a_{41} & a_{42} & a_{43} & a_{44} \end{bmatrix} \quad \begin{bmatrix} a_{11} & a_{12} & a_{13} & a_{14} \\ a_{21} & a_{22} & a_{23} & a_{24} \\ a_{31} & a_{32} & a_{33} & a_{34} \\ a_{41} & a_{42} & a_{43} & a_{44} \end{bmatrix} \quad \begin{bmatrix} a_{11} & a_{12} & a_{13} & a_{14} \\ a_{21} & a_{22} & a_{23} & a_{24} \\ a_{31} & a_{32} & a_{33} & a_{34} \\ a_{41} & a_{42} & a_{43} & a_{44} \end{bmatrix}$$

$$\Delta_1 \qquad\qquad \Delta_2 \qquad\qquad \Delta_3 \qquad\qquad \Delta_4$$

참고 행렬 A의 행렬식은 Sage의 **A.det()** 명령어를 이용하여 쉽게 구할 수 있다.

정사각행렬 $A=[a_{ij}]_{n\times n}$에 대하여 0 이 아닌 벡터 $\mathbf{x}\in\mathbb{R}^n$와 적당한 스칼라 λ가 존재하여 $A\mathbf{x}=\lambda\mathbf{x}$를 만족하면 λ를 A의 **고윳값**(eigenvalue)이라 하고, $\mathbf{x}$를 λ에 대응하는 A의 **고유벡터**(eigenvector)라고 한다.

참고 행렬 A의 고윳값은 Sage의 **A.eigenvalues()** 명령어를 이용하여 쉽게 구할 수 있다.

이제 n변수 함수의 임계점에서의 극대, 극소, 안장점 여부를 (임계점과 Hessian 행렬, 그리고 각 임계점에서의 Hessian 행렬의 고윳값들만 코드로 찾으면) 다음과 같이 판단할 수 있다.

참고 n변수 함수 $f(x_1, x_2, \ldots, x_n)=f(\mathbf{x})$가 점 $\mathbf{x}=\mathbf{a}=(a_1, a_2, \ldots, a_n)$에서 연속인 2계 편도함수를 갖고, $\nabla f(\mathbf{a})=0$을 만족한다고 하자(즉 $\mathbf{x}=\mathbf{a}$는 임계점). 이제

각 임계점 $\mathbf{x}=\mathbf{a}$ 에서의 Hessian행렬의 행렬식, $D=D(\mathbf{a})=|\nabla^2 f(\mathbf{a})|$을 구한다.

이때 $\Delta_1, \Delta_2, \cdots, \Delta_n$을 $\nabla^2 f(\mathbf{a})$의 **선행 주 소행렬식**(leading principal minors)이라 하면 다음이 성립한다.

① 모든 $k=1, 2, \cdots, n$에 대하여 $\Delta_k>0$이면, $f(\mathbf{a})$는 극솟값이다.

② 모든 $k=1, 2, \cdots, n$에 대하여 $(-1)^k\Delta_k>0$이면, $f(\mathbf{a})$는 극댓값이다.

결론적으로, $\lambda_1, \lambda_2, \ldots, \lambda_n$을 $\nabla^2 f(\mathbf{a})$의 **고윳값**(eigenvalues)이라 하면 다음이 성립한다.

③ 모든 $i = 1, 2, \cdots, n$에 대하여 $\lambda_i > 0$이면 (고윳값이 모두 양이면), $f(\mathrm{a})$는 극솟값이다.

④ 모든 $i = 1, 2, \cdots, n$에 대하여 $\lambda_i < 0$이면 (고윳값이 모두 음이면), $f(\mathrm{a})$는 극댓값이다.

⑤ 어떤 i에 대해서는 $\lambda_i > 0$이고 어떤 j에 대해서는 $\lambda_j < 0$이면, $\mathbf{x} = \mathbf{a}$는 f의 안장점이다.

◪ 열린 문제 1 다른 교재를 참고하여 다양한 이변수함수 (또는 3변수함수)의 극댓값, 극솟값, 또는 안장점을 (임계점과 Hessian 행렬 H, 그리고 각 임계점에서의 Hessian 행렬의 고윳값을 찾는 H.eigenvalues() 명령어를 이용하여) 구하여라.

5.2 최댓값과 최솟값(Absolute Maximum and Absolute Minimum)

일변수 함수 f에 관한 **최대, 최소 정리**(Extreme Value Theorem)는 **폐구간** $[a, b]$**에서** f**가 연속이면,** f**는** $[a, b]$**에서 최댓값과 최솟값을 갖는다**는 것을 말한다. 따라서 아래와 같이 임계점뿐만 아니라 양 끝점 a, b에서 f의 값을 계산하여 비교함으로써 최댓값과 최솟값을 구할 수 있다.

참고 **폐구간**(closed interval)에서 연속인 함수 f에 대하여

① 이 구간에서 f의 **임계점**(critical points)들을 찾는다.

② 임계점들과 구간의 양 끝점에서 f의 값을 계산한다. 그 중 가장 큰 값이 f의 최댓값이고, 가장 작은 값이 f의 최솟값이다.

유사한 방법으로 이변수함수에 대해서도 다음이 성립한다.

이변수함수에 대한 최대, 최소 정리

f가 $\mathbb{R}^2$ 안의 **유계인 폐집합**(bounded closed set) D에서 연속이면, f는 D에 속한 적당한 점 (x_1, y_1), (x_2, y_2)에서 최댓값 $f(x_1, y_1)$과 최솟값 $f(x_2, y_2)$을 갖는다.

여기서 **폐집합**(closed set)이라는 것은 아래 왼쪽 그림과 같이 내부와 모든 경계점을 포함하는 집합을 말한다. 그러나 오른쪽 그림은 경계의 일부 또는 전체를 포함하지 않으므로 폐집합이 아니다.

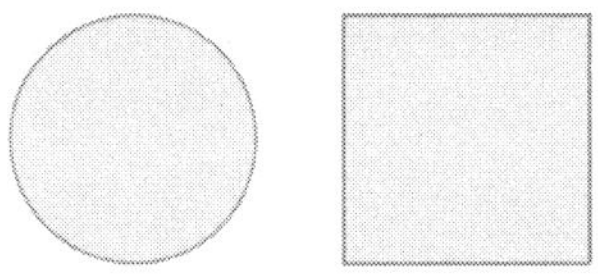

폐집합 (closed set)

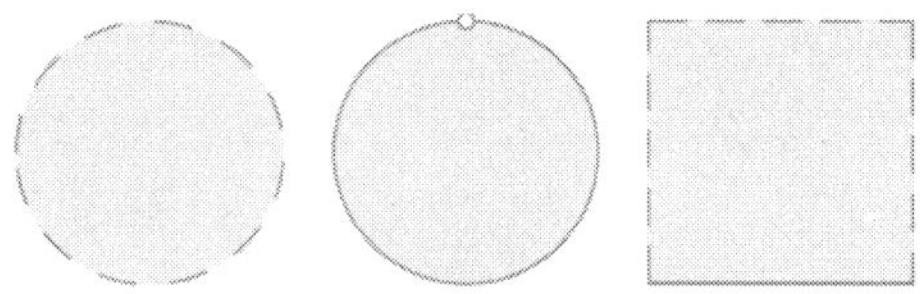

폐집합이 아님

그리고 $\mathbb{R}^2$ 에서 **유계집합**(bounded set)은 아래 왼쪽 그림과 같이 무한히 뻗어나가지 않고, **어떤 원판**(disk)**의 내부에 포함되는 집합**을 말한다.

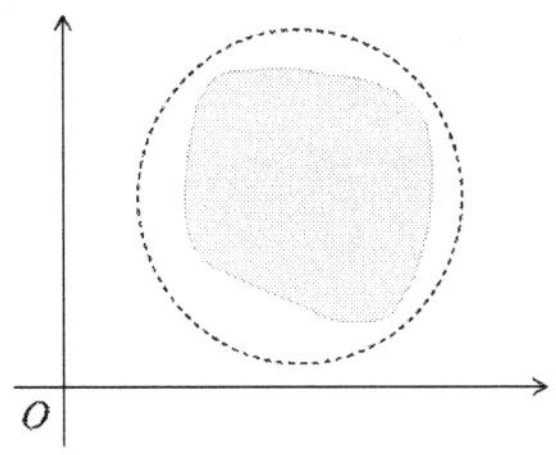

유계집합

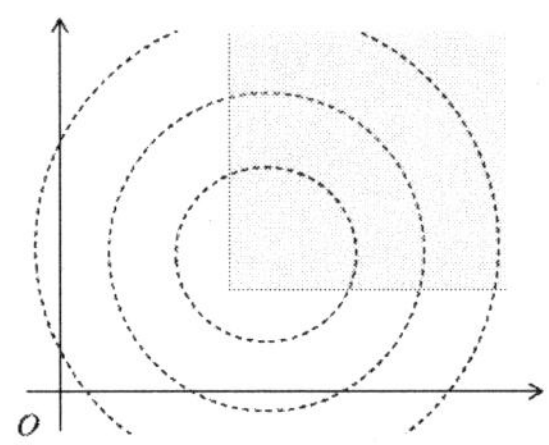

유계가 아닌 집합

참고 **유계인 폐집합**(bounded closed set) D 에서 연속인 함수 f 의 최댓값과 최솟값은 다음과 같이 구한다.

① D 의 내부에 속한 f 의 모든 **임계점**에서 f 의 값을 구한다.

② D 의 **경계**(boundary)에서 f 의 최댓값과 최솟값을 구한다.

③ ①, ②로부터 얻은 값 중 가장 큰 값이 **최댓값**, 가장 작은 값이 **최솟값**이다.

예제 5 정사각형 $D=\{(x,y)|-1 \le x \le 1, -1 \le y \le 1\}$에서 함수 $f(x,\,y)=x^2-xy$ 의 최댓값과 최솟값을 구하라.

풀이. 먼저 D의 내부에서 임계점을 계산한다.

http://matrix.skku.ac.kr/KOFAC/

```
var ('x, y')
f(x, y) = x^2 - x*y
fx = diff(f, x); fy = diff(f, y)
solve ([fx == 0, fy == 0], x, y)          # 내부 임계점
```

```
[[x == 0, y == 0]],  (0, 0)               # 하나 뿐인 내부임계점
```

■

임계점 $(0,0)$은 D의 내부에 있으므로 최대, 최소로 가질 수 있는 후보에 포함시킨다.

이제 **사각형 D의 각 경계(boundary)에 해당하는 부분에서 함수 f의 최댓값과 최솟값**을 구해보자. **경계에서는 f가 일변수 함수로 변형되므로,** 앞서 학습한 일변수 함수의 최대, 최소를 구하는 방법과 마찬가지로 (경계상에서의) 임계점과 구간의 양 끝점을 후보로 포함시킨다.

http://matrix.skku.ac.kr/KOFAC/

```
L1(x) = f(x, -1)
print (solve (diff(L1(x), x) == 0, x))    # 임계점. 주어진 범위에 포함되는 것만 의미가 있음.
L2(y) = f(1, y)
print (solve (diff(L2(y), y) == 0, y))
L3(x) = f(x, 1)
print (solve (diff(L3(x), x) == 0, x))
L4(y) = f(-1, y)
print (solve (diff(L4(y), y) == 0, y))
```

답.
```
[x == (-1/2)]          # 임계점 (-1/2, -1)
[]                     # 임계점 없음
[x == (1/2)]           # 임계점 (1/2, 1)
[]                     # 임계점 없음
```
■

따라서 **경계상에서의 임계점** $\left(-\frac{1}{2}, -1\right)$, $\left(\frac{1}{2}, 1\right)$**과 사각형 D의 끝점**에 해당하는 다음 점들

$$(-1, -1),\ (-1, 1),\ (1, -1),\ (1, 1)$$

을 후보에 포함시킨다. 이제 이 점들에서 각각 함숫값을 구하면 다음과 같다.

http://matrix.skku.ac.kr/KOFAC/

```
print  (f(0, 0))
print  (f(-1/2, -1))
print  (f(1/2, 1))
print  (f(-1, -1))
print  (f(-1, 1))
print  (f(1, -1))
print (f(1, 1))
```

답. 0

−1/4 : 최소

−1/4 : 최소

0

2 : 최대

2 : 최대

0 ■

따라서 **최댓값은** $f(-1,1)=f(1,-1)=2$ **이고, 최솟값은** $f(-\frac{1}{2},-1)=f(\frac{1}{2},1)$ $=-\frac{1}{4}$ **이다. 이를 곡면과 함께 그림으로 나타내면 다음과 같다.**

http://matrix.skku.ac.kr/KOFAC/

```
var ('x, y')
f(x, y) = x^2 - x*y
p1 = plot3d(f(x, y), (x, -1, 1), (y, -1, 1), opacity = 0.3)
p2 = point3d([(-1, 1, f(-1, 1)), (1, -1, f(1, -1)), (-1/2, -1, f(-1/2, -1)), (1/2, 1, f(1/2, 1))], 
thickness = 100, color = 'red')
p1 + p2          # 그림을 확대하여 최대, 최소가 되는 점을 확인하세요
```

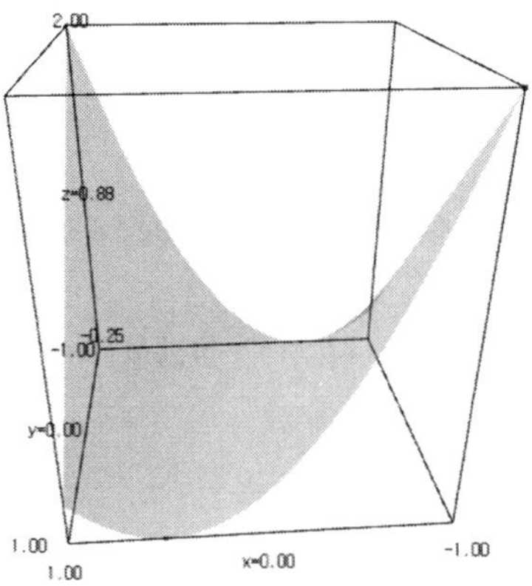

■

(*) 5.3 경사 하강법(Gradient Descent Algorithm)

경사하강법은 머신러닝 및 딥러닝에서 사용되는 어떤 분석 모델에서 가중치의 최적해를 구하기 위해 사용되는 **비용(Cost)을 최소화 시키는 알고리즘**이다. 경사 하강법은 제약조건이 없는 최적화 (unconstrained optimization) 문제에서 다변수 **함수의 기울기(경사)를 구하여 기**

울기가 작은 쪽으로 계속 이동시켜서 극값(극솟값)에 이를 때까지 반복시키는 것이다.

경사하강법(Gradient Descent Method)의 알고리즘은 다음과 같다.

경사하강법 알고리즘

[단계 1] 초기 근사해 x_1, 허용오차(tolerance), $0 \leq \varepsilon \leq 1$, 학습률(learningrate)$\eta$ 를 준다. $k=1$이라 한다.

[단계 2] $g_k(x) = f'(x_k)$ 를 계산한다. 만일 $|g_k| < \varepsilon$ 이면, 알고리즘을 멈춘다.

[단계 3] $x_{k+1} = x_k - \eta g_k$, $k = k+1$이라 두고 [단계 2]로 이동한다.

[참조] http://matrix.skku.ac.kr/math4ai/gradient_descent/
http://matrix.skku.ac.kr/math4ai-intro/W9/
http://matrix.skku.ac.kr/intro-math4ai/W9/

양방향 경사하강법 **Code(Gradient Descent Method Algorithm)** http://matrix.skku.ac.kr/kofac/

```
@interact
def _(  temp1 = input_box(9*x^2-7*x+6, label="f(x)=", width=30),
threshold=slider(0.000001, 2, step_size=0.000001, default=0.000001, label="Threshold/Tolerance:", display_value=True),
l_rate=slider(0.00001, 1, step_size=0.00001, default=0.1, label="Learning Rate:", display_value=True),
base_point=input_box(0.0, label="Base Point:", width=20),
terminator=slider(100, 10000, step_size=1, default=300, label="Terminate after:", display_value=True),
zoomX=slider(1, 100, step_size=0.5, default=5, label="Zoom X:", display_value=True),
zoomY=slider(1, 100, step_size=0.5, default=30, label="Zoom Y:", display_value=True),
scale=slider(4, 40, step_size=1, default=15, label="Graph Scale:", display_value=True)):
# Converting a temp1 input to a function.
    f(x)=temp1
    show("Equation: f(x)=", f(x))
    df(x)=diff(f(x),x)
    show("Slope: f'(x)=", df(x))
# GDM implementation
    i_points=[]
    iterator=0
    my_x=base_point #Starting point
    g=threshold+1
    while ( iterator < terminator and g > threshold ):
```

```
        g=df(my_x)
        i_points.append(vector([my_x, g]))
        my_x=my_x - l_rate*g
        g=abs(g)
        iterator +=1
final_point=vector([my_x, f(my_x)])
show("x*=", final_point[0])
show("|g*|=", g)
show("f(x*)=", final_point[1])
show("Achieved in '", iterator, "' attempts.")
plot_f=plot(f(x), x, color="green", xmin=-zoomX, ymin=-zoomY, xmax=zoomX, ymax=
zoomY, legend_label="Function", figsize=(scale,scale))
plot_df=plot(df(x), x, color="blue", xmin=-zoomX, ymin=-zoomY, xmax=zoomX, ymax=zoomY,
legend_label="1st Derivative", figsize=(scale,scale))
plot_i_points=list_plot(i_points, color="red", legend_label="Iteration Points")
plot_final_point=list_plot([final_point], color="purple", legend_label="Result")
```

show(plot_f + plot_df + plot_i_points + plot_final_point)

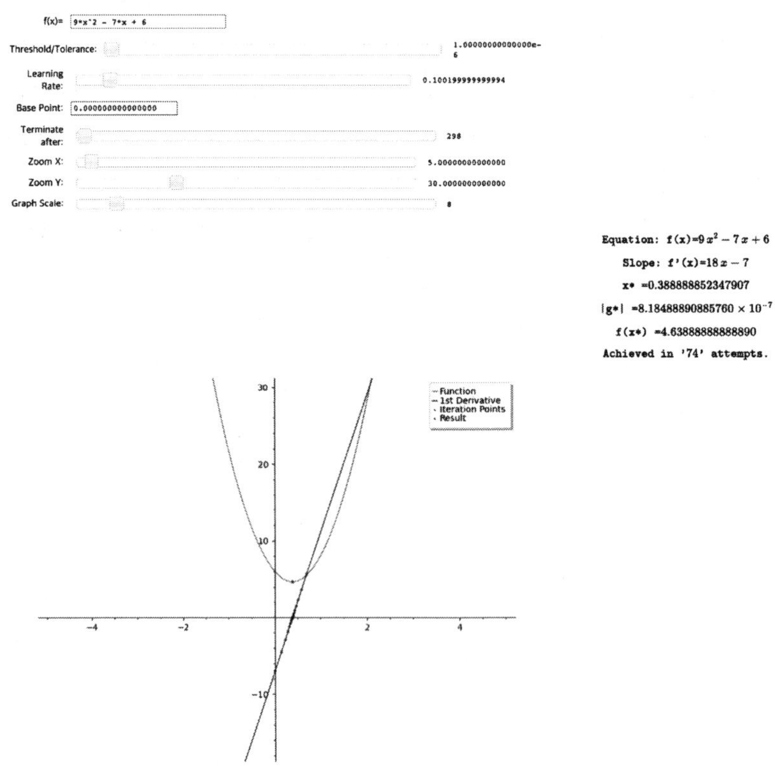

(*) 5.4 라그랑주의 승수법(Method of Lagrange Multipliers)

이제 주어진 방정식 $g(x,y)=0$을 만족하는 x, y에 대하여 함수 $f(x,y)$의 최댓값과 최솟값을 구하는 문제에 대하여 생각해보자. 이때 $g(x,y)=0$을 **제약조건**(constraint), $f(x,y)$를 **목적함수**(objective function)라 한다. 이러한 형태의 문제를 해결하는 기본적인 방법으로는 **라그랑주의 승수법**(method of Lagrange multipliers)이 있다.

예를 들어, 방정식 $g(x,y)=x^2+\frac{1}{4}y^2-1=0$을 만족하는 x,y에 대하여 함수

$$f(x,y)=2+x^2+y^2$$

를 최대, 최소가 되게 하는 x,y의 값과 함수 $f(x,y)$의 값을 구해보자. 먼저 방정식 $g(x,y)=0$으로 주어지는 곡선(빨간색)과 적당한 실수 k값들에 대해 등위곡선 $f(x,y)=k$의 그래프(검은색, 회색)를 좌표평면에 같이 그려보자.

http://matrix.skku.ac.kr/KOFAC/

```
var ('x, y')
f(x, y) = 2 + x^2 + y^2
g(x, y) = x^2 + 1/4*y^2 - 1
p1 = contour_plot(f, (x, -2, 2), (y, -2, 2), fill = False, labels = True, linestyles = 'dashed', label_colors = 'black')
p2 = implicit_plot(g(x, y) == 0, (x, -2, 2), (y, -2, 2), color = 'red', axes = True)
p1 + p2
```

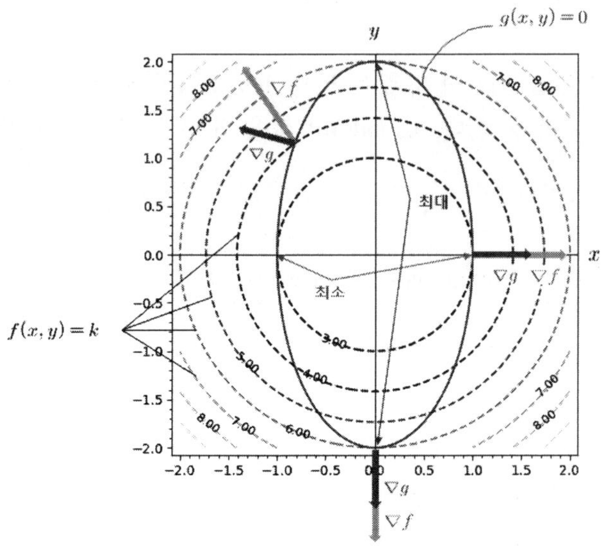

위 그림을 통해 (x, y)가 방정식 $g(x, y)=0$으로 주어진 곡선(빨간색) 위를 움직이는 동안 **$f(x, y)$가 최대, 최소가 되도록 하는 점은 $g(x, y)=0$와 $f(x, y)=k$이 접할 때**임을 쉽게 알 수 있다. 특히 등위곡선에 적혀있는 함숫값들을 통해 $f(x, y)$는 원점으로부터 바깥쪽으로 퍼져나가는 방향으로 증가하는 함수임을 알 수 있으므로, f가 최대(파란색)가 되는 점은 y축 상에 두 군데 나타나고, 최소(분홍색)가 되는 점은 x축 상에 두 군데 나타난다.

앞서 학습한 바와 같이 함수 $f(x, y)$에 대하여 **f의 그래디언트**(gradient) **$\nabla f(x, y)$는 등위곡선 $f(x, y)=k$에 직교**함을 이미 알고 있다. 따라서 $g(x, y)=0$을 만족하는 x, y에 대하여 함수 $f(x, y)$를 최대, 최소가 되게 하는 점 (x, y)에서는 $g(x, y)=0$와 $f(x, y)=k$이 접하게 되므로 $\nabla f(x, y)$와 $\nabla g(x, y)$는 **평행,** 즉 적당한 실수 λ가 존재하여 $\nabla f(x, y)=\lambda \nabla g(x, y)$을 만족하게 된다. 이러한 λ를 **라그랑주의 승수**(Lagrange multiplier)라 한다.

그림의 왼쪽 상단의 점에서와 같이 만일 (x, y)에서 **$\nabla f(x, y)$와 $\nabla g(x, y)$가 평행하지 않으면**, (x, y)가 곡선 $g(x, y)=0$을 따라 움직일 때, 함수 f가 현재보다 증가할 여지가 있다. 실제로 이 점에서 시계 방향으로 $g(x, y)=0$을 따라 움직이면 함수 f의 값이 증가하게 된다.

라그랑주의 승수법(method of Lagrange multipliers)은 다음과 같다.

> **참고 라그랑주의 승수법**(method of Lagrange multipliers)
>
> ① 다음 연립방정식을 만족하는 x, y, λ(람다, lambda)의 값을 모두 구한다.
>
> $$\nabla f(x, y)=\lambda \nabla g(x, y), \quad g(x, y)=0$$
>
> ② ①에서 구한 모든 점 (x, y)에서 f의 값을 계산한다. **이 값들 중 가장 큰 값이 f의 최댓값이고, 가장 작은 값이 f의 최솟값**이다.

이제 라그랑주의 승수법을 이용하여 앞서 예로 들었던 문제를 풀어보자. 먼저 다음 연립방정식을 만족하는 x, y와 λ(람다, lambda)의 값을 모두 구한다.

$$\nabla f(x, y)=\lambda \nabla g(x, y), \quad g(x, y)=0$$

http://matrix.skku.ac.kr/KOFAC/

```
var ('x, y, ld')
f(x, y) = 2 + x^2 + y^2
g(x, y) = x^2 + 1/4*y^2 - 1
gradf = f.gradient()
gradg = g.gradient()
solve ( [gradf[0] == ld*gradg[0], gradf[1] == ld*gradg[1], g(x, y) == 0], x, y, ld )
```

답. [[x == 1, y == 0, ld == 1], [x == -1, y == 0, ld == 1], [x == 0, y == 2, ld == 4], [x == 0, y == -2, ld == 4]]

그러면 점 $(1, 0)$, $(-1, 0)$, $(0, 2)$, $(0, -2)$를 얻는다. 이제 이 점들에서 f의 함숫값을 구하면 다음과 같다. ■

http://matrix.skku.ac.kr/KOFAC/

```
print (f(1, 0))
print (f(-1, 0))
print (f(0, 2))
print (f(0, -2))
```

답. f (1, 0) = 3 : 최소
f (-1, 0) = 3 : 최소
f (0, 2) = 6 : 최대
f (0, -2) = 6 : 최대

따라서 최솟값은 $f(1, 0) = f(-1, 0) = 3$ (이때 $\lambda = 1$),
최댓값은 $f(0, 2) = f(0, -2) = 6$ (이때 $\lambda = 4$)가 된다. ■

예제 6 라그랑주의 승수법을 이용하여 곡선 $\frac{1}{x^2} + \frac{1}{y^2} = 1$에서 함수 $f(x, y) = \frac{1}{x} + \frac{1}{y}$의 최댓값과 최솟값을 구하시오.

풀이. 먼저 $g(x, y) = \frac{1}{x^2} + \frac{1}{y^2} - 1 = 0$라 하고, 다음 연립방정식을 만족하는 x, y, λ의 값을 모두 구한다.

$$\nabla f(x, y) = \lambda \nabla g(x, y), \quad g(x, y) = 0$$

http://matrix.skku.ac.kr/KOFAC/

```
var ('x, y, ld')
f(x, y) = 1/x + 1/y
g(x, y) = 1/x^2 + 1/y^2 - 1
gradf = f.gradient()
gradg = g.gradient()
solve ( [gradf[0] == ld*gradg[0], gradf[1] == ld*gradg[1], g(x, y) == 0], x, y, ld )
```

답. [[x == 0, y == 0, ld == 0], [x == sqrt(2), y == sqrt(2), ld == 1/2*sqrt(2)],
[x == -sqrt(2), y == -sqrt(2), ld == -1/2*sqrt(2)]] ■

그러면 점 $(\sqrt{2}, \sqrt{2})$, $(-\sqrt{2}, -\sqrt{2})$를 얻는다. 이때 **점 $(0, 0)$은 $g(x, y) = 0$을 만족하지 않으므로 제외한다.** 이제 이 점들에서 f의 함숫값을 구하면 다음과 같다.

http://matrix.skku.ac.kr/KOFAC/

```
print ( f( sqrt(2), sqrt(2) ) )
print ( f( -sqrt(2), -sqrt(2) ) )
```

답. 곡선 $\frac{1}{x^2} + \frac{1}{y^2} = 1$에서 함수 $f(x, y) = \frac{1}{x} + \frac{1}{y}$의 최댓값, sqrt(2)

답. 곡선 $\frac{1}{x^2} + \frac{1}{y^2} = 1$에서 함수 $f(x, y) = \frac{1}{x} + \frac{1}{y}$의 최솟값, -sqrt(2)

따라서 **최댓값은** $f(\sqrt{2}, \sqrt{2}) = \sqrt{2} f(0, -2) =$ sqrt(2) (이때 $\lambda = \frac{\sqrt{2}}{2}$),

최솟값은 $f(-\sqrt{2}, -\sqrt{2}) = -\sqrt{2}$ (이때 $\lambda = -\frac{\sqrt{2}}{2}$)가 된다. ■

라그랑주의 승수법은 독립변수가 3개 이상인 **다변수 함수**의 경우 또는 **제약조건이 두 개 이상인 경우에도** 유사한 방법으로 적용된다.

참고 두 개의 방정식 $g(x, y, z) = 0$ 와 $h(x, y, z) = 0$를 만족하는 x, y, z에 대하여 함수 $f(x, y, z)$의 최댓값과 최솟값을 구하는 문제는 **라그랑주의 승수법**(Lagrange Multiplier Method)으로 다음과 같이 해결한다. 여기서 아래의 λ와 μ를 **라그랑주의 승수**(Lagrange Multiplier)라 한다.

① 다음 연립방정식을 만족하는 x, y, z, λ, μ의 값을 모두 구한다.

$$\nabla f(x, y, z) = \lambda \nabla g(x, y, z) + \mu \nabla h(x, y, z)$$
$$g(x, y, z) = 0, \quad h(x, y, z) = 0$$

② ①에서 구한 모든 점 (x, y, z)에서 f의 값을 계산한다. **이 값들 중 가장 큰 값이 f의 최댓값이고, 가장 작은 값이 f의 최솟값이다.**

예제 7 평면 $2x+y+2z=9$과 $5x+5y+7z=29$에서 $f(x, y, z)=x^2+y^2+z^2$의 최솟값을 구하라.

풀이. $g(x,y,z)=2x+y+2z-9=0$와 $h(x,y,z)=5x+5y+7z-29=0$라 하고, 다음 연립방정식을 만족하는 x, y, z, λ, μ의 값을 모두 구한다.

$$\nabla f(x,y,z)=\lambda\nabla g(x,y,z)+\mu\nabla h(x,y,z)$$
$$g(x,y,z)=0, \quad h(x,y,z)=0$$

http://matrix.skku.ac.kr/KOFAC/

```
var ('x, y, z, l, m')
f(x, y, z) = x^2 + y^2 + z^2
g(x, y, z) = 2*x + y + 2*z - 9
h(x, y, z) = 5*x + 5*y + 7*z - 29
gradf = f.gradient(); gradg = g.gradient(); gradh = h.gradient()
solve ([gradf[0] == l*gradg[0] + m*gradh[0], gradf[1] == l*gradg[1] + m*gradh[1], gradf[2]
== l*gradg[2] + m*gradh[2], g(x, y, z) == 0, h(x, y, z) == 0], x, y, z, l, m)
```

답. [[**x == 2, y == 1, z == 2**, l == 2, m == 0]] ■

그러면 **임계점** $(2,1,2)$를 얻는다. 이 점에서 함수 f의 극값을 구하면 다음과 같다.

http://matrix.skku.ac.kr/KOFAC/

```
print ( f(2, 1, 2) )
```

답. $f(2,1,2)=$ 9

따라서 $f(x, y, z)=x^2+y^2+z^2$의 **최솟값**은 $f(2,1,2)=9$ (이때 $\lambda=2$, $\mu=0$)가 된다. ■

참고로 **라그랑주의 승수법**은 대칭행렬의 **고윳값**(eigenvalue)과 **고유벡터**(eigenvector)를 구하는 문제와 깊은 관련이 있다.

참고 $A=[a_{ij}]_{n\times n}$를 **대칭인 정사각행렬**이라 하고, 방정식 $\mathbf{x}^T\mathbf{x}=1$을 **만족하는 벡터** $\mathbf{x}\in\mathbb{R}^n$에 대하여 함수 $f(\mathbf{x})=\mathbf{x}^TA\mathbf{x}$**를 최대화**하는 문제를 생각해보자. **라그랑주 승수**

법을 적용하면 f를 최대 또는 최소가 되도록 하는 $\mathbf{x}$는 $\nabla f(\mathbf{x}) = \lambda \nabla g(\mathbf{x})$을 만족해야 한다. 여기서 λ는 **라그랑주 승수**(Lagrange Multiplier)이다. 따라서 다음의 식을 만족한다.

$$\nabla f(\mathbf{x}) = \lambda \nabla g(\mathbf{x}) \quad \Rightarrow \quad 2A\mathbf{x} = 2\lambda\mathbf{x} \quad \Rightarrow \quad A\mathbf{x} = \lambda\mathbf{x}$$

참고 $f(\mathbf{x}) = \mathbf{x}^T A\mathbf{x} = \sum_{i=1}^{n}\sum_{j=1}^{n} a_{ij}x_i x_j$의 **그래디언트**가 $\nabla f(\mathbf{x}) = 2A\mathbf{x}$가 되는 이유:

A가 **대칭행렬**이라면 비대각선 성분은 $a_{ij} = a_{ji}$이므로 $i \neq j$일 때 $\mathbf{x}^T A\mathbf{x}$이 갖는 $x_i x_j$의 계수는 $a_{ij} + a_{ji} = 2a_{ij}$이다. 이러한 방법을 적용하면 f는 다음과 같은 **이차식**으로 나타낼 수 있다.

$$f(\mathbf{x}) = \mathbf{x}^T A\mathbf{x} = a_{11}x_1^2 + a_{22}x_2^2 + \cdots + a_{nn}x_n^2 + \sum_{i<j} 2a_{ij}x_i x_j$$

그리고 $g(\mathbf{x}) = \mathbf{x}^T\mathbf{x} - 1 = x_1^2 + x_2^2 + \cdots + x_n^2 - 1 = 0$이라 한 뒤, $\nabla f(\mathbf{x})$를 살펴보자. f의 편도함수는 다음과 같다.

$$\frac{\partial f}{\partial x_k} = 2a_{k1}x_1 + 2a_{k2}x_2 + \cdots + 2a_{kn}x_n, \quad k = 1, 2, \cdots, n$$

그러므로 $\nabla f(\mathbf{x}) = \left[\sum_{i=1}^{n} 2a_{1i}x_i, \sum_{i=1}^{n} 2a_{2i}x_i, \cdots, \sum_{i=1}^{n} 2a_{ni}x_i\right]^T = 2A\mathbf{x}$이다. 한편 $\frac{\partial g}{\partial x_k} = 2x_k$이므로 $\nabla g(\mathbf{x}) = [2x_1, 2x_2, \cdots, 2x_n]^T = 2\mathbf{x}$이다.

참고 $A = [a_{ij}]_{n\times n}$가 정사각행렬일 때, $A\mathbf{x} = \lambda\mathbf{x}$을 만족하는 λ를 A의 **고윳값**(eigenvalue), 영 아닌 벡터 $\mathbf{x}$를 λ에 대응하는 A의 고유벡터(eigenvector)라 한다.

그리고 $f(\mathbf{x})$**의 최댓값**은 $f(\mathbf{x}) = \mathbf{x}^T A\mathbf{x} = \mathbf{x}^T(\lambda\mathbf{x}) = \lambda(\mathbf{x}^T\mathbf{x}) = \lambda$ 이므로, A**의 고윳값 중 가장 큰 고윳값**이 된다. n차 행렬 $A = [a_{ij}]_{n\times n}$의 (실수상에서의) n개의 고윳값은 n차 다항식 $\det(\lambda I_n - A) = 0$의 근을 구하면 얻을 수 있으며, $A\mathbf{x} = \lambda\mathbf{x}$를 만족하는 고유벡터(eigenvector)는 동차연립방정식 $(A - \lambda I_n)\mathbf{x} = 0$의 해집합(해공간)에서 일차독립인 영 아닌 벡터들을 고르면 된다. 그 벡터들이 생성하는 벡터공간을 고유공간(eigenspace)라 부른다.

[예제] 정사각행렬의 특성방정식, 고윳값, 고유벡터 구하는 방법.

```
A =matrix(QQ,2,2, [1,2, -6,8] );
print ( A.charpoly() );
print ( A.eigenvalues() );
```

```
print ( A.eigenvectors_right() )
```

◩ 열린 문제 2 **라그랑주의 승수법**을 이용하여 방정식 $x^2+y^2+z^2+t^2=1$을 만족하는 함수 $f(x,\ y,\ z,\ t)=x+y+z+t$의 **최댓값과 최솟값**을 SAGE 코드를 활용하여 구해보시오.

(*) 5.5. 오차역전파(Back Propagation)

인공 신경망은 신경계의 기본 단위인 뉴런을 모델화한 것으로 신호가 들어오는 **입력층**(Input layer)과 입력된 신호를 출력하게 하는 **출력층**(Output layer)이 있다. 입력층과 출력층 사이에 있는 것을 **은닉층**(Hidden layer)이라 한다. 입력층에서 신호를 받으면, 미리 부여된 가중치와 계산 후 주어진 활성화 함수를 거쳐 은닉층으로 전파되고, 같은 방식으로 그 다음 층으로 전파되어 출력층에서 해당하는 결과를 내보낸다.

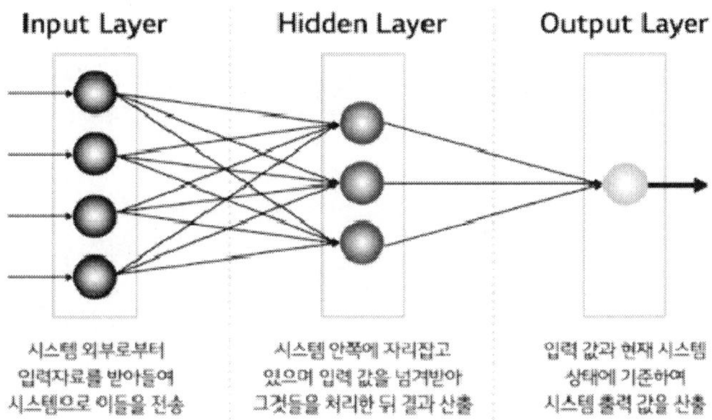

[그림 출처] https://blog.lgcns.com/1359

입력값과 정답을 알고 있는 데이터가 있다고 할 때 우리의 목적은 주어진 데이터로 정답 여부를 잘 가려내도록 **신경망의** (각 node 에서의) **가중치**를 찾는 것이다. 초기에는 임의로 가중치를 부여해놓고, 주어진 데이터로부터 신경망을 이용하여 얻은 예측값과 미리 알고 있는 정답 간의 오차를 줄이는 방향으로 (각 node 에서의) 가중치를 점차 갱신해 나간다. 이때 계층 간의 각각의 연결이 오차에 영향을 주는 정도에 비례해서 오차를 전달해준다. 대표적인 방법이 **오차 역전파법**(back propagation)이다. **각 계층에 전달된 오차를 바탕으로 가중치를 갱신하는 방법**으로 **경사하강법**(gradient descent method)을 **오차함수를 최소화하는 문제에 적용**한다.

신경망에서 오차가 일어났다는 것은 결국, 입력신호가 입력층으로부터 은닉층을 거쳐 최종 출력층으로 전파될 때, 은닉층에서의 오차가 반영된 결과라고 볼 수 있으므로 계층 간의 각각의 연결이 오차에 영향을 주는 정도, 즉 가중치에 비례해서 오차를 역으로 전달해준다. 출력층에서 얻은 오차로부터 은닉층과 출력층 사이의 가중치를 다변수함수의 연쇄법칙을 적용해 갱신한다

[참조] http://matrix.skku.ac.kr/math4ai-intro/W13/
https://matrix.skku.ac.kr/intro-math4ai/W13

Week 5 과제 위의 열린 문제를 풀어본 후, 본인이 요약/실습/질문/답변한 내용을 Q&A(문의게시판)에 공유하시오.

6주차 이중적분

학습목표	이번 주차에서는 정의역이 직사각형 영역일 때의 **이중적분**과 정의역이 일반적인 영역일 때의 이중적분을 학습하고 **적분순서를 바꿀 수 있는 방법**을 학습한다.
핵심개념	직사각형 영역에서의 이중적분, **일반적인 영역 위에서의 이중 적분**, 적분 순서 변경
실습실	http://matrix.skku.ac.kr/M-calculus/W6/

6.1 직사각형 영역에서의 이중적분(Double Integral in Rectangle Region)

이변수 함수 $z=f(x,y)$가 xy평면의 폐(closed) 직사각형 영역 $R=[a,b]\times[c,d]$에서 연속이고 양수값을 갖는다고 하자.

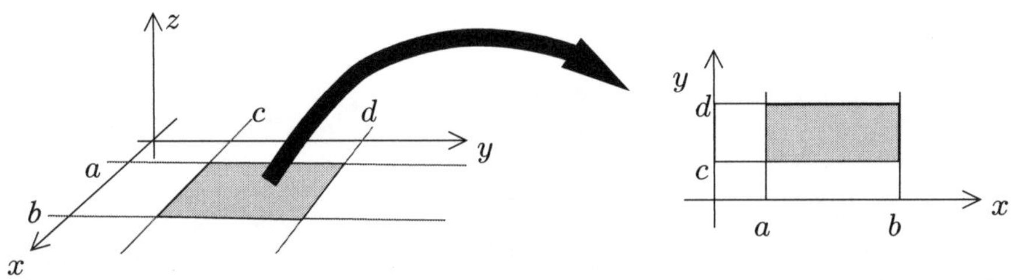

$$\text{정의역 : } R=[a,\ b]\times[c,\ d]=\{(x,\ y)\in\mathbb{R}^2 \mid a\le x\le b,\ c\le y\le d\}$$

이제 R 위와 곡면 $z=f(x,y)$ 아래에 있는 입체의 부피를 구하기 위하여 폐구간 $[a,b]$를 m개의 부분구간 $[x_{i-1}, x_i]\,(i=1, \cdots, m)$, $[c,d]$를 n개의 부분구간 $[y_{j-1}, y_j]$ $(j=1, \cdots, n)$으로 등분하면 R은 mn개의 작은 직사각형 영역들로 분할된다. 이제 $R_{ij}=[x_{i-1}, x_i]\times[y_{j-1}, y_j]$의 넓이(area)를 ΔA라 하고 R_{ij} 위의 임의의 한 점을 (x_i^*, y_j^*)라 하면 **이중 리만합(double Riemann sum)**은 다음과 같이 정의된다.

$$V \approx \sum_{i=1}^{m}\sum_{j=1}^{n} f(x_i^*, y_j^*)\,\Delta A$$

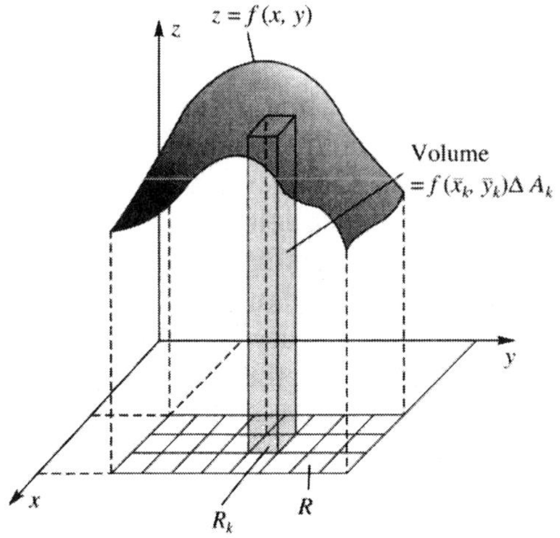

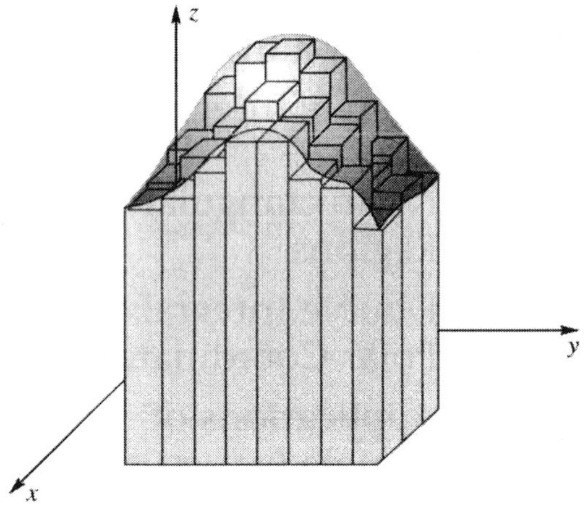

여기서 m과 n이 커짐에 따라 이중 리만합은 폐직사각형 R 위에서 곡면 $z = f(x,\, y)$와 xy평면 사이의 입체의 부피에 근접한다. 그러므로 $\sum_{i=1}^{m}\sum_{j=1}^{n} f(x_i{}^*,\, y_j{}^*)\Delta A$는 이중적분의 값의 근삿값으로 이용된다.

(a) $m = n = 4,\ V \approx 41.5$　　(b) $m = n = 8,\ V \approx 44.875$　　(c) $m = n = 16,\ V \approx 46.46875$

$z = 16 - x^2 - 2y^2$의 그래프를 다양한 m, n으로 나누어 계산한 부피의 근사값

극한을 이용하여 부피를 다음과 같이 정의한다.

$$V = \lim_{m,\, n \to \infty} \sum_{i=1}^{m} \sum_{j=1}^{n} f\,(x_i{}^*,\ y_j{}^*\,)\,\Delta A$$

예제 1 타원포물면(elliptic paraboloid) $z = 4 + x + 3y^2$과 폐(closed) 직사각형 $R = [0,\ 1] \times [0,\ 1]$ 위에 놓인 입체의 부피(Volume)를 추정하라.

풀이. R를 **네 개의 같은 정사각형**으로 나누고, 표본점은 각 R_{ij}의 중간점 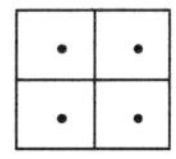을 선택한다.

$$V = \sum_{i=1}^{2}\sum_{j=1}^{2} f(x_i, y_j)\Delta A$$

$$= f\left(\frac{1}{4}, \frac{1}{4}\right)\Delta A + f\left(\frac{1}{4}, \frac{3}{4}\right)\Delta A + f\left(\frac{3}{4}, \frac{1}{4}\right)\Delta A + f\left(\frac{3}{4}, \frac{3}{4}\right)\Delta A$$

$$= \frac{71}{16} \cdot \Delta A + \frac{95}{16} \cdot \Delta A + \frac{79}{16} \cdot \Delta A + \frac{103}{16} \cdot \Delta A$$

$\Delta A = \frac{1-0}{2} \cdot \frac{1-0}{2} = \frac{1}{4}$이므로 $V = \frac{87}{4} \cdot \frac{1}{4} = \frac{87}{16}$이다.

위 문제를 sage로 풀면 다음과 같다.

http://matrix.skku.ac.kr/KOFAC/

```
var ('x, y')
f(x, y) = 4 + x + 3*y^2
a, b, c, d = 0, 1, 0, 1
m, n = 2, 2                # m, n = 200, 200 으로 늘리면 점점 더 이중적분 값에 수렴한다.
h = (b - a)/m
k = (d - c)/n
dA = h*k                   # 밑면의 넓이
V = 0
for i in range(0, m):
    for j in range(0, n):
        V + = f(a + (2*i + 1)*h/2, c + (2*j + 1)*k/2)*dA
print (V)
```

답. 87/16 # 추정된 부피 (Volumn) ■

만약 이변수 함수 f의 부호에 상관없이 **극한이 존재하면** 이 극한값을 영역 R 위에서 f의 이중적분(double integral)이라 하고 다음과 같이 정의한다.

$$\iint_R f(x, y)\,dA = \lim_{m, n \to \infty} \sum_{i=1}^{m}\sum_{j=1}^{n} f(x_i^*, y_j^*)\Delta A$$

즉, $f(x, y) \geq 0$이면 폐직사각형 R의 위와 곡면 $z = f(x, y)$ 아래에 놓인 입체의 부피 V는

$$V = \iint_R f(x, y)\, dA$$

이다.

이중적분에 대한 중점(Midpoint) 법칙

R_{ij}의 중점(Midpoint)이 $(\overline{x_i}, \overline{y_j})$일 때, 이중적분은 **이중**(double) **리만 합**(Riemann sum)으로 근사된다.

$$\iint_R f(x, y)dA \approx \sum_{i=1}^{m}\sum_{j=1}^{n} f(\overline{x_i}, \overline{y_i})\Delta A$$

여기서, $\overline{x_i}$는 $[x_{i-1}, x_i]$의 중점이고 $\overline{y_i}$는 $[y_{i-1}, y_i]$의 중점이다.

예제 2 $R = \{(x, y) | 0 \le x \le 2, 0 \le y \le 1\} = [0, 2] \times [0, 1]$일 때 $m = n = 2$인 중점법칙(Midpoint rule)을 이용해서 $\iint_R (4 - x - 3y^2)dA$의 값을 추정하라.

풀이. $m = n = 2$이므로 중점공식(Midpoint rule)을 사용하여 네 개의 작은 직사각형의 중심을 구하고 함수값을 계산한다. 중점의 좌표는, 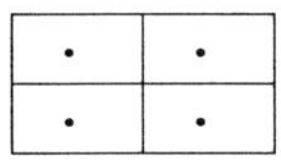, $\left(\frac{1}{2}, \frac{1}{4}\right)$, $\left(\frac{1}{2}, \frac{3}{4}\right)$, $\left(\frac{3}{2}, \frac{1}{4}\right)$, $\left(\frac{3}{2}, \frac{3}{4}\right)$이고 $\triangle A = \frac{1}{2}$이다.

$$\iint_R (4 - x - 3y^2)dA \approx \sum_{i=1}^{2}\sum_{j=1}^{2} f(\overline{x_i}, \overline{y_j})\triangle A$$

$$= f\left(\frac{1}{2}, \frac{1}{4}\right)\triangle A + f\left(\frac{1}{2}, \frac{3}{4}\right)\triangle A + f\left(\frac{3}{2}, \frac{1}{4}\right)\triangle A + f\left(\frac{3}{2}, \frac{3}{4}\right)\triangle A$$

$$= \frac{53}{16} \cdot \frac{1}{2} + \frac{29}{16} \cdot \frac{1}{2} + \frac{37}{16} \cdot \frac{1}{2} + \frac{13}{16} \cdot \frac{1}{2}$$

$$= \frac{33}{8}$$

위 문제를 Sage로 풀면 다음과 같다.

http://matrix.skku.ac.kr/KOFAC/

```
var ('x, y')
f(x, y) = 4 - x - 3*y^2
a, b, c, d = 0, 2, 0, 1
```

```
m, n = 2, 2              # m, n = 200, 200 으로 늘리면 점점 더 이중적분 값에 수렴한다.
h = (b - a)/m
k = (d - c)/n
dA = h*k                 # 밑면의 넓이
S = 0
for i in range(0, m):
    for j in range(0, n):
        S += f(a + (i + 1/2)*h, c + (j + 1/2)*k)*dA
print (S)
```

답. 33/8 # $\iint_R (4-x-3y^2)\,dA$값 추정 ■

이중적분의 성질

① $\iint_R cf(x,\ y)\,dA = c\iint_R f(x,\ y)\,dA$ 단, c는 상수

② $\iint_R \{f(x,\ y) \pm g(x,\ y)\}\,dA = \iint_R f(x,\ y)\,dA \pm \iint_R g(x,\ y)\,dA$

③ R에 속한 모든 $(x,\ y)$에 대하여 $f(x,\ y) \geq g(x,\ y)$이면

$$\iint_R f(x,\ y)\,dA \geq \iint_R g(x,\ y)\,dA$$

이다.

이중적분은 실제로 어떻게 계산할 수 있을까? 답은 적분을 여러 번 반복하면 된다. 이를 **반복적분**(iterated integral)이라 한다.

푸비니 정리

$f(x,\ y)$가 **직사각형 영역** $R=\{(x,\ y)\,|\,a\leq x\leq b,\ c\leq y\leq d\}=[a,\ b]\times[c,\ d]$ **위에서 연속이면** 이중적분은 다음과 같이 계산된다.

$$\iint_R f(x,\ y)\,dA = \begin{cases} \int_a^b\left\{\int_c^d f(x,\ y)\,dy\right\}dx = \int_a^b\int_c^d f(x,\ y)\,dy\,dx \\ \int_c^d\left\{\int_a^b f(x,\ y)\,dx\right\}dy = \int_c^d\int_a^b f(x,\ y)\,dx\,dy \end{cases}$$

즉 함수 $f(x, y)$를 x에 관하여 한 번 적분하고, y에 관하여 한번 적분하면 된다. 직사각형 영역에서는 적분순서를 자유롭게 바꿀 수 있다.

참고

반복적분할 때, 현재 적분하는 변수를 제외한 다른 모든 변수는 상수로 간주해야 한다.

영역 R의 윗부분과 곡면 $z = f(x, y) \geq 0$ 아랫부분으로 이루어진 입체의 부피는, x를 지나고 x축에 수직인 평면이 입체를 절단했을 때 생기는 절단면의 넓이를 $A(x)$라 할 때, 다음과 같이 계산된다.

$$V = \int_a^b A(x)\,dx$$

그리고 $A(x)$는 다음 그림과 같이 x가 고정된 상태에서 x축에 수직인 평면이 입체를 절단했을 때 생기는 절단면의 넓이로, $c \leq y \leq d$의 범위에 있다면, $A(x) = \int_c^d f(x, y)\,dy$로 계산된다.

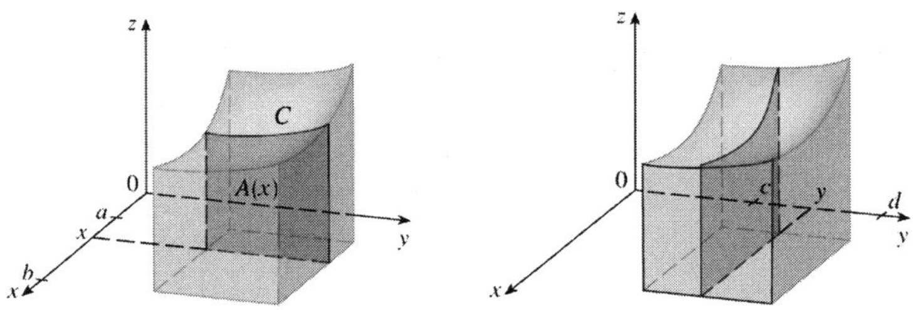

$$\iint_R f(x, y)\,dA = \int_a^b A(x)dx = \int_a^b \left[\int_c^d f(x, y)\,dy\right] dx$$

예제 3 $R = \{(x, y) \mid 0 \leq x \leq 1,\ 1 \leq y \leq 2\} = [0, 1] \times [1, 2]$일 때 $\int_1^2 \int_0^1 (x^3 + y^2)\,dx\,dy$와 $\int_0^1 \int_1^2 (x^3 + y^2)\,dy\,dx$를 구하고 $\int_1^2 A(y)dy$인 $A(y)$를 구하여 두 적분 값이 일치함을 확인하시오. 이 문제를 Sage로 풀어보자.

http://matrix.skku.ac.kr/KOFAC/

```
var ('x, y')
f(x, y) = x^3 + y^2
```

```
intf = integral (integral (f, x, 0, 1), y, 1, 2)
intg = integral (integral (f, y, 1, 2), x, 0, 1)
print (intf)
A(y) = integral (f, x, 0, 1)
print (A(y))
print (bool (intf == intg))
plot3d (f(x, y), (x, −1, 1), (y, −1, 1), figsize = 4, opacity = 0.6)
```

답. 31/12 $\quad$ $\# \int_1^2 \int_0^1 (x^3+y^2)\, dx\, dy$ 값

y^2 + 1/4 $\quad$ $\# A(y)$

True $\quad$ $\# \int_1^2 \int_0^1 (x^3+y^2)\, dx\, dy = 31/12 = \int_1^2 A(y)\, dy$

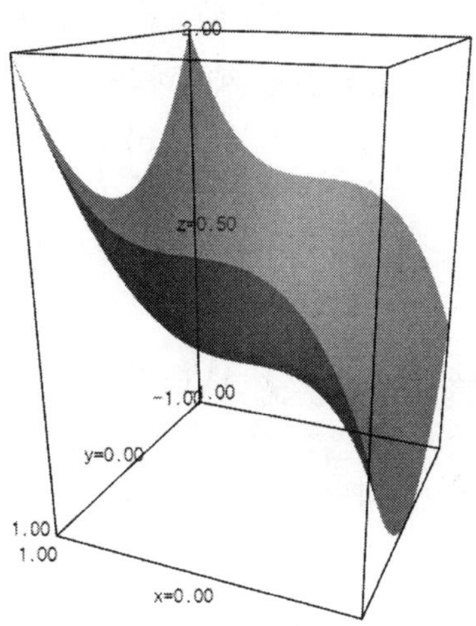

■

함수 $f(x, y) = f_1(x) f_2(y)$**가** $R = \{(x, y) \mid a \le x \le b,\ c \le y \le d\} = [a, b] \times [c, d]$**에서 연속이면**

$$\iint_R f(x, y)dA = \int_c^d \int_a^b f_1(x) f_2(y) dx dy = \int_c^d \left[\int_a^b f_1(x) f_2(y) dx \right] dy$$

$$= \int_c^d \left[f_2(y) \left\{ \int_a^b f_1(x) dx \right\} \right] dy = \left\{ \int_a^b f_1(x) dx \right\} \left\{ \int_c^d f_2(y) dy \right\}$$

이다.

예제 4 $R = [0, 1] \times [0, 1]$에서의 연속함수에 대한 이중적분 $\iint_R xy dA = \int_0^1 x dx \int_0^1 y dy$을 구하라.

http://matrix.skku.ac.kr/KOFAC/

```
var ('x, y')
f(x)=x
g(y)=y
int1 = integral (integral (f * g, x, 0, 1), y, 0, 1)
int2 = integral (f, x, 0, 1) * integral (g, y, 0, 1)
print (int1)
print (bool (int1 == int2))
```

답. **1/4** $\quad \# \iint_R xy\,dA$

True $\quad \# \iint_R xy\,dA = \int_0^1 x\,dx \int_0^1 y\,dy$ ■

예제 5 다음 연속함수들에 대한 이중적분을 계산하라.

(a) $\int_0^1 \int_1^3 (1+4xy)\,dy\,dx$ $\qquad$ (b) $\int_1^3 \int_0^1 (1+4xy)\,dx\,dy$

풀이. (a)의 계산

$$\int_0^1 \int_1^3 (1+4xy)\,dy\,dx = \int_0^1 (16x+2)\,dx = 10$$

이것을 sage로 풀면 다음과 같다.

http://matrix.skku.ac.kr/KOFAC/

```
var ('x, y')
f(x, y) = 1 + 4*x*y
integral (integral (f, y, 1, 3), x, 0, 1)
```

답. (a)의 답. 10 $\quad \# \int_0^1 \int_1^3 (1+4xy)\,dy\,dx$ ■

(b)의 계산

$$\int_1^3 \int_0^1 (1+4xy)\,dx\,dy = \int_0^1 (2y+1)\,dx = 10$$

이것을 sage로 풀면 다음과 같다.

```
var ('x, y')
f(x, y) = 1 + 4*x*y
intf = integral (integral (f, x, 0, 1), y, 1, 3)
print (intf)
```

답. (b)의 답. 10 　　　　# $\int_1^3\int_0^1 (1+4xy)dx\,dy$ ■

◩ 열린 문제 1 다른 교재나 본인 전공에서 접하는 식이나 문제를 활용하여 폐(closed) 직사각형구간위에서 정의된 연속함수에 대한 이중적분을 구해보자.

6.2 일반영역에서의 이중적분(Double Integral over General Region)

이제 아래 그림과 같이 **정의역 D가 직사각형 모양이 아닌 일반영역일 때,**

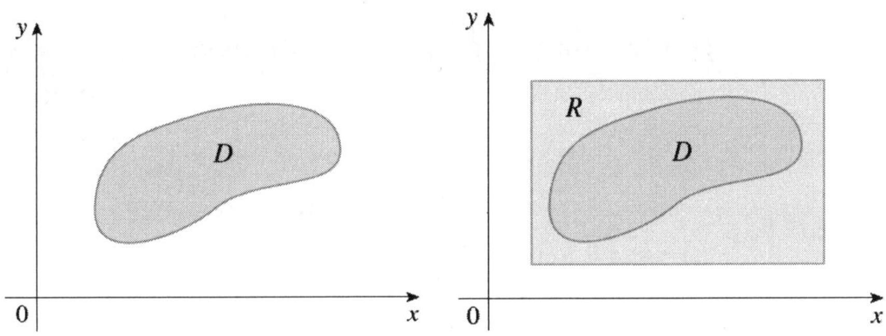

다변수 함수 f를 적분하는 문제를 살펴보자. 여기서 영역 D는 직사각형 영역 R로 둘러싸인 유계(bounded)인 영역이다. 정의역 R을 갖는 새로운 함수 $F(x,y)$를 다음과 같이 정의한다.

$$F(x,\ y) = \begin{cases} f(x,\ y) & (x,\ y) \in D \\ 0 & (x,\ y) \in R \text{ and } (x,\ y) \not\in D \end{cases} \tag{1}$$

새 함수 F가 영역 R에서 적분가능하면, D에서 f**의 이중적분을 아래와 같이 구할 수 있다.**

$$\iint_D f(x,\ y)dA = \iint_R F(x,\ y)dA \text{ (단, } F\text{는 식 }\mathbf{(1)}\text{로부터 정의된다.)}$$

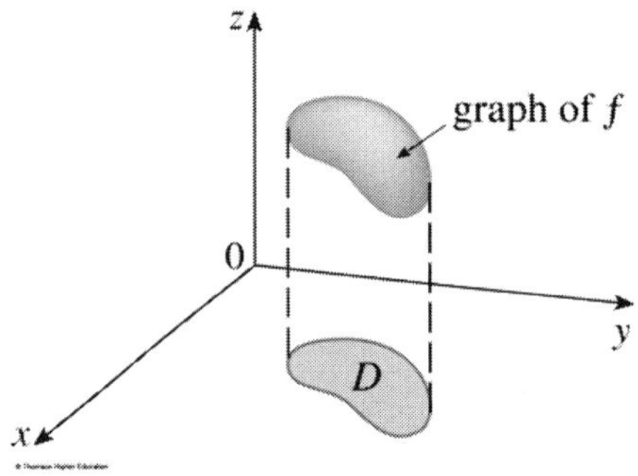

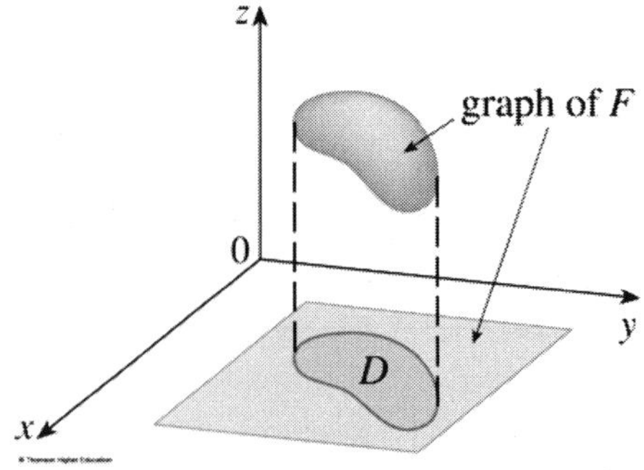

따라서 이제 우리는 일반영역에서의 이중적분(Double Integral over General Region)의 경우도 직사각형 영역에서의 이중적분(Double Integral in Rectangle Region)의 지식을 이용하여 어렵지 않게 구할 수 있다는 것을 확인한 것이다.

6.3 이중적분에서 적분 순서의 결정

함수 $f(x,y)$**가** $D=\{(x,\ y)\mid a\le x\le b,\ g_1(x)\le y\le g_2(x)\}$ **에서 연속함수이면**

$$\iint_D f(x,\ y)\,dA=\int_a^b\int_{g_1(x)}^{g_2(x)} f(x,\ y)\,dy\,dx$$

이다.

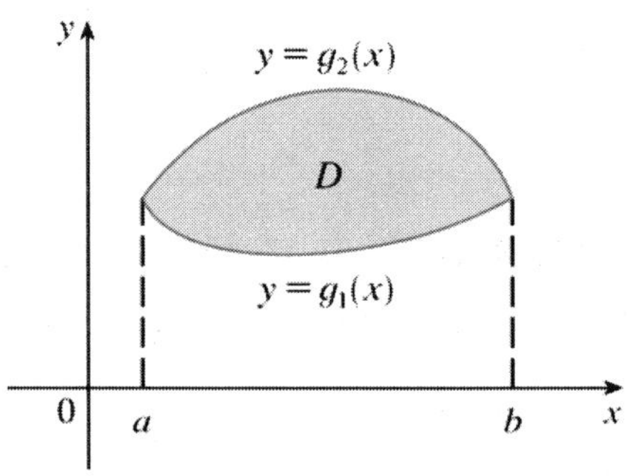

또한 $f(x,y)$가 $D=\{(x,\ y)\mid h_1(y)\le x\le h_2(y),\ c\le y\le d\}$ 에서 연속함수이면

$$\iint_D f(x,\ y)\,dA=\int_c^d\int_{h_1(y)}^{h_2(y)} f(x,\ y)\,dx\,dy$$

이다.

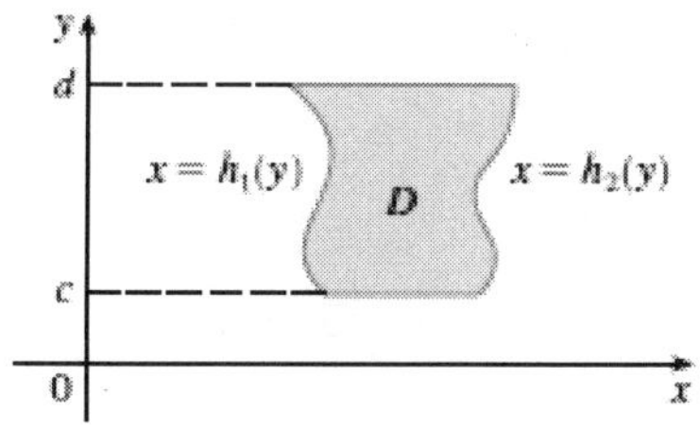

예제 6 $R = \{(x, y) \mid 0 \le x \le y,\ 0 \le y \le 1\}$일 때 $\iint_R (x^3 + y^2)\,dA$을 구하라.

풀이. $\iint_R (x^3+y^2)dA = \int_0^1 \int_0^y (x^3+y^2)dxdy = \int_0^1 (\frac{1}{4}y^4 + y^3)dy = \frac{3}{10}$

Sage로 풀면 아래와 같다.

http://matrix.skku.ac.kr/KOFAC/

```
var ('x, y')
f(x, y) = x^3 + y^2
integral (integral (f, x, 0, y), y, 0, 1)
```

답. 3/10 # $\iint_D (x^3+y^2)dA$ ■

예제 7 D가 포물선 $y = x^2$과 $y = x + 6$에 의해 둘러쌓인(enclosed)인 영역일 때 $\iint_D x\,dA$를 계산하라.

풀이. 포물선 $y = x^2$과 $y = x + 6$의 교점은 $(-2, 4)$, $(3, 9)$이다. 아래쪽 그래프가 $y = x^2$이고 위쪽 그래프가 $y = x + 6$이므로

$$D = \{(x,y) \mid x^2 \le y \le x+6,\ -2 \le x \le 3\}$$

이다. 영역 D에 대하여 이중적분을 구하면

$$\iint_D x\,dA = \int_{-2}^{3} \int_{x^2}^{x+6} x\,dy\,dx = \int_{-2}^{3} (-x^3 + x^2 + 6x)\,dx = \frac{125}{12}$$

이다. Sage로 풀면 다음과 같다.

http://matrix.skku.ac.kr/KOFAC/

```
var ('x, y')
solve ([y == x^2, y == x + 6], x, y)                          # 곡선과 직선의 교점
print (integral (integral (x, y, x^2, x + 6), x, -2, 3))      # ∫_{-2}^{3}∫_{x^2}^{x+6} x dy dx
plot (x^2, (x, -3, 4)) + plot (x + 6, (x, -3, 4), color = 'red')
```

답. 125/12 # $\iint_D x\,dA$의 값

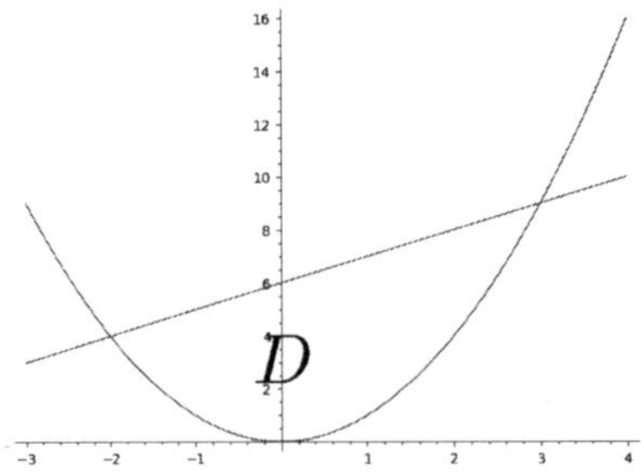

D: 직선과 곡선으로 둘러싸인 영역 ■

예제 8 포물면 $z = 4x + y^2$ 아래와 xy평면에서 직선 $y = 2x$와 포물선 $y = x^2$에 의해 둘러쌓인(enclosed, surrounded) xy평면의 영역 D 위에 있는 입체의 부피(volume)를 구하라.

풀이. 직선 $y = 2x$와 포물선 $y = x^2$에 의해 둘러쌓인 xy평면의 영역 D의 그래프를 Sage로 그려보면 아래와 같다.

http://matrix.skku.ac.kr/KOFAC/

```
var ('x, y')
plot(2*x, (x, -1, 3)) + plot(x^2, (x, -1, 3), color = 'red')
```

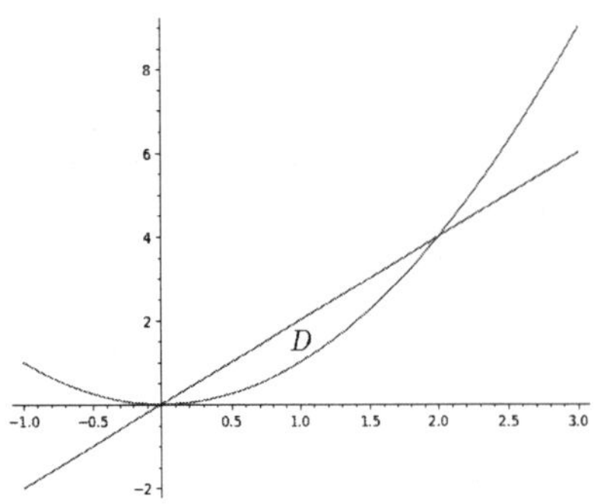

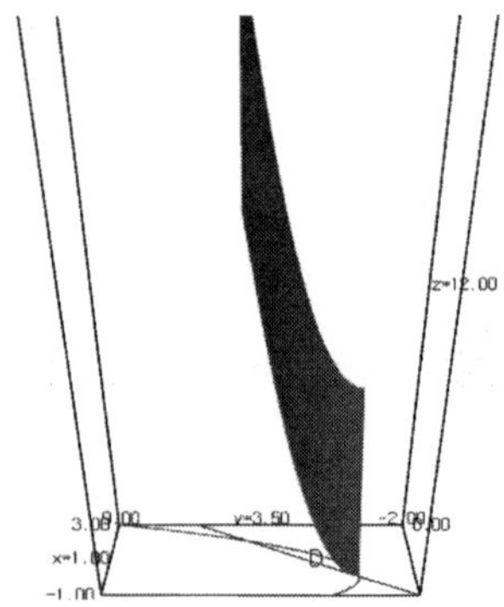

오른쪽 그림의 xy 평면상에 그려진 영역이 직선 $y=2x$와 포물선 $y=x^2$에 의해 둘러쌓인 (enclosed) 영역이다. 영역 D의 범위를 구하기 위해 직선 $y=2x$와 포물선 $y=x^2$의 교점을 구하면 $(2,4)$, $(0,0)$이다. 영역 D의 아래쪽이 포물선이고 위쪽이 직선이므로 영역이므로

$$D=\{(x,y)\mid x^2 \le y \le 2x,\ 0 \le x \le 2\}$$

이다. 영역 D 위에 있는 포물면 $z=4x+y^2$까지의 부피는 이중적분으로 나타낼 수 있다. 그러므로

$$V=\int_0^2\int_{x^2}^{2x}(4x+y^2)\,dydx=\int_0^2\left(-\frac{1}{3}x^6-\frac{4}{3}x^3+8x^2\right)dx=\frac{208}{21}$$

이다. 이것을 sage로 풀어보자.

http://matrix.skku.ac.kr/KOFAC/

```
solve ([y == 2*x, y == x^2], x, y)
print (integral (integral (4*x + y^2, y, x^2, 2*x), x, 0, 2))  # y_1 = x^2, y_2 = 2*x
plot3d (4*x + y^2, (x, 0, 2), (y, 0, 4))
```

답. 208/21 # 입체의 부피 $V=\int_0^2\int_{x^2}^{2x}(4x+y^2)\,dydx=\frac{208}{21}$ ■

예제 9 직선 $y=x+3$과 포물선 $y^2=2x+6$에 의해 둘러쌓인(enclosed)인 영역 D에 대해 $\iint_D (x+y)\,dA$을 구하라.

http://matrix.skku.ac.kr/KOFAC/

```
var ('x, y')
show (implicit_plot (y == x + 3, (x, -4, 0), (y, -1, 3)) + implicit_plot (y^2 == 2*x + 6, (x, -4, 0), (y, -1, 3), color = 'red'))
show (solve ([y == x + 3, y^2 == 2*x + 6], x, y))
integral (integral (x + y, x, (1/2)*y^2-3, y - 3), y, 0, 2)  # x_1 = (1/2)*y^2-3, x_2 = y - 3
```

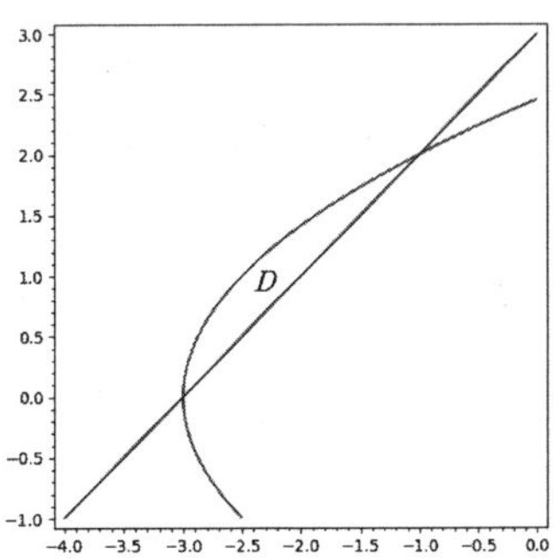

유계인 영역 D

[[x=(-1), y=2], [x=(-3), y=0]]　　　　　# $y = x+3$과 $y^2 = 2x+6$의 교점

답. 4/5　　　　　　　　　　　　　　　　# $\iint_D (x+y)\,dA = \int_0^2 \int_{\frac{1}{2}y^2-3}^{y-3} (x+y)\,dx\,dy = \frac{4}{5}$ ■

예제 10 평면 $z = 4 - 4x - 2y$, $z = 0$, $x = 0$, $y = 0$에 의해 결정되는 [제 1 팔분공간(1st octant) 안의 bounded regiond 인] 아래 그림 모양 **사면체의 부피**를 구하라.

http://matrix.skku.ac.kr/KOFAC/

```
var ('x, y, z')
show (implicit_plot3d (4*x + 2*y + z == 4, (x, 0, 1), (y, 0, 2), (z, 0, 4), opacity = 0.6), aspect_ratio = [4, 2, 1])
integral (integral (4 - 4*x - 2*y, y, 0, 2 - 2*x), x, 0, 1)
```

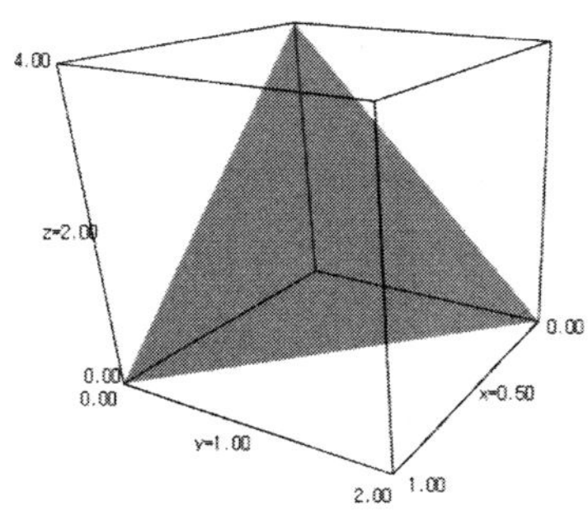

답. 4/3　　　　　#유계 영역의 사면체의 부피 ■

열린 문제 2 다른 교재의 문제중 두 함수에 의하여 둘러싸인(enclosed)인 일반 영역 D에서의 연속함수에 대한 이중적분을 풀어보자.

6.4 적분순서의 변경

영역 $D = \{(x, y) \mid a \le x \le b,\ c(x) \le y \le d(x)\} = \{(x, y) \mid a(y) \le x \le b(y),\ c \le y \le d\}$에서 연속함수 $f(x, y)$의 이중적분은 **푸비니(Fubini) 정리**에 의하여 다음과 같이 계산된다.

$$\iint_D f(x, y)\,dA = \int_a^b \int_{c(x)}^{d(x)} f(x, y)\,dy\,dx = \int_c^d \int_{a(y)}^{b(y)} f(x, y)\,dx\,dy$$

예제 11 이중적분 $\int_0^1 \int_x^1 \frac{1}{(1+y^2)^2} dydx$를 계산하라.

풀이. 적분영역은 $D = \{(x, y) \mid x \le y \le 1, 0 \le x \le 1\}$인데, 위의 적분값을 더 쉽게 계산하기 위해 적분 순서를 바꾸려면 영역을 $D = \{(x, y) \mid 0 \le x \le y, 0 \le y \le 1\}$로 바꾸어 표현하는 것이 편리하다.

$$D = \{(x, y) \mid 0 \le x \le y, 0 \le y \le 1\}$$

[설명] $D = \{(x,y) \mid x \le y \le 1, 0 \le x \le 1\}$이 주어진 영역일 때, y의 범위는 초록색 부분과 같이 아래쪽부터 위쪽까지가 범위가 되므로 아래쪽은 $y = x$에서 시작해서 $y = 1$까지의 범위를 갖는다.

축을 바꾸어 x의 범위로 보면, 빨간색 화살표 그림처럼 왼쪽부터 오른쪽까지 이므로 왼쪽의 경계는 y축인 $x = 0$부터 오른쪽 영역의 경계인 $x = y$까지이다. 따라서

$\{(x, y) \mid 0 \le x \le y, 0 \le y \le 1\}$

이 되고 이는 주어진 영역 D와 일치한다.

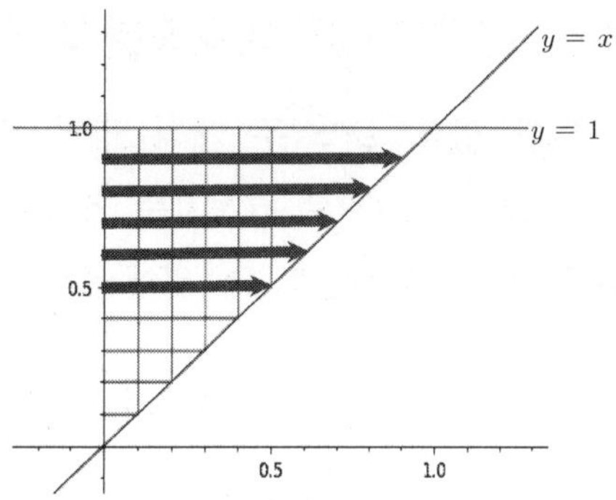

따라서 두 영역에서 각각의 적분이 같은 값을 가지는 것을 Sage로 확인해보자.

http://matrix.skku.ac.kr/KOFAC/

```
var ('x, y')
assume(x - 1 >0)                # 적분 순서를 바꿀 때 Sage적분에서 x-1의 범위가 필요함
f(x, y) = 1/(1 + y^2)^2
show (plot3d (1/(1 + y^2)^2, (x, 0, 2), (y, -3, 2), opacity = 0.6, aspect_ratio = [3, 1, 5]))
intx = integral (integral (f, y, x, 1), x, 0, 1)  # y 에 대한 적분을 먼저하는 경우
inty = integral (integral (f, x, 0, y), y, 0, 1)  # x 에 대한 적분을 먼저하는 경우
print (intx)
print (bool (intx ==inty))      # 적분 순서를 바꾸어도 적분 결과는 변하지 않음
```

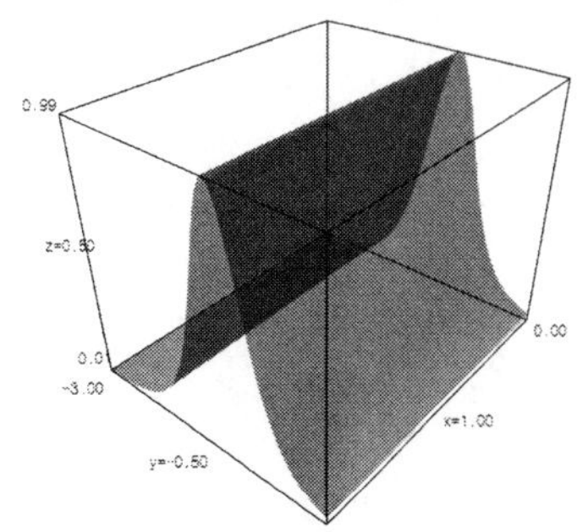

1/4 $\# \int_0^1 \int_x^1 \frac{1}{(1+y^2)^2} dydx$, y 에 대한 적분을 먼저하는 경우

답. True (일치) $\# \int_0^1 \int_x^1 \frac{1}{(1+y^2)^2} dydx = \int_0^1 \int_0^y \frac{1}{(1+y^2)^2} dxdy$, 좌변==우변 ■

열린 문제 3 예제 11번과 유사한 연속인 이변수함수를 골라서, (Fubini 정리를 이용하여) 이중적분에서 적분순서를 바꾸어 보고, 두 적분의 결과값이 같다는 것을 확인하여라.

6.5 일반영역에서 이중적분의 성질

일반 영역 D가 두 개의 영역 D_1, D_2로 나누어졌다고 하자. 즉 $D = D_1 \cup D_2$이고 $D_1 \cap D_2 = \varnothing$ (서로 겹쳐지는 영역이 없음)이다. 이때 영역 D에서의 이중적분은 영역 D_1 위에서의 이중적분과 D_2 위에서의 이중적분으로 나누어 쓸 수 있다.

$$\iint_D f(x, y)dA = \iint_{D_1} f(x, y)dA + \iint_{D_2} f(x, y)dA$$

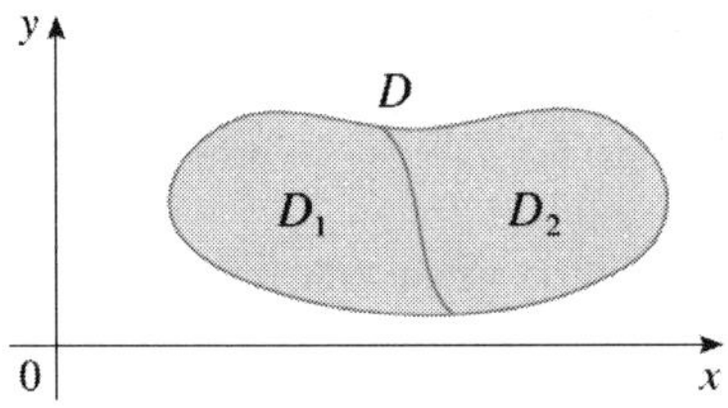

예제 12 $y = x$와 $y = x^3$에 의해 둘러싸인 유계(bounded)인 영역 D에 대하여 이중적분 $\iint_D (x-1)dxdy$를 구하라.

http://matrix.skku.ac.kr/KOFAC/

```
var ('x, y')
show (plot (x, (x, -1, 1)) + plot (x^3, (x, -1, 1), color = 'red'))
print (solve ([y == x, y == x^3,], x, y))
integral (integral (x-1, y, x, x^3), x, -1, 0) + integral (integral (x-1, y, x^3, x), x, 0, 1)
```

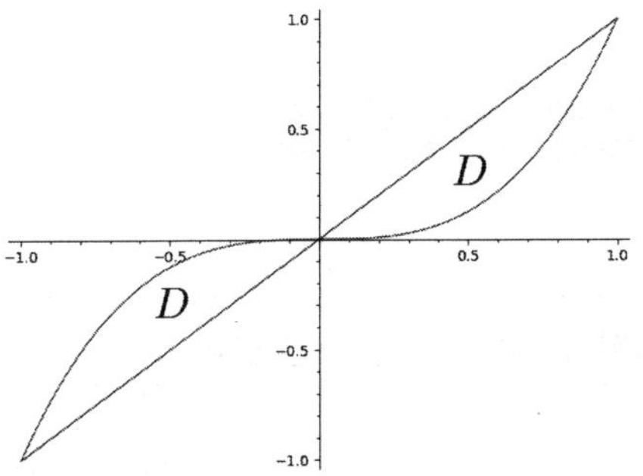

\# $y=x$ 와 $y=x^3$ 에 의해 둘러싸인 영역

[[x == -1, y == -1], [x == 1, y == 1], [x == 0, y == 0]] # $y=x$ 와 $y=x^3$ 의 교점

답. $\iint_D (x-1)\,dx\,dy \;=\; -1/2$ ■

참고 영역 D에서 상수함수 $f(x,\,y)=1$을 적분하면 D의 넓이 $A(D)$를 얻는다.

$$\iint_D 1\,dA = A\,(D)$$

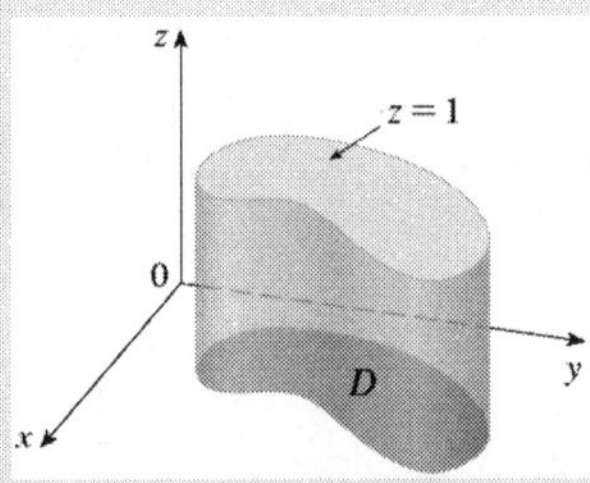

따라서 영역 D에 속한 모든 $(x,\,y)$에 대해 $m \le f(x,\,y) \le M$이면 다음이 성립한다.

$$mA\,(D) \le \iint_D f\,(x,\,y)\,dA \le MA\,(D)$$

◩ 열린 문제 4 상수함수 $f(x)=1$를 구간 D 에서 적분하면 D의 길이를 구할 수 있다. 평면상의 영역 D 에서 상수함수 $f\,(x,\,y)=1$ 을 적분하면 $\iint_D 1\,dA = A\,(D)$가 되어 영역 D 의 면적을구할 수 있다. 공간상의 영역 D에서 상수함수 $f\,(x,\,y,z)=1$ 을 적분하면 **삼중적분** $\iiint_D 1\,dV$가 된다. **이 삼중적분의 기하학적인 의미는 무엇인가?**

Week 6 과제 위의 열린 문제들을 풀어본 후, 본인이 요약/실습/질문/답변한 내용을 Q&A(문의게시판)에 공유하고 토론하시오.

7 주차 극좌표계에서의 이중적분, 삼중적분

학습목표	이번 주차에서는 **극좌표계에서의 이중적분**과 삼중적분을 학습한다.
핵심개념	극좌표에서의 이중적분, 삼중적분
실습실	http://matrix.skku.ac.kr/M-calculus/W7/

7.1 극좌표계에서의 이중적분(Double integral in Polar Coordinate System)

참고 직교좌표 (x, y)와 극좌표 (r, θ)의 관계(복습)

(x, y)	(r, θ)
$x = r\cos\theta$	$x^2 + y^2 = r^2$
$y = r\sin\theta$	$\tan\theta = \dfrac{y}{x}$

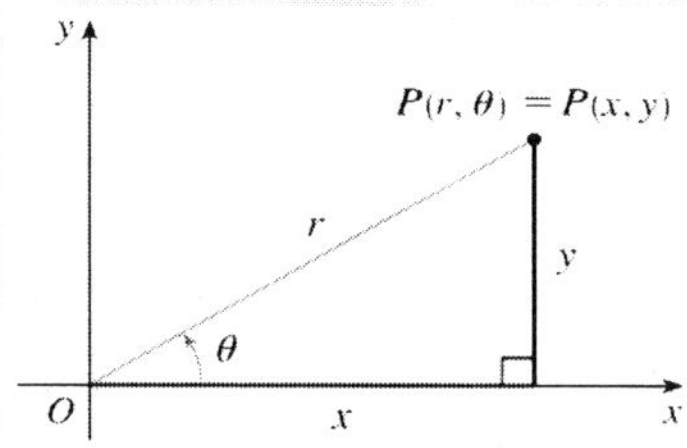

함수 $f(x, y)$가 아래 그림과 같이 **극 직사각형**(polar rectangle) $R = \{(r, \theta) \mid a \le r \le b,$ $\alpha \le \theta \le \beta\}$을 정의역으로 하는 함수 f가 R에서 연속이고 $0 \le \beta - \alpha \le 2\pi$일 때 R에서 f의 이중적분은 다음과 같이 계산된다.

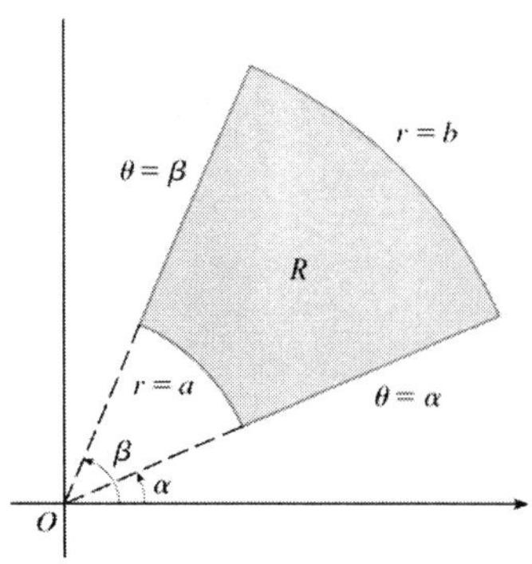

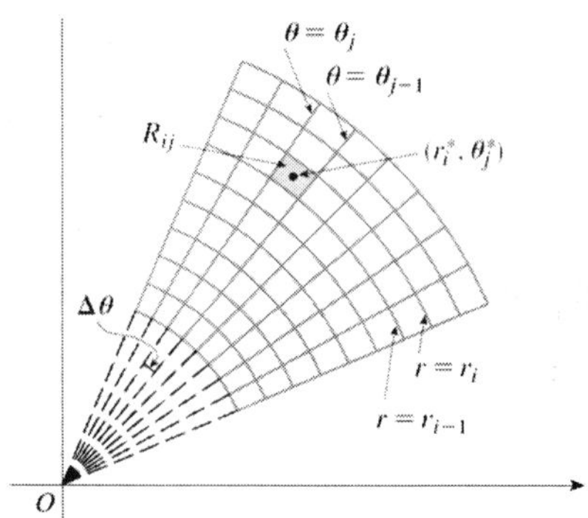

$$\iint_R f(x, y)\,dA = \iint_R f(r\cos\theta,\ r\sin\theta)\ r\,dr\,d\theta$$

$$= \int_\alpha^\beta \int_a^b f(r\cos\theta,\ r\sin\theta) r\,dr\,d\theta$$

$$= \int_a^b \int_\alpha^\beta f(r\cos\theta,\ r\sin\theta) r\,d\theta\,dr$$

극좌표에서의 이중적분 f가 극좌표 영역 $D = \{(r, \theta) \mid h_1(\theta) \le r \le h_2(\theta),\ \alpha \le \theta \le \beta\}$ 에서 연속이면 D에서 f의 이중적분은 다음과 같이 계산한다.

$$\iint_D f(x, y)\,dA = \int_\alpha^\beta \int_{h_1(\theta)}^{h_2(\theta)} f(r\cos\theta,\ r\sin\theta)\ r\,dr\,d\theta$$

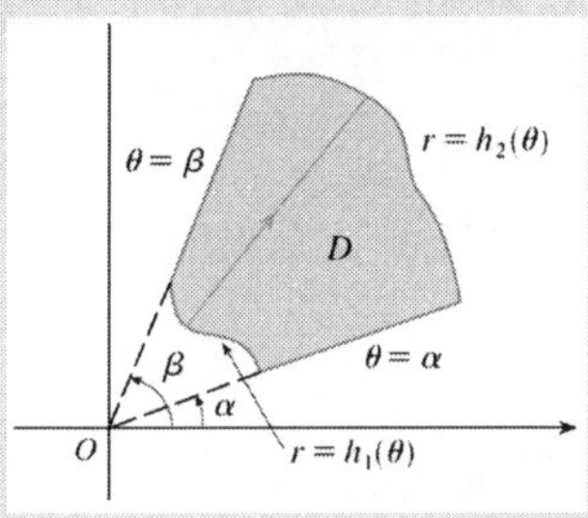

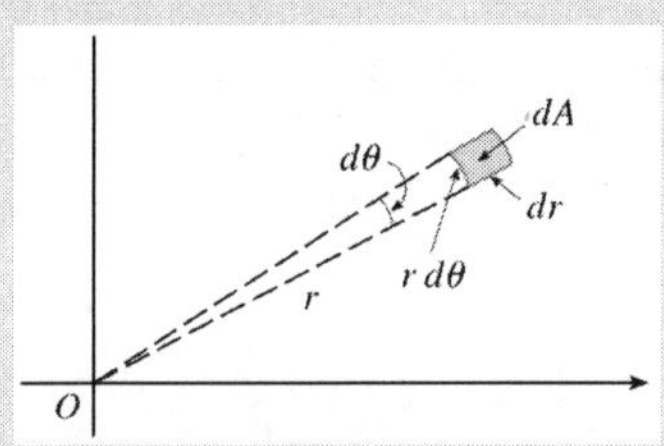

$$dA = r\,dr\,d\theta$$

(주의!!!) 극좌표 변환시 r이 $dr\,d\theta$ 앞에 곱해짐(이 부분은 **변수변환을 다루는 8.3절**에서 행렬식을 이용하여 자세히 설명한다.)

예제 1 평면 $z = 0$과 포물면 $z = 4 - x^2 - y^2$으로 둘러싸인 **입체의 부피**를 찾아라.

풀이. 입체의 부피는 이중적분 $\int_{-2}^{2}\int_{-\sqrt{4-x^2}}^{\sqrt{4-x^2}}(4 - x^2 - y^2)dydx$으로 구할 수 있다. 적분영역은 $z = 0$과 포물면 $z = 4 - x^2 - y^2$이 만나는 반지름이 2인 원의 내부(경계 포함)이므로, 이를 극좌표로 나타내면

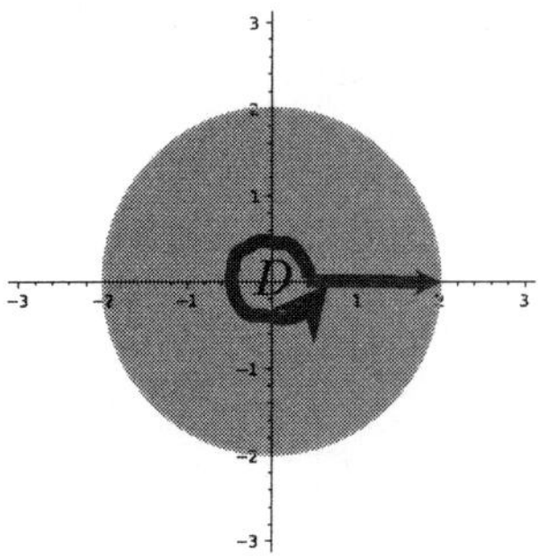

r의 범위는 0부터 2까지이고, θ의 범위는 0부터 2π까지이다. **적분하려는 식**(integrand) $4-x^2-y^2=4-(x^2+y^2)$를 극좌표로 변환하면 $4-(x^2+y^2)=4-r^2$이므로 이중적분은 Sage를 이용해 다음과 같이 계산할 수 있다.

http://matrix.skku.ac.kr/KOFAC/

```
var ('x, y, r, t')
f(x, y) = 4 - x^2 - y^2
u = r*cos(t)
v = r*sin(t)
show (plot3d (f, (x, -2, 2), (y, -2, 2)))
show (implicit_plot3d ( x^2 + y^2 + z == 4, (x, -2, 2), (y, -2, 2), (z, 0, 4)))
integral (integral (f(u, v)*r, r, 0, 2), t, 0, 2*pi)     # ∫_0^{2π} ∫_0^2 f(rcosθ, rsinθ) r dθ dr
```

답. 입체의부피$=\int_0^{2\pi}\int_0^2 f(r\cos\theta,\ r\sin\theta)\ r\ d\theta\, dr$ = 8*pi.

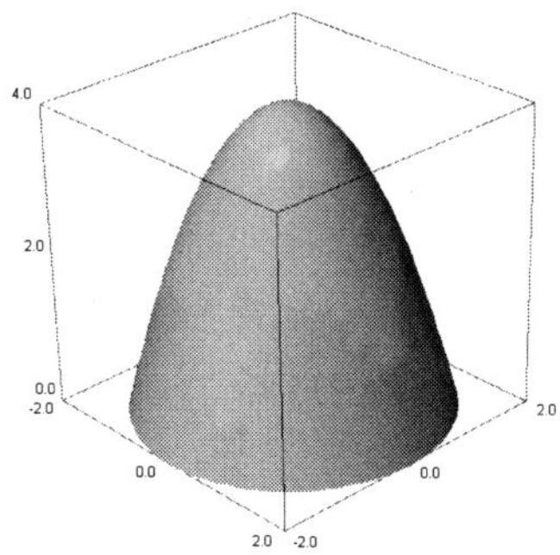

■

예제 2 이중적분을 이용하여 3**엽 장미**(3-leaved rose) $r=\cos 3\theta$로 둘러싸인 영역의 넓이를 구하여라.

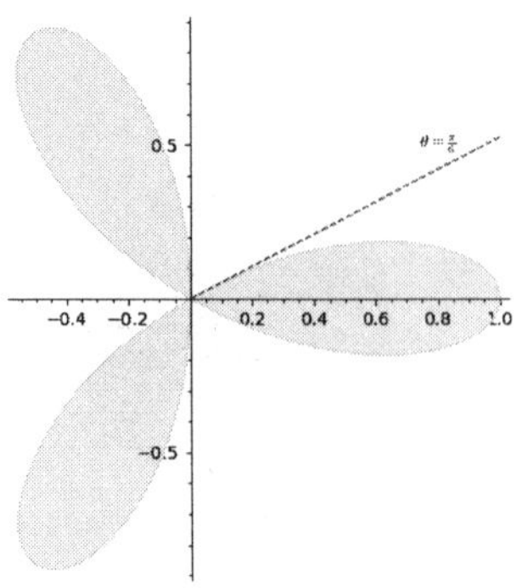

아래 주소에서 3엽 장미(3-leaved rose) $r = \cos 3\theta$ 를 입력하고, 구간을 t=[0, pi]로 하고, 시간 t를 선택하여 시간 t가 변함에 따라 그래프가 그려지는 모습은 sage 를 이용하여 아래 사이트에서 확인할 수 있다. 이제 코드를 이용하여 넓이를 구해보자.

http://matrix.skku.ac.kr/cal-lab/sage-grapher-flower.html

http://matrix.skku.ac.kr/KOFAC/

```
var ('r, t')
f(t) = cos(3*t)
p1 = polar_plot (f(t), (0, pi), color = "lightblue", fill = True, fillcolor = "yellow" )
show (p1)
```

풀이. **극곡선(Polar Curve)**에 의하여 닫힌 영역의 표현은 다음과 같다.

$$D_{r\theta} = \left\{ (r,\theta) \mid 0 \le r \le \cos 3\theta,\ \frac{-\pi}{6} \le \theta \le \pi - \frac{\pi}{6} = \frac{5\pi}{6} \right\}$$

3엽장미(3-leaved rose)이므로 **총 3개의 같은 면적을 갖는 영역**이 존재한다. (그래프를 그려보면 θ**가** $-\frac{\pi}{6}$**부터** $\frac{\pi}{6}$**까지** 일 때 만드는 하나의 영역 면적을 구하여 3배를 하면 된다. 즉 θ의 구간은 [-pi/6, pi/6] 이다.) 따라서 3엽 장미 $r = \cos 3\theta$의 넓이는 $3\int_{-\frac{\pi}{6}}^{\frac{\pi}{6}} \int_0^{\cos 3\theta} r\,dr\,d\theta = \frac{\pi}{4}$이다.

http://matrix.skku.ac.kr/KOFAC/

```
var ('r, t')
3*integral (integral (r, r, 0, cos(3 * t)), t, -pi/6, pi/6)
```

답. $\int_0^{\pi} \int_0^{\cos 3\theta} r\,dr\,d\theta = \frac{\pi}{4}$, 1/4*pi # $r = \cos 3\theta$ 넓이 ■

참고 극좌표에서 곡선 $r = f(\theta)$와 두 개의 반직선 $\theta = \alpha$, $\theta = \beta$로 둘러싸인 영역의 면적 A은 다음과 같다.

$$A = \frac{1}{2}\int_{\alpha}^{\beta} \{f(\theta)\}^2 d\theta = \frac{1}{2}\int_{\alpha}^{\beta} r^2 d\theta$$

◪ 열린 문제 1 다양한 극곡선(Polar Curve)들을 그려보고, 이 곡선들이 만드는 영역의 넓이를 구해보자.

예제 3 포물면 $z=x^2+y^2$ 아래와 xy 평면 위 및 원기둥 $x^2+y^2=-2x$ 의 **안쪽에 놓여 있는 입체의 부피를 찾아라.**

풀이. 주어진 정의역에서 피적분함수 $z=x^2+y^2$의 그래프를 sage를 이용해 그리면 다음과 같다.

http://matrix.skku.ac.kr/KOFAC/

```
var ('x, y, z')
f(x, y) = x^2 + y^2
p1 = implicit_plot3d ( z == f(x, y), (x, -2, 2), (y, -2, 2), (z, 0, 4), opacity=0.6 )
p2 = implicit_plot3d ( x^2 + y^2 == -2*x, (x, -2, 2), (y, -2, 2), (z, 0, 4), opacity=0.3,
color='yellow')
p1 + p2
```

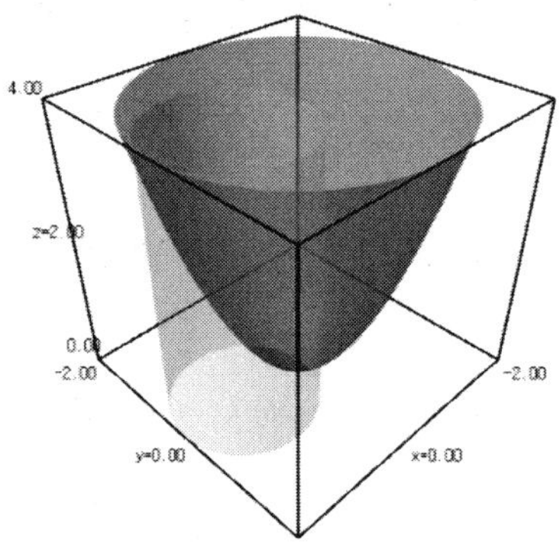

적분영역 D의 경계를 나타내는 방정식은 $x^2+y^2=-2x$ 또는 $(x+1)^2+y^2=1$인 원반(disc, disk) 이다. 극좌표계에서 $x^2+y^2=r^2$이고 $x=r\cos\theta$이므로 D의 경계(경계원, boundary of a circles)는 $r^2=-2r\cos\theta$ 또는 $r=-2\cos\theta$이다.

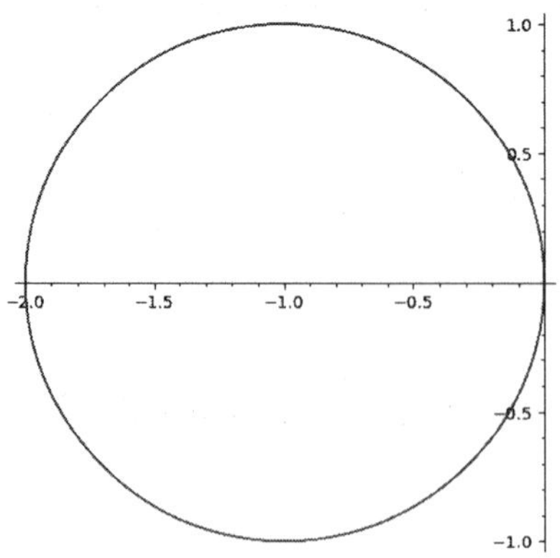

그러므로 극곡선(Polar Curve)에 의하여 닫힌 영역의 표현은 다음과 같다.

$$D_{r\theta} = \left\{ (r,\ \theta) \mid \frac{\pi}{2} \le \theta \le \frac{3\pi}{2},\ 0 \le r \le -2\cos\theta \right\}$$

주어진 식을 극좌표로 변환하여 적분하면

$$V = \iint_D (x^2 + y^2)\, dA = \int_{\frac{\pi}{2}}^{\frac{3\pi}{2}} \int_0^{-2\cos\theta} r^2 r\, dr\, d\theta$$

이다.

http://matrix.skku.ac.kr/KOFAC/

```
var ('x, y, r, t')
f(x, y) = x^2 + y^2
u = r*cos(t)
v = r*sin(t)
integral (integral ( f(u, v) * r, r, 0, -2 * cos(t)), t, pi/2, 3 * pi/2)
```

답. $V = \int_{\frac{\pi}{2}}^{\frac{3\pi}{2}} \int_0^{-2\cos\theta} r^2 r\, dr\, d\theta$ = 3/2*pi   # 포물면과 원기둥 안쪽의 입체의 부피 ■

7.2 곡면적(Surface Area, 표면적, 겉넓이)

함수 $z = f(x, y)$, $(x,\ y) \in D$ 인 곡면의 넓이(Surface Area, 곡면적, 표면적)는 f_x와 f_y가 연속(continuous)일 때, 다음과 같이 계산된다. [$F(x,y,z) = z - f(x,y) = 0$, 점 P에서 곡면의 법선벡터가 $\nabla F = (-f_x, -f_y, 1) = \mathrm{N}_{ij}$ 이므로]

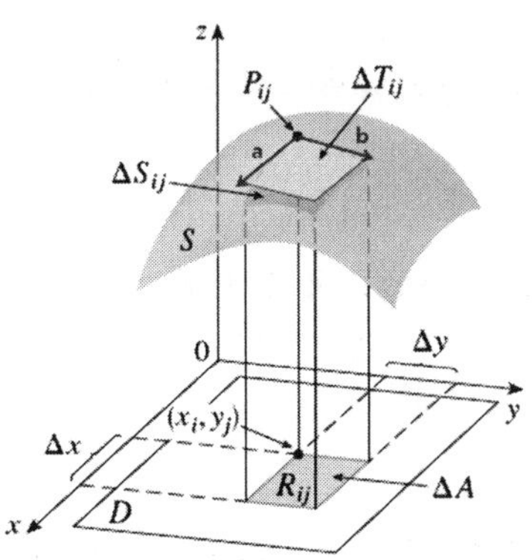

$$A(S) = \lim_{m,n\to\infty} \sum_{i=1}^{m} \sum_{j=1}^{n} \Delta T_{ij} = \iint_D \sqrt{1+f_x^2+f_y^2}\,dA$$

이는 위의 그림에서 보듯이 곡면상의 임의의 점에서 각 편도함수에 의해 만들어진 곡선의 접선벡터를 각각 a, b라 하면, a$=(\Delta x, 0, f_x(x_i, y_j)\Delta x)$, b$=(0, \Delta y, f_y(x_i, y_j)\Delta y)$이므로, 두 벡터에 의해서 만들어진 **평행사변형에 수직인 (normal) 벡터가**

$$\text{a}\times\text{b} = \begin{vmatrix} \text{i} & \text{j} & \text{k} \\ \Delta x & 0 & f_x(x_i, y_j)\Delta x \\ 0 & \Delta y & f_y(x_i, y_j)\Delta y \end{vmatrix}$$

$$= -f_x(x_i, y_j)\Delta x\Delta y\text{i} - f_y(x_i, y_j)\Delta x\Delta y\text{j} + \Delta x\Delta y\text{k}$$

$$= (-f_x(x_i, y_j)\text{i} - f_y(x_i, y_j)\text{j} + \text{k})\Delta x\Delta y \quad (\triangle A = \triangle x\triangle y\text{로 놓는다})$$

$$= (-f_x(x_i, y_j), -f_y(x_i, y_j), 1)\Delta A$$

이기 때문이다. 따라서 **평행사변형의 넓이** ΔT_{ij} **는** a×b **의 크기**이므로,

$$\|\text{a}\times\text{b}\| = \|(-f_x, -f_y, 1)\|\|\Delta A\| = \sqrt{1+f_x^2+f_y^2}\,\Delta A \text{이다.}$$

예제 4 xy평면 위에 있는 포물면 $z=4-x^2-y^2$의 **곡면적**(Surface Area)을 구하라.

풀이. $A = \iint_D \sqrt{1+(-2x)^2+(-2y)^2}\,dA = \iint_D \sqrt{1+4(x^2+y^2)}\,dA$

이다. 적분영역은 **예제 1** 과 같으므로, 적분영역을 극좌표로 변환하여, 곡면적을 계산하면 다음과 같다.

$$A = \iint_D \sqrt{1+4(x^2+y^2)}\,dA = \int_0^{2\pi}\int_0^2 \sqrt{1+4r^2}\,r\,dr\,d\theta$$

$$= \int_0^{2\pi} d\theta \int_0^2 r\sqrt{1+4r^2}\,dr = 2\pi\left[\left(\frac{1}{8}\right)\frac{2}{3}(1+4r^2)^{\frac{3}{2}}\right]_0^2 = \frac{\pi}{6}(17\sqrt{17}-1)$$

http://matrix.skku.ac.kr/KOFAC/

```
var ('r, theta')
f(r, theta) = sqrt(1 + 4 * r^2)
integral ( integral ( f * r , r, 0, 2), theta, 0, 2 * pi)
```

답. 1/6*pi*(17*sqrt(17) − 1)   # 곡면적 ■

예제 5 평면 $z=4$의 아래에 놓인 포물면 $z=x^2+y^2$의 **곡면적**(Surface Area)을 구하라.

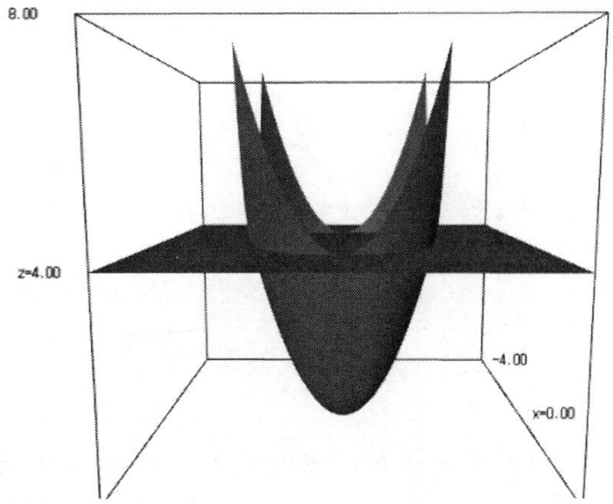

풀이. $A = \iint_D \sqrt{1+(2x)^2+(2y)^2}\, dA = \iint_D \sqrt{1+4(x^2+y^2)}\, dA$

이다. 적분영역을 극좌표로 변환하면, $D=\{(r,\theta)\,|\,0\le\theta\le 2\pi,\ 0\le r\le 2\}$이므로, 곡면적을 계산하면 다음과 같다.

$$A=\iint_D \sqrt{1+4(x^2+y^2)}\,dA=\int_0^{2\pi}\int_0^2 \sqrt{1+4r^2}\,r\,dr\,d\theta$$

$$=\int_0^{2\pi} d\theta \int_0^2 r\sqrt{1+4r^2}\,dr = 2\pi[(\frac{1}{8})\frac{2}{3}(1+4r^2)^{\frac{3}{2}}]_0^2 = \frac{\pi}{6}(17\sqrt{17}-1)$$

http://matrix.skku.ac.kr/KOFAC/

```
var ('x, y, r, t')
f(x, y) = sqrt(1 + 4*x^2 + 4*y^2)
u = r*cos(t)
v = r*sin(t)
integral (integral (f(u, v)*r, r, 0, 2), t, 0, 2*pi)    # A = ∫_0^{2π} dθ ∫_0^2 f(r) r dr
```

답. $A=\int_0^{2\pi} d\theta \int_0^2 f(r)\,r\,dr$ = −1/6*pi + 17/6*sqrt(17)*pi # 곡면적 ■

◪ 열린 문제 2 이번 절에서 학습한 이변수 함수와 관련한 곡면적(Surface Area)를 구하는 유사한 문제를 찾아서 실습해보시오.

7.3 삼중 적분(Triple Integral)

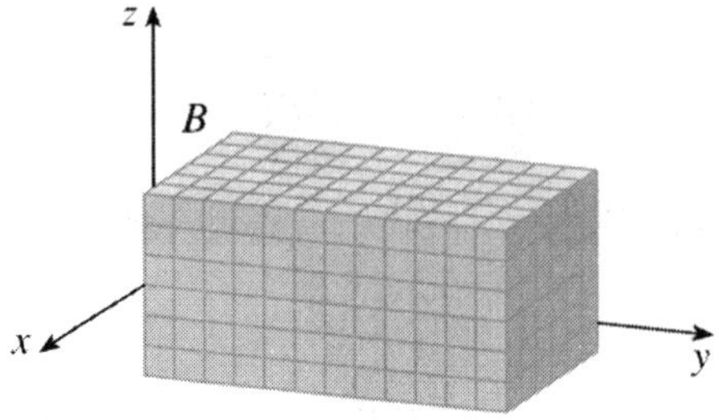

직육면체 $B=\{(x, y, z) \mid a \le x \le b,\ c \le y \le d,\ r \le z \le s\}$를 작은 직육면체로 쪼개어 $B_{ijk}=[x_{i-1}, x_i]\times[y_{j-1}, y_j]\times[z_{k-1}, z_k]$로 나타내면 각 부분 직육면체의 부피는 $\Delta V=\Delta x\,\Delta y\,\Delta z$이다. B_{ijk} 내에서 표본점 $(x_{ijk}^*, y_{ijk}^*, z_{ijk}^*)$을 택하여 **삼중**(triple) **리만합**(Riemann sum)을 정의하면 다음과 같다.

$$\sum_{i=1}^{l}\sum_{j=1}^{m}\sum_{k=1}^{n} f(x_{ijk}^*, y_{ijk}^*, z_{ijk}^*)\Delta V$$

삼중 적분

직육면체 B 위에서 f의 삼중적분(Triple Integral)은, 위에서 정의한 **삼중**(triple) **리만합**(Riemann sum)의 극한이 존재할 때, 다음과 같다.

$$\iiint_B f(x, y, z)\,dV=\lim_{l,m,n\to\infty}\sum_{i=1}^{l}\sum_{j=1}^{m}\sum_{k=1}^{n} f(x_{ijk}^*, y_{ijk}^*, z_{ijk}^*)\Delta V$$

삼중적분에 대한 푸비니(Fubini) 정리

f가 **직육면체 영역** $B=\{(x, y, z) | a \le x \le b, c \le y \le d, r \le z \le s\}$에서 **연속**이면

$$\iiint_B f(x, y, z)\,dV=\int_a^b\int_c^d\int_r^s f(x, y, z)\,dz\,dy\,dx$$
$$=\int_r^s\int_c^d\int_a^b f(x, y, z)\,dx\,dy\,dz$$

특히, $\iiint_B f(x, y, z)\,dV$에서 $f(x, y, z)=1$일 때 $\iiint_B dV=V(B)$이다.

여기서 $V(B)$는 직육면체 영역 B의 **부피**(Volume)

예제 6 $B=\{(x, y, z) \mid -1 \le x \le 2, 1 \le y \le 3, 0 \le z \le 4\}$일 때 $\iiint_B x^3y^2z\,dV$를 계산하라.

풀이. 직육면체 영역인 B 위에서 정의된 삼중적분이다.

$$\iiint_B x^3y^2z\,dV = \int_0^4\int_1^3\int_{-1}^2 x^3y^2z\,dx\,dy\,dz = \int_0^4\int_1^3\left[\frac{1}{4}x^4\right]_{-1}^2 y^2z\,dy\,dz$$
$$= \frac{15}{4}\int_0^4 z\left[\frac{1}{3}y^3\right]_1^3 dz = \frac{15}{4}\frac{26}{3}\left[\frac{1}{2}z^2\right]_0^4$$
$$= 260$$

http://matrix.skku.ac.kr/KOFAC/

```
var ('x, y, z')
f(x, y, z) = x^3 * y^2 * z
integral (integral (integral (f(x, y, z), x, -1, 2), y, 1, 3), z, 0, 4)
```

답. 260 # $\iiint_B x^3y^2z\,dV$ ■

위의 삼중적분은 직육면체 영역인 B에서 정의한 것이므로 연속함수의 **삼중적분**(Triple Integral) **에 대한 푸비니**(Fubini) **정리**가 성립하여

$$\iiint_B x^3y^2z\,dV = \int_0^4\int_1^3\int_{-1}^2 x^3y^2z\,dx\,dy\,dz = \int_0^4\int_{-1}^2\int_1^3 x^3y^2z\,dy\,dx\,dz$$
$$= \int_{-1}^2\int_1^3\int_0^4 x^3y^2z\,dz\,dy\,dx = 260$$

임을 알 수 있다. 적분 순서를 바꾸거나 적분기호 안의 모든 **피적분 함수**(integrand)를 각각 분리하여 **삼중적분**(Triple Integral)하여도 적분결과는 변하지 않는다. 또 이 경우는 모든 피적분 함수를 분리하여 적분한 후 곱하여도 같은 적분값을 갖는다.

$$\iiint_B x^3y^2z\,dV = \int_0^4 z\,dz\int_1^3 y^2\,dy\int_{-1}^2 x^3\,dx = 260$$

http://matrix.skku.ac.kr/KOFAC/

```
var ('x, y, z')
integral (x^3, x, -1, 2) * integral (y^2, y, 1, 3) * integral (z, z, 0, 4)
```

답. 260 # 적분기호 안의 모든 피적분 함수를 각각 분리하여 계산

$\iiint_B x^3y^2z\,dV = \int_0^4 z\,dz\int_1^3 y^2\,dy\int_{-1}^2 x^3\,dx = 260$ ■

그러므로 아래 Sage 코드를 **활용하면 적분값이 모두** 같다는 것을 확인할 수 있다.

$$\iiint_B x^3 y^2 z\, dV = \int_0^4 \int_{-1}^2 \int_1^3 x^3 y^2 z\, dx\, dy\, dz = \int_0^4 z\, dz \int_1^3 y^2\, dy \int_{-1}^2 x^3\, dx = 260$$

http://matrix.skku.ac.kr/KOFAC/

```
var ('x, y, z')
f(x, y, z) = x^3 * y^2 * z
A= integral (integral (integral (f(x, y, z), x, -1, 2), z, 0, 4), y, 1, 3)
B = integral (x^3, x, -1, 2) * integral (y^2, y, 1, 3) * integral (z , z, 0, 4)
bool(A == B)
```

답. True # $\int_0^4 \int_{-1}^2 \int_1^3 x^3 y^2 z\, dx\, dy\, dz \equiv \int_0^4 z\, dz \int_1^3 y^2\, dy \int_{-1}^2 x^3\, dx$ ■

열린 문제 3 삼중적분(Triple Integral)에 대한 푸비니(Fubini) 정리가 직육면체 영역인 B 에서 정의된 연속함수에 대한 다른 삼중적분 문제에 대해서도 성립함을 확인하시오.

7.4 일반적인 영역 E 위에서 삼중적분

일반영역 E에서의 삼중적분은 E의 모양에 따라 적분순서를 적절히 정하여 계산하면 된다. 입체영역 E가 x, y에 대한 두 연속함수의 그래프 사이에 놓여 있으면, 즉 $E = \{(x, y, z) \mid (x, y) \in D, u_1(x, y) \le z \le u_2(x, y)\}$일 때

$$\iiint_E f(x, y, z)\, dV = \iint_D \left[\int_{u_1(x, y)}^{u_2(x, y)} f(x, y, z)\, dz \right] dA$$

이다. 여기서 D는 xy **평면 위로** E **의 사영(projection)이다.**

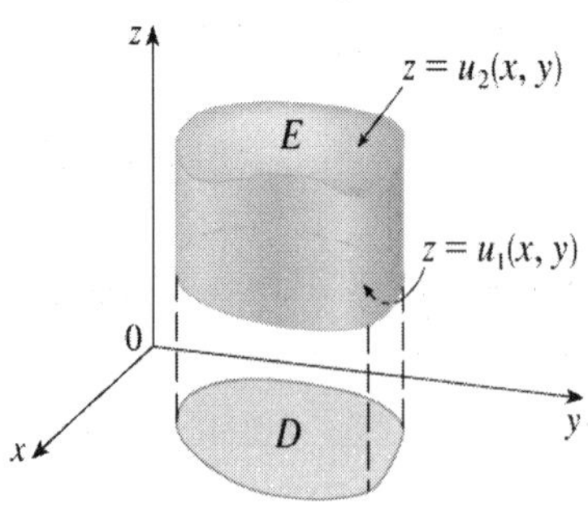

위의 그림 같이 xy 평면 위로 E 의 사영(projection) D 를 이용하는 삼중적분 문제를 **유형 I (Type I)**의 평면 영역 문제라고 부르자. 만일 xy 평면 위로 E 의 사영 D 가 **유형 I (Type I)**인 평면 영역

$$E = \{ (x, y, z) \mid a \le x \le b, \ g_1(x) \le y \le g_2(x), \ u_1(x, y) \le z \le u_2(x, y) \}$$

이면 삼중적분은 다음과 같은 순서로 적분값을 구하면 된다.

$$\iiint_E f(x, y, z)\, dV = \int_a^b \int_{g_1(x)}^{g_2(x)} \int_{u_1(x, y)}^{u_2(x, y)} f(x, y, z)\, dz\, dy\, dx$$

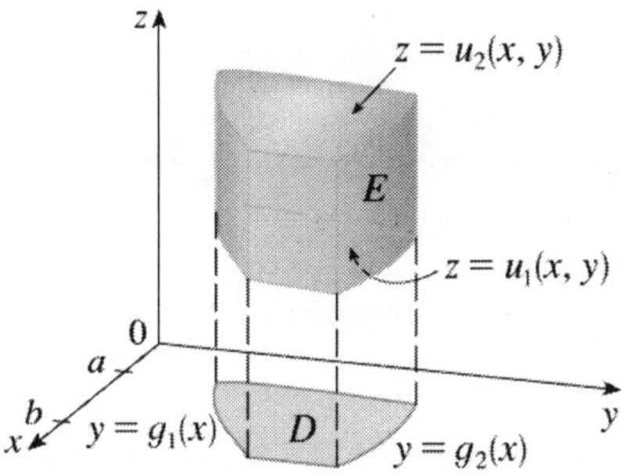

참고 **피적분함수(integrand)가 1일 때**

$A = \int_a^b f(x)\, dx$ 에서 $f(x) = 1$ 일 때 $L = \int_a^b dx$ (길이)

$V = \iint_D f(x, y)\, dA$ 에서 $f(x, y) = 1$ 일 때 $A(D) = \iint_D dA$ (넓이)

$\iiint_E f(x, y, z)\, dV$ 에서 $f(x, y, z) = 1$ 일 때 $V(E) = \iiint_E dV$ (부피)

한편 같은 xy 평면 위로 E 의 사영(projection) D 에서 x 와 y 의 적분 순서를 바꾸는 것이 계산이 쉬운 경우도 있다. 즉,

$E = \{(x, y, z) \mid c \le y \le d, \ h_1(y) \le x \le h_2(y), \ u_1(x, y) \le z \le u_2(x, y)\}$ 일 때는

$$\iiint_E f(x, y, z)\, dV = \int_c^d \int_{h_1(y)}^{h_2(y)} \int_{u_1(x, y)}^{u_2(x, y)} f(x, y, z)\, dz\, dx\, dy$$

와 같은 순서로 적분값을 구하면 된다.

예제 7 E 가 평면 $4x + 2y + z = 8$, $x = 0$, $y = 0$, $z = 0$ 에 의하여 둘러싸인 (inscribed, surrounded) 입체일 때 삼중적분 $\iiint_E 45x^2 y\, dV$ 을 계산하라.

풀이. 우선 평면 $4x+2y+z=8$, $x=0$, $y=0$, $z=0$에 의하여 둘러싸인 입체와 xy평면 위로 E의 사영(projection) D의 그래프를 같이 그려보자.

그럼 $E=\{(x,\ y,\ z)\,|\,0\le x\le 2,\, 0\le y\le 4-2x,\, 0\le z\le 8-4x-2y\}$일 때

$$\iiint_E f(x,\ y,\ z)\,dV=\int_a^b\int_{g_1(x)}^{g_2(x)}\int_{u_1(x,\ y)}^{u_2(x,\ y)} f(x,\ y,\ z)\,dz\,dy\,dx$$

이므로, 다음과 같이 **유형 I (Type I)**의 평면 영역 문제 해법에 따라 삼중적분값을 구하면 된다.

http://matrix.skku.ac.kr/KOFAC/

```
var ('x, y, z')
# 4*x + 2*y + z = 8의 그래프
p2 = implicit_plot3d (4*x + 2*y + z == 8, (x, 0, 2), (y, 0, 4), (z, 0, 8), opacity = 0.6)
p3 = text ("4*x + 2*y + z == 8", (1, 2))
show (p2 + p3)                    # 영역별 그래프를 그린다. xy평면으로 정사영 y = 4 - 2x 그래프
p1 = plot (4 - 2 * x, (x, 0, 2))
p2 = text ("$y = 4 - 2x$", (1, 2), fontsize = 15, color = "black")
show (p1+ p2)                     # 삼중적분 값
integral ( integral ( integral ( f( x, y, z ), z, 0, 8 - 4 * x - 2 * y), y, 0, 4 - 2 * x), x, 0, 2)
```

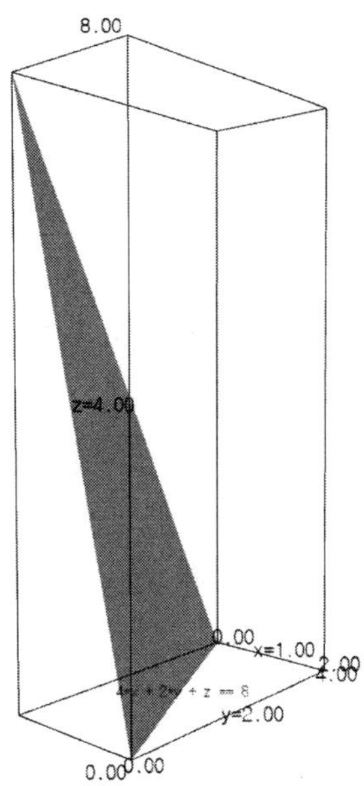

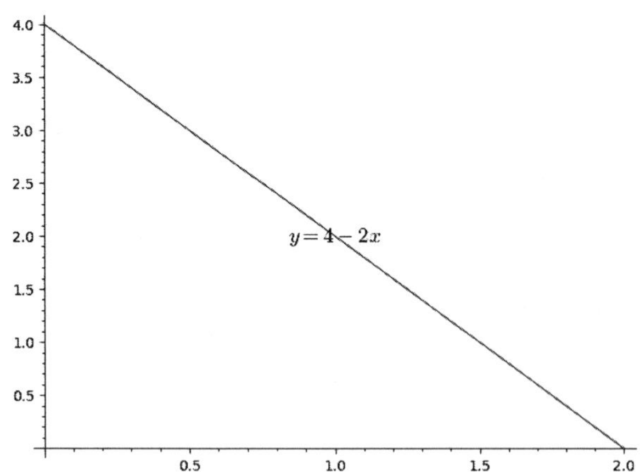

답. 128 ■

입체 영역 E가 y, z에 대한 두 연속함수의 그래프 사이에 놓여 있으면, 즉 $E=\{(x,\ y,\ z) \mid (y,\ z) \in D,\ u_1(y,\ z) \le x \le u_2(y,\ z)\}$이면,

$$\iiint_E f(x,\ y,\ z)\,dV = \iint_D \left[\int_{u_1(y,\ z)}^{u_2(y,\ z)} f(x,\ y,\ z)\,dx\right] dA$$

이다. 이때 D**는** yz **평면 위로** E**의 사영(projection)이다**. 아래 그림 같이 yz 평면 위로 E의 사영(projection) D를 이용하는 3중적분 문제를 **유형 II (Type II)**의 평면 영역 문제라고 부르자. 이런 경우는 아래 그림에서 입체 E의 뒤쪽 경계는 방정식이 $x=u_1(y,\ z)$인 곡면이고 앞쪽 경계는 방정식이 $x=u_2(y,\ z)$인 곡면이다.

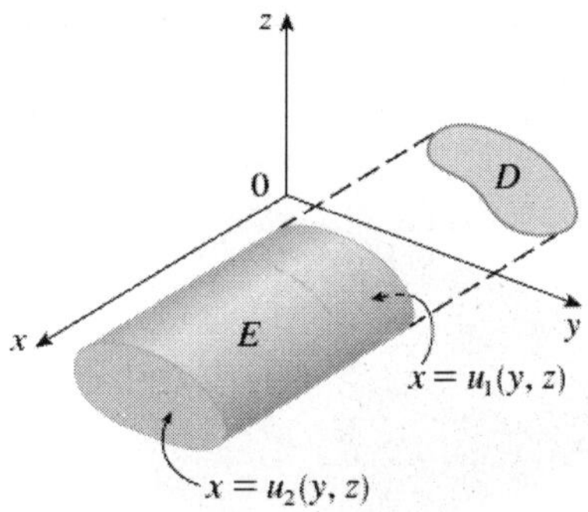

마지막으로 입체 영역 E가 x, z에 대한 두 연속함수의 그래프 사이에 놓여 있으면, 즉 $E=\{(x,\ y,\ z) \mid (x,\ z) \in D,\ u_1(x,\ z) \le y \le u_2(x,\ z)\}$이면

$$\iiint_E f(x,\ y,\ z)\,dV = \iint_D \left[\int_{u_1(x,\ z)}^{u_2(x,\ z)} f(x,\ y,\ z)\,dy\right] dA$$

이다. 이때 D**는** xz **평면 위로** E**의 사영(projection)이다.** 아래 그림 같이 xz 평면 위로 E의 사영(projection) D를 이용하는 3중적분 문제를 **유형 III (Type III)**의 평면 영역 문제라고 부르자. 이런 경우는 아래 그림에서 입체 E의 왼쪽 곡면은 $y=u_1(x,\ z)$이고 오른쪽 곡면은 $y=u_2(x,\ z)$이다.

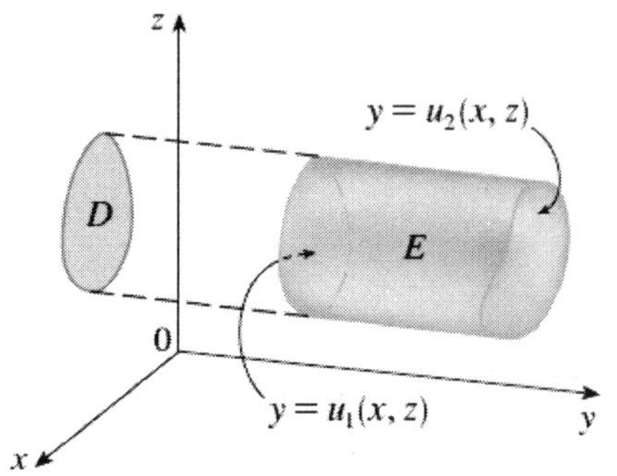

예제 8 E가 포물면 $y=x^2+z^2$과 평면 $y=2$에 의해 둘러싸인 영역일 때 삼중적분 $\iiint_E \sqrt{x^2+z^2+2}\,dV$을 계산하라.

풀이. 우선 포물면 $y=x^2+z^2$과 평면 $y=2$의 그래프를 같이 그려보자.

http://matrix.skku.ac.kr/KOFAC/

```
var ('x, y, z,')
p1 = implicit_plot3d (y == 2, (x, -2, 2), (y, 0, 4), (z, -2, 2), opacity=0.3, color='red')
p2 = implicit_plot3d (x^2 + z^2  == y, (x, -2, 2), (y, 0, 4), (z, -2, 2), opacity = 0.6, color
= "blue")
show (p1+p2)
```

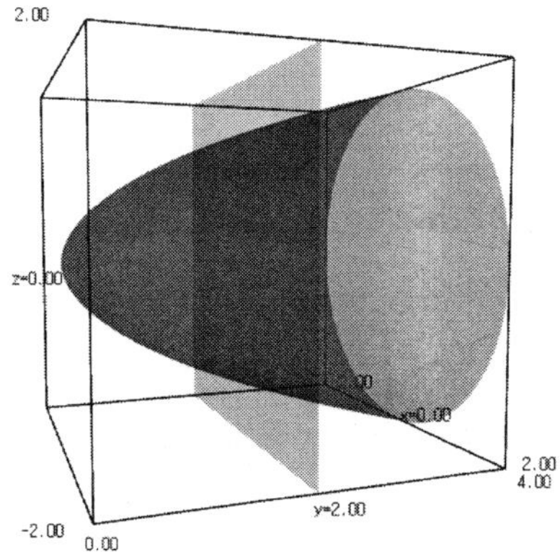

위 그림에서와 같이 y의 범위는 $u_1(x,z)=y=x^2+z^2$ 부터 $u_2(x,z)=y=2$까지이고 xz평면으로 **정사영된 그래프는** $x^2+z^2=2$**가 된다**.

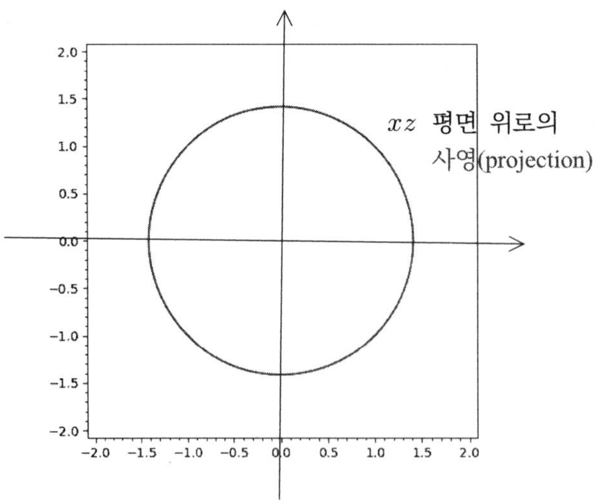

따라서 먼저 $F(x,y)=\int_{x^2+y^2}^{2}\sqrt{x^2+y^2+2}\,dy$를 구한 후 xz평면 상의 영역 $x^2+z^2=2$을 극좌표로 변환하여

$$D=\{(r,\theta)\mid 0\le r\le \sqrt{2}, 0\le\theta\le 2\pi\}$$

(삼차원 좌표계에서 두 변수를 극좌표계로 표현하는 경우를 **원기둥좌표계**-cylindrical coordinate system이라 한다.) 이제 D 위에서의 이중적분 $\int_0^{2\pi}\int_0^{\sqrt{2}}F(r\cos\theta,\ r\sin\theta)r\,dr\,d\theta$을 구하면 된다.

http://matrix.skku.ac.kr/KOFAC/

```
var ('x, y, z, r, t')
f(x, y, z) = sqrt (x^2 + z^2 + 2)
P(x, z) = integral (f(x, y, z), y, x^2 + z^2, 2)
u = r*cos(t)
v = r*sin(t)
integral (integral ((P(u, v)*r).simplify_full(), r, 0, sqrt(2)), t, 0, 2*pi)
```

답. -8/15*pi*(7*sqrt(2) - 16) # $\iiint_E \sqrt{x^2+z^2+2}\,dV$ ■

E에 있는 모든 점에 대해 $f(x,\ y,\ z)=1$인 경우 삼중적분은 E의 **부피**(Volume)이다.

$$\iiint_E dV = V(E)$$

예를 들어 **유형 I (Type I)**영역에서의 삼중적분인 경우,
$E=\{(x,\ y,\ z)\mid (x,\ y)\in D,\ u_1(x,\ y)\le z\le u_2(x,\ y)\}$ 일 때

$$\iiint_E 1\,dV=\iint_D\left[\int_{u_1(x,\ y)}^{u_2(x,\ y)}dz\right]dA=\iint_D[u_2(x,\ y)-u_1(x,\ y)]\,dA$$

은 곡면 $z=u_1(x,\ y)$와 $z=u_2(x,\ y)$ 사이에 놓인 **입체의 부피**(Volume)이다.

삼중적분의 응용을 위하여 **원기둥좌표계**-Cylindrical coordinate system 와 **구면좌표계 -Spherical** coordinate system을 8주차에 학습한다.

◪ 열린 문제 4 몇가지 삼중적분의 문제를 찾아서 앞에서 배운 코드를 이용하여 삼중적분의 값을 구해보시오.

Week 7 과제 위의 열린 문제를 풀어본 후, 본인이 요약/실습/질문/답변한 내용을 Q&A(문의게시판)에 공유하시오.

8주차 원기둥 좌표계, 구면 좌표계에서의 삼중적분

학습목표	이번 주차에서는 원기둥 좌표계에서의 삼중적분과 구면 좌표계에서의 삼중적분을 학습한다. 일부 삼중 적분은 원기둥 좌표계 또는 구면 좌표계를 이용할 경우 계산이 훨씬 수월해짐을 알 수 있다.
핵심개념	원기둥 좌표계에서의 삼중적분, 구면 좌표계에서의 삼중적분
실습실	http://matrix.skku.ac.kr/M-calculus/W8/

8.1 원기둥 좌표계에서의 삼중적분(Triple Integrals in Cylindrical Coordinates)

우리는 평면 위의 점을 거리와 각도를 사용하여 나타내는 **극좌표**(polar coordinate)에 대하여 이미 학습하였다. 직교좌표 (x, y)와 극좌표 (r, θ)의 관계는 다음과 같다.

직교좌표 (x, y)	극좌표 (r, θ)
$x = r\cos\theta$	$r^2 = x^2 + y^2$
$y = r\sin\theta$	$\tan\theta = \dfrac{y}{x}$

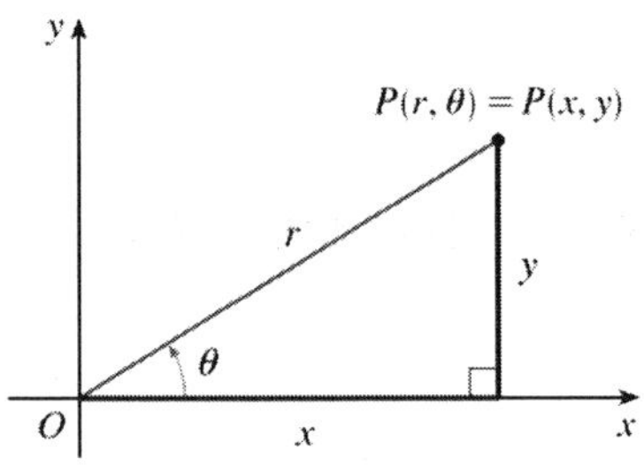

이제 극좌표를 3차원 공간으로 확장해보자. 먼저 **원기둥 좌표계**(cylindrical coordinate system)는 3차원 공간의 점 $P(x, y, z)$를 순서쌍 (r, θ, z)로 나타낸다. 여기서 z좌표는 그대로 두고 x, y좌표를 극좌표 r과 θ로 변경한다. 따라서 직교좌표 (x, y, z)와 원기둥 좌표 $(r,\ \theta,\ z)$의 관계는 다음과 같다.

직교좌표 (x, y, z)	원기둥 좌표 $(r,\ \theta,\ z)$
$x = r\cos\theta$	$r^2 = x^2 + y^2$
$y = r\sin\theta$	$\tan\theta = \dfrac{y}{x}$
$z = z$	$z = z$

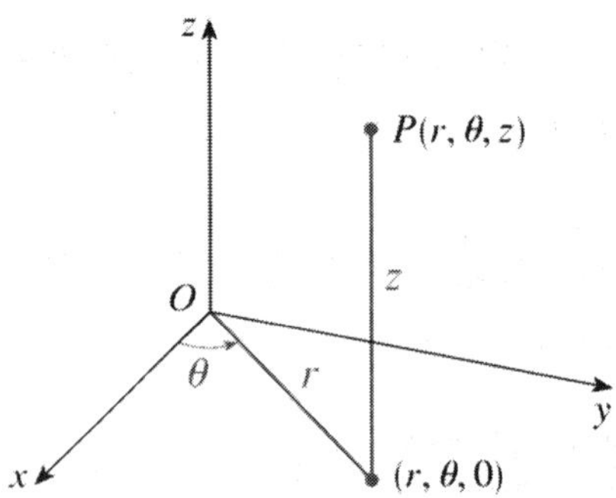

예제 1 $\mathbb{R}^3$ 안의 원기둥 좌표(cylindrical coordinate)가 $(r, \theta, z) = \left(2, -\frac{\pi}{3}, 4\right)$인 점을 직교좌표(Cartesian coordinate) (x, y, z)로 나타내어라.

http://matrix.skku.ac.kr/KOFAC/

```
r, t, z = 2, - pi/3, 4
r*cos(t), r*sin(t), z
```

답. (1, -sqrt(3), 4)　　　　# 직교좌표(Cartesian coordinate) ■

다음과 같이 원기둥 좌표를 직교좌표로 변환하는 **T.transform** 명령어를 사용해도 된다.

http://matrix.skku.ac.kr/KOFAC/

```
T = Cylindrical ( 'height', ['radius', 'azimuth'] )
T.transform ( radius = 2, azimuth = - pi/3, height = 4 )
```

답. (1, -sqrt(3), 4)　　　　# 직교좌표(Cartesian coordinate) ■

참고 위의 명령어에서 'radius'는 r, 'azimuth'(방위각, meridian angle)는 θ, 'height'는 z를 의미하며,

Cylindrical('height', ['**radius**', 'azimuth'])

는 z가 r과 θ의 함수임을 의미한다. 이는 **그래프를 그릴 때** 중요하므로 추후 다시 설명한다.

따라서 원기둥 좌표가 $\left(2, -\frac{\pi}{3}, 4\right)$인 점을 직교좌표로 나타내면 $(1, -\sqrt{3}, 4)$이다. ■

예제 2 직교좌표가 $(x, y, z) = (1, -1, -4)$인 점을 원기둥 좌표 (r, θ, z)로 나타내어라.

http://matrix.skku.ac.kr/KOFAC/

```
x, y, z = 1, -1, -4
r = sqrt(x^2 + y^2)
t = arctan(y/x)
r, t, z
```

답. (sqrt(2), -1/4*pi, -4)　　　　# 원기둥 좌표(cylindrical coordinate)

따라서 직교좌표가 $(1, -1, -4)$인 점을 원기둥 좌표로 나타내면 $\left(\sqrt{2}, -\frac{\pi}{4}, -4\right)$이다.

■

예제 3 원기둥 좌표계에서 방정식이 $z=r^2$ 인 곡면을 그려라.

풀이. 원기둥 좌표를 직교좌표로 변환하는 명령어를 사용하여 곡면의 그래프를 그린다. 이 때 방정식이 z가 r과 θ의 함수로 표현되어 있으므로 먼저 다음과 같이 설정한다.

S = Cylindrical(**'height'**, ['radius', 'azimuth'])

그리고 plot3d 명령어에 **transformation=S** 를 포함시키고, **변수의 범위를** r**과** θ**의 순서대로** 적절히 부여하여 그리면 된다.

http://matrix.skku.ac.kr/KOFAC/

```
S = Cylindrical ( 'height', ['radius', 'azimuth'] )
r, theta = var ('r, theta')
plot3d ( r^2, (r, 0, 2), (theta, 0, 2*pi), transformation = S, opacity = 0.6 )
```

답.

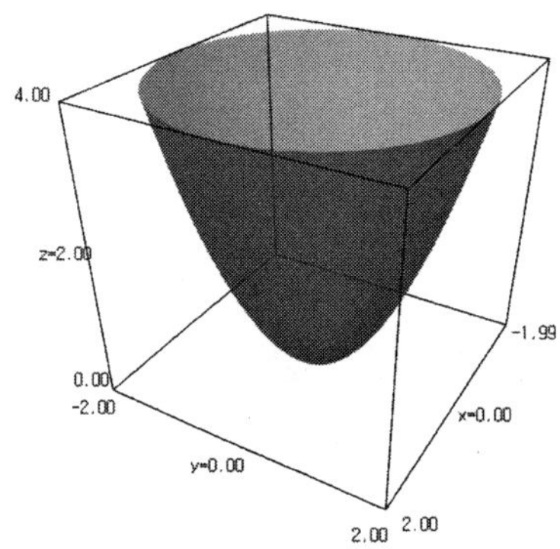

\# 곡면 ■

참고 **원기둥 좌표계**(cylindrical coordinate system)에서 방정식이 만일 r이 z와 θ의 함수로 표현되어 있다면, 먼저 다음과 같이 설정한 후, **plot3d**에서 변수의 범위를 z와 θ의 순서대로 부여하여 곡면의 그래프를 그려야 한다.

Cylindrical('radius', [**'height'**, 'azimuth'])

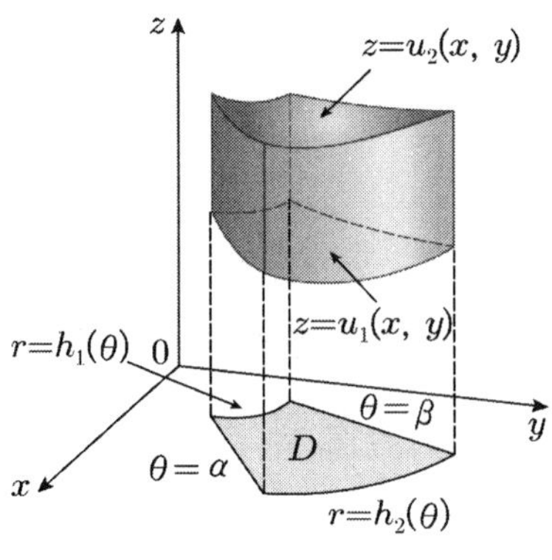

이제 원기둥 좌표계에서의 삼중적분을 계산해보자.

(1) 함수 f가 연속이고, 적분영역이

$$E = \{(x, y, z) \mid (x, y) \in D,\ u_1(x, y) \leq z \leq u_2(x, y)\}$$

라 하자. 여기서 D는 영역 E를 xy평면 위로 내린 **정사영**(projection)으로 다음과 같이 극좌표로 표현할 수 있다.

$$D = \{(r,\ \theta) \mid \alpha \leq \theta \leq \beta,\ h_1(\theta) \leq r \leq h_2(\theta)\}$$

(2) 이제 E에서 z는 그대로 두고, $x = r\cos\theta$, $y = r\sin\theta$로 치환해서 다시 쓰면 다음과 같다.

$$E = \{(r,\ \theta,\ z) \mid h_1(\theta) \leq r \leq h_2(\theta),\ \alpha \leq \theta \leq \beta,$$
$$u_1(r\cos\theta,\ r\sin\theta) \leq z \leq u_2(r\cos\theta,\ r\sin\theta)\}$$

(3) 그러면 다음 그림과 같이 $dV = r\,dr\,d\theta\,dz$로 표현되므로 영역 E에서 함수 f의 삼중적분은 다음과 같다. 원통쐐기(cylindrical wedge)는 직교좌표계에서 직육면체에 해당한다.

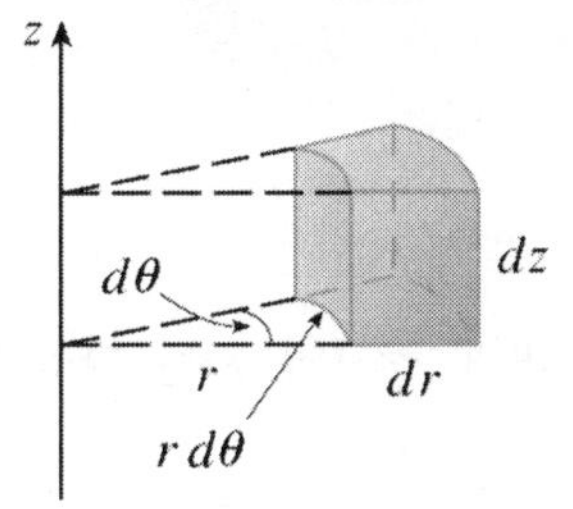

(4) 그럼 $\iiint_E f(x,\ y,\ z)\,dV = \iiint_E f(r\cos\theta,\ r\sin\theta,\ z)\,r\,dr\,d\theta\,dz$

$$= \int_\alpha^\beta \int_{h_1(\theta)}^{h_2(\theta)} \int_{u_1(r\cos\theta,\ r\sin\theta)}^{u_2(r\cos\theta,\ r\sin\theta)} f(r\cos\theta,\ r\sin\theta,\ z)\,r\,dz\,dr\,d\theta$$

이다.

(이와 관련된 추가 내용은 *8.3절 변수변환에서 야코비안을 이용하여 자세히 설명하였다.)

예제 4 구면 $x^2 + y^2 + z^2 = 4$와 원기둥 $r = 2\sin\theta$에 의해 둘러싸인 입체의 부피 V를 구하여라.

풀이. $x^2 + y^2 + z^2 = 4$에서 $z^2 = 4 - r^2$, 즉 $z = \pm\sqrt{4 - r^2}$ 이므로 적분영역 E를 그리면 다음과 같다.

http://matrix.skku.ac.kr/KOFAC/

```
S = Cylindrical ( 'height', ['radius', 'azimuth'] )
T = Cylindrical ( 'radius', ['azimuth', 'height'] )
r, t, z = var ('r, t, z')
p1 = plot3d ( sqrt(4 - r^2), (r, 0, 2), (t, 0, 2*pi), transformation = S, opacity = 0.6, color
= 'red')
p2 = plot3d ( -sqrt(4 - r^2), (r, 0, 2), (t, 0, 2*pi), transformation = S, opacity = 0.6 )
p3 = plot3d ( 2*sin(t), (t, 0, 2*pi), (z, -2, 2), transformation = T, color = 'yellow' )
p1 + p2 + p3
```

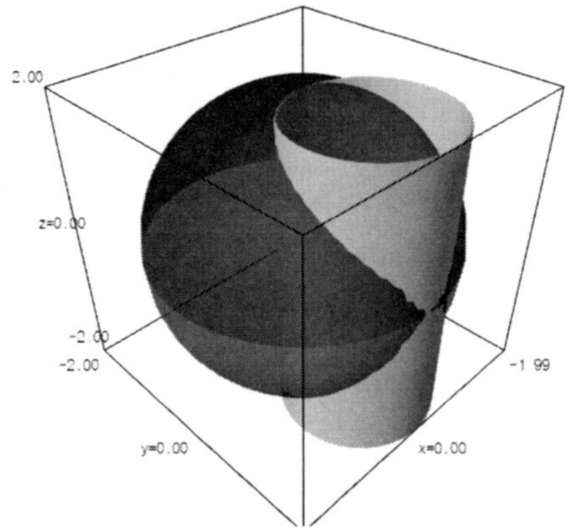

\# 적분 영역 E ■

그리고 적분영역을 xy평면 위로 내린 정사영 D는 다음과 같다.

http://matrix.skku.ac.kr/KOFAC/

```
var ( 't' )
polar_plot ( 2*sin(t), (t, 0, pi) )
```

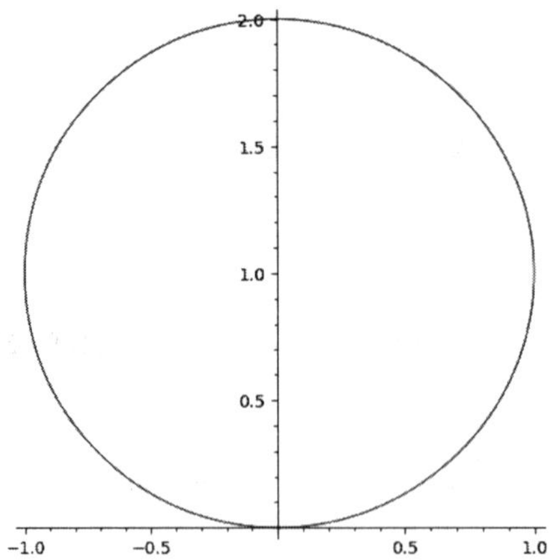

\# 정사영(projection) D ■

따라서 $D=\{(r,\theta) \mid 0 \le r \le 2\sin\theta,\ 0 \le \theta \le \pi\}$ 이고

$$E=\left\{(r,\theta,z) \mid 0 \le r \le 2\sin\theta,\ 0 \le \theta \le \pi,\ -\sqrt{4-r^2} \le z \le \sqrt{4-r^2}\right\}$$

이다. 피적분함수는 $f(x,y,z)=1$이므로 입체의 부피 V는 다음과 같다.

http://matrix.skku.ac.kr/KOFAC/

```
var ( 'r, t, z' )
assume ( sin(t) > 0 )
integral ( integral ( integral ( r, z, -sqrt(4 - r^2), sqrt(4 - r^2)), r, 0, 2*sin(t)), t, 0, pi )
```

답. 16/3*pi　　# 둘러싸인 입체의 부피 V ■

예제 5 삼중적분 $\int_{-1}^{1}\int_{-\sqrt{1-x^2}}^{\sqrt{1-x^2}}\int_{(x^2+y^2)^2}^{1} x^2\,dz\,dy\,dx$ 를 계산하라.

풀이. 먼저 적분구간을 이용하여 적분영역 E를 구하면 다음과 같다.

$$E=\left\{(x,y,z) \mid (x^2+y^2)^2 \le z \le 1,\ -\sqrt{1-x^2} \le y \le \sqrt{1-x^2},\ -1 \le x \le 1\right\}$$

http://matrix.skku.ac.kr/KOFAC/

```
var ( 'x, y, z' )
p1 = implicit_plot3d ( z == (x^2 + y^2)^2, (x, -1, 1), (y, -1, 1), (z, 0, 1), opacity = 0.4 )
p2 = implicit_plot3d ( z == 1, (x, -1, 1), (y, -1, 1), (z, 0, 1), opacity = 0.4, color = 'yellow' )
p1 + p2
```

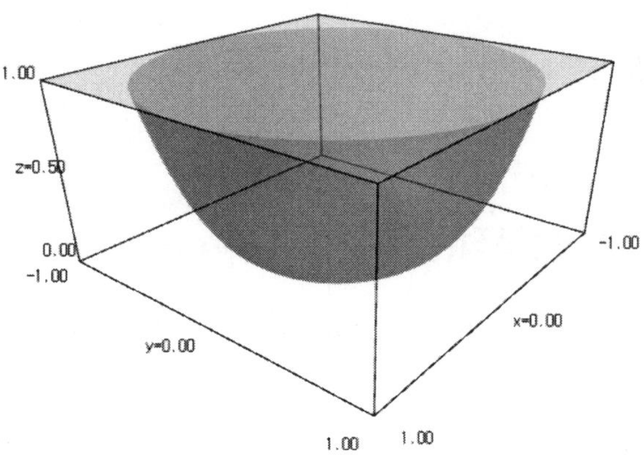

적분영역 E ■

그리고 적분영역을 xy평면 위로 내린 정사영(projection) D는 다음과 같다.

http://matrix.skku.ac.kr/KOFAC/

```
var ( 'x, y' )
implicit_plot( x^2 + y^2 == 1, (x, -1, 1), (y, -1, 1) )
```

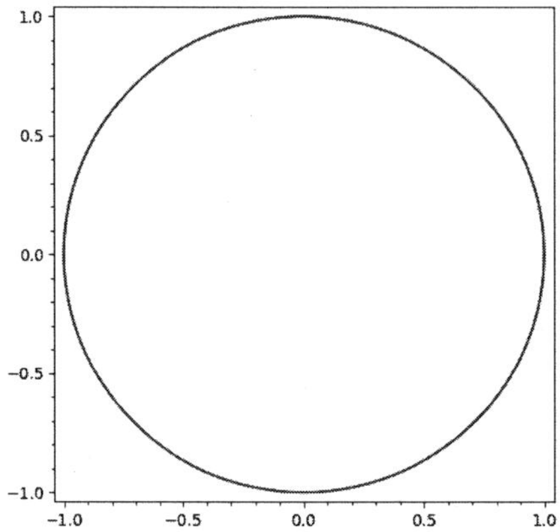

\# 정사영(projection) D ■

따라서 $D=\{(r,\theta) \mid 0 \le r \le 1, 0 \le \theta \le 2\pi\}$ 이고

$$E=\{(r,\theta,z) \mid r^4 \le z \le 1, 0 \le r \le 1, 0 \le \theta \le 2\pi\}$$

이다. 이제 원기둥 좌표계를 이용하여 삼중적분을 계산하면 다음과 같다.

http://matrix.skku.ac.kr/KOFAC/

```
var ( 'r, t, z' )
f(r, t, z) = r^2*cos(t)^2
integral(integral(integral( r*f, z, r^4, 1), r, 0, 1), t, 0, 2*pi )
```

답. 1/8*pi # $\int_{-1}^{1}\int_{-\sqrt{1-x^2}}^{\sqrt{1-x^2}}\int_{(x^2+y^2)^2}^{1} x^2\, dz\, dy\, dx$ ■

8.2 구면좌표계에서의 삼중적분(Triple Integrals in Spherical Coordinates)

극좌표의 아이디어를 3차원 공간으로 확장하는 두번째 방법은 **구면좌표계**(spherical coordinate system)이다.

구면좌표계는 3차원 공간의 점 $P(x,y,z)$를 순서쌍 (ρ,θ,ϕ)로 나타낸다. 아래 그림과 같이 $\rho=\|\overrightarrow{OP}\|$는 원점에서 P까지의 거리이고, θ는 원기둥 좌표에서와 같은 각이며, ϕ는 z축의 양의 방향과 선분 OP 사이의 각이다. 따라서 직교좌표 (x,y,z)와 구면좌표 (ρ,θ,ϕ)의 관계는 다음과 같다. 이때 $\rho \ge 0$이고 $0 \le \phi \le \pi$이다.

직교좌표 (x, y, z)

$$x = \rho\sin\phi\cos\theta$$

$$y = \rho\sin\phi\sin\theta$$

$$z = \rho\cos\phi$$

구면좌표 (ρ, θ, ϕ)

$$\rho^2 = x^2 + y^2 + z^2$$

$$\tan\theta = \frac{y}{x}$$

$$\cos\phi = \frac{z}{\rho} = \frac{z}{\sqrt{x^2+y^2+z^2}}$$

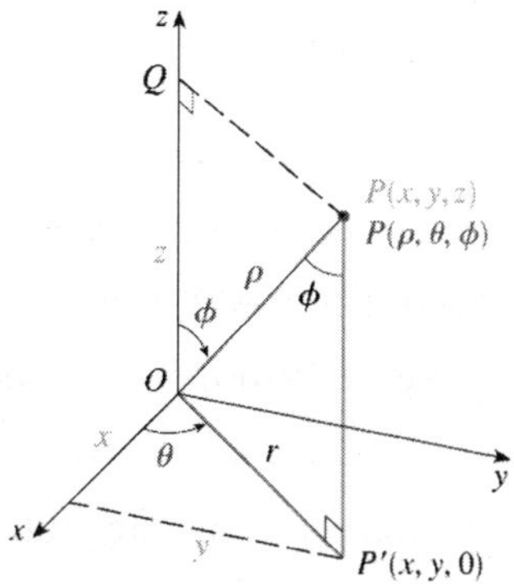

예제 6 구면좌표(spherical coordinate)가 $(\rho,\ \theta,\ \phi) = \left(1,\ \frac{\pi}{4},\ \frac{\pi}{4}\right)$인 점을 직교좌표(Cartesian coordinate) (x, y, z)로 나타내어라.

http://matrix.skku.ac.kr/KOFAC/

```
rho, theta, phi = 1, pi/4, pi/4
rho*sin(phi)*cos(theta), rho*sin(phi)*sin(theta), rho*cos(phi)
```

답. (1/2, 1/2, 1/2*sqrt(2))　　　　# 직교좌표 (x, y, z) ■

다음과 같이 구면좌표를 직교좌표로 변환하는 **T.transform** 명령어를 사용해도 된다.

http://matrix.skku.ac.kr/KOFAC/

```
T = Spherical ( 'radius', ['azimuth', 'inclination'] )
T.transform( radius = 1, azimuth = pi/4, inclination = pi/4 )
```

답. (1/2, 1/2, 1/2*sqrt(2))　　　　# 직교좌표 (x, y, z) ■

참고 위의 명령어에서 'radius'는 ρ, 'azimuth'(방위각, meridian angle)는 θ, 'inclination'(경사, z축의 양의 방향과 주어진 선분이 이루는 각)는 ϕ를 의미하며,

Spherical('radius', ['azimuth', '**inclination**'])

는 ρ가 θ와 ϕ의 함수임을 의미한다. 이는 그래프를 그릴 때 중요하므로 추후 다시 설명한다.

따라서 구면좌표가 $(\rho,\ \theta,\ \phi) = \left(1,\ \frac{\pi}{4},\ \frac{\pi}{4}\right)$인 점을 직교좌표로 나타내면 $\left(\frac{1}{2},\ \frac{1}{2},\ \frac{\sqrt{2}}{2}\right)$이다.

■

예제 7 직교좌표가 $(1,\ \sqrt{3},\ 2\sqrt{3})$인 점을 구면좌표 (ρ, θ, ϕ)로 나타내어라.

http://matrix.skku.ac.kr/KOFAC/

```
x, y, z = 1, sqrt(3), 2*sqrt(3)
rho = sqrt(x^2 + y^2 + z^2)
phi = arccos(z/rho).simplify_full()
# theta = arccos(x/(rho*sin(phi))).simplify_full()  # 점이 어느 Octant 에 있는지를 먼저 파악한다.
theta = arctan(y/x).simplify_full()               # 구한 답을 역함수의 치역을 고려하여 확인하여야 한다.
rho, theta, phi
```

답. $(\rho, \theta, \phi)=$(4, 1/3*pi, 1/6*pi)   # 구면좌표 (ρ, θ, ϕ) ■

다음은 방정식이 구면좌표계로 표현된 곡면의 예시로, 여기서 c는 적절한 상수이다. 구면좌표계는 이렇게 주로 구나 뿔과 관련된 영역을 나타내기에 편리하다.

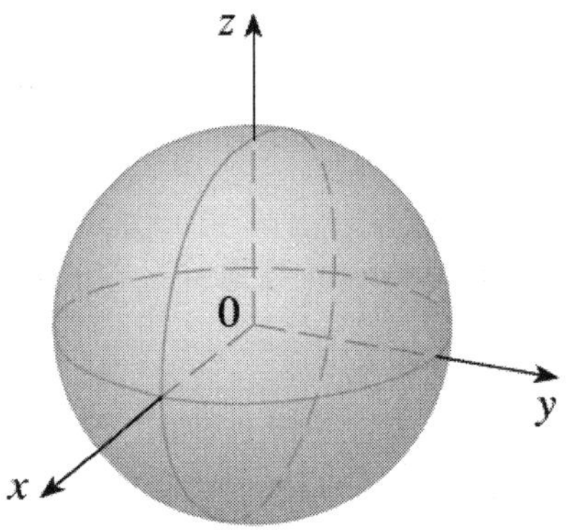

$\rho = c$, sphere

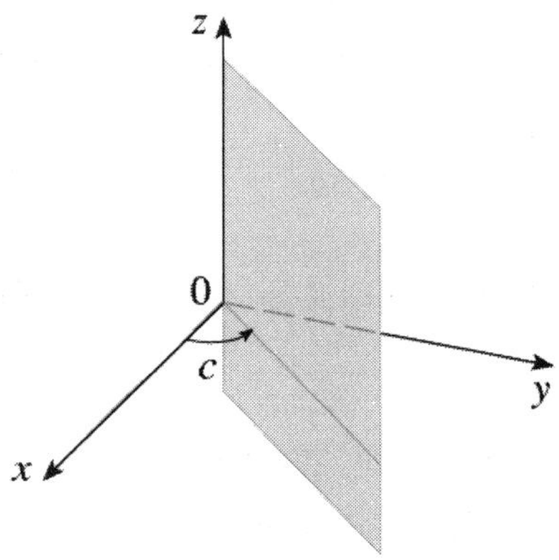

$\theta = c$, a half-plane

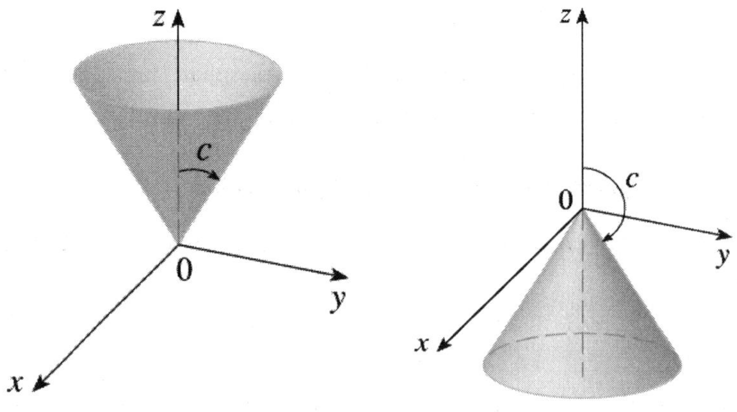

$\phi = c$, a half-cone

예제 8 구면좌표계에서 방정식이 $\phi = \frac{\pi}{4}$ 인 곡면을 그려라.

풀이. 구면좌표를 직교좌표로 변환하는 명령어를 사용하여 곡면의 그래프를 그린다. 이때 방정식이 ϕ가 ρ과 θ의 함수로 표현되어 있으므로 먼저 다음과 같이 설정한다.

S = **Spherical('inclination'**, ['radius', 'azimuth'])

그리고 plot3d 명령어에 **transformation = S** 를 포함시키고, **변수의 범위를** ρ**와** θ**의 순서대로** 적절히 부여하여 그리면 된다.

http://matrix.skku.ac.kr/KOFAC/

```
S = Spherical( 'inclination', ['radius', 'azimuth'] )
r, t = var ( 'r, t' )
plot3d( pi/4, (r, 0, 2), (t, 0, 2*pi), transformation = S, opacity = 0.6 )
```

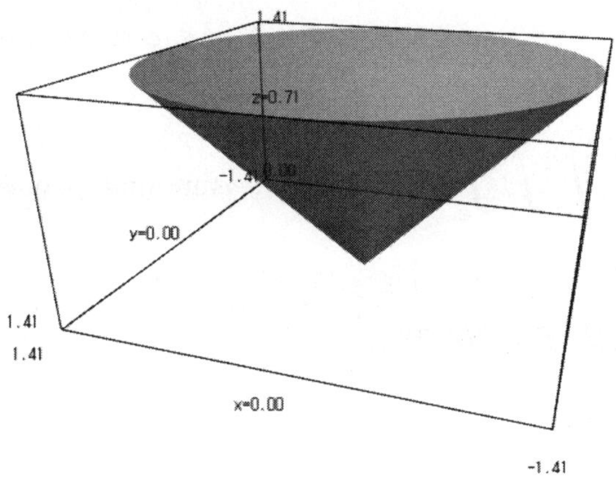

곡면

z축의 양의 방향과 이루는 각은 $\phi = \frac{\pi}{4}$로 고정된 채로 ρ와 θ는 자유롭게 움직이므로 곡면은 위와 같은 원뿔이 된다. ■

참고 구면좌표계에서 방정식이 만일 ρ가 θ와 ϕ의 함수로 표현되어 있다면, 먼저 다음과 같이 설정한 후, **plot3d**에서 변수의 범위를 θ와 ϕ의 순서대로 적절히 부여하여 곡면의 그래프를 그려야 한다.

Spherical(**'radius'**, ['azimuth', 'inclination'])

이제 구면좌표계에서의 삼중적분을 계산해보자. 먼저 구면좌표계에서 다음과 같은 **구면쐐기**(spherical wedge)**는 직교좌표계에서 직육면체**에 해당한다.

$$E = \{ (\rho,\ \theta,\ \phi) \mid a \le \rho \le b,\ \alpha \le \theta \le \beta,\ c \le \phi \le d \}$$

여기서 $a \ge 0$, $0 \le \beta - \alpha \le 2\pi$, $0 \le d - c \le \pi$ 이다.

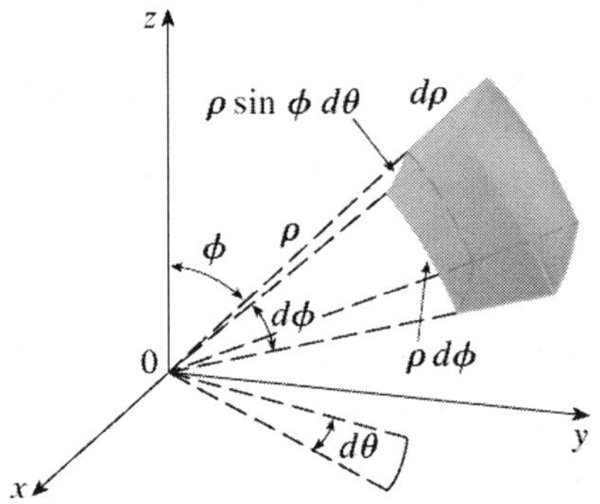

그러면 $dV = (\rho\sin\phi d\theta)(d\rho)(\rho d\phi) = \rho^2 \sin\phi\ d\rho\ d\phi\ d\theta$ 의 관계가 성립한다. 따라서

① 영역 $E = \{ (\rho,\ \theta,\ \phi) \mid a \le \rho \le b,\ \alpha \le \theta \le \beta,\ c \le \phi \le d \}$ 에서 함수 f의 삼중적분은 다음과 같이 계산된다.

$$\iiint_E f(x,\ y,\ z)dV = \int_c^d \int_\alpha^\beta \int_a^b f(\rho\sin\phi\cos\theta,\ \rho\sin\phi\sin\theta,\ \rho\cos\phi)\rho^2\sin\phi\, d\rho\, d\theta\, d\phi$$

② 영역 $E = \{(\rho,\ \theta,\ \phi) \mid g_1(\theta,\ \phi) \le \rho \le g_2(\theta,\ \phi),\ \alpha \le \theta \le \beta,\ c \le \phi \le d\}$에서 함수 f의 삼중적분은 다음과 같이 계산된다.

$$\iiint_E f(x,\ y,\ z)dV$$
$$= \int_c^d \int_\alpha^\beta \int_{g_1(\theta,\ \phi)}^{g_2(\theta,\ \phi)} f(\rho\sin\phi\cos\theta,\ \rho\sin\phi\sin\theta,\ \rho\cos\phi)\rho^2\sin\phi\, d\rho\, d\theta\, d\phi$$

③ 영역 $E = \{(\rho,\ \theta,\ \phi) \mid F_1(\phi,\ \theta) \le \rho \le F_2(\phi,\ \theta),\ h_1(\theta) \le \phi \le h_2(\theta),\ \alpha \le \theta \le \beta\}$에서 함수 f의 삼중적분은 다음과 같이 계산된다.

$$\iiint_E f(x,\ y,\ z)dV$$
$$= \int_\alpha^\beta \int_{h_1(\theta)}^{h_2(\theta)} \int_{F_1(\phi,\ \theta)}^{F_2(\phi,\ \theta)} f(\rho\sin\phi\cos\theta,\ \rho\sin\phi\sin\theta,\ \rho\cos\phi)\rho^2\sin\phi\, d\rho\, d\phi\, d\theta$$

(이와 관련된 추가 내용은 *8.3절 변수변환에서 야코비안을 이용하여 자세히 설명하였다.)

예제 9 반지름 3인 구(sphere)의 부피(volume)를 구하여라.

풀이. 적분영역은 $E = \{(\rho, \theta, \phi) | 0 \le \rho \le 3, 0 \le \theta \le 2\pi, 0 \le \phi \le \pi\}$이다. 먼저 영역을 그리면 다음과 같다.

http://matrix.skku.ac.kr/KOFAC/

```
S = Spherical ( 'radius', ['azimuth', 'inclination'] )
t, p = var ( 't, p' )
plot3d ( 3, (t, 0, 2*pi), (p, 0, pi), transformation = S, opacity = 0.6 )
```

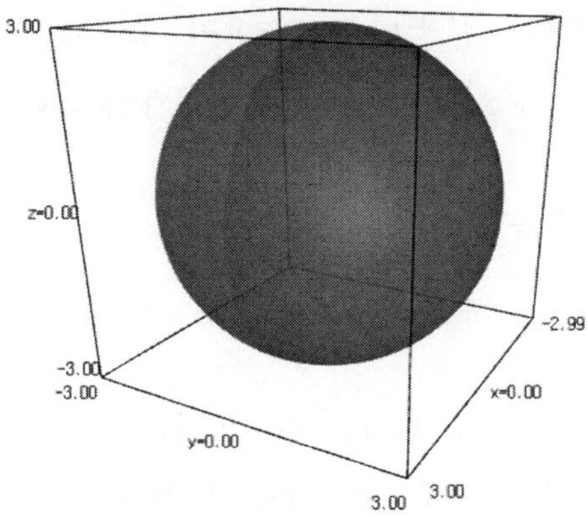

적분 영역 E

따라서 반지름이 3인 구의 부피는 다음과 같다.

http://matrix.skku.ac.kr/KOFAC/

```
var ( 'r, t, p' )
integral (integral (integral ( r^2*sin(p), r, 0, 3), t, 0, 2*pi), p, 0, pi )
```

답. 36*pi # 구(sphere)의 부피 ■

예제 10 적분영역이 $B = \{(x, y, z) \mid x^2 + y^2 + z^2 \le 9\}$일 때, 다음 삼중적분을 구하여라.

$$\iiint_B (x^2 + y^2 + z^2)^{\frac{3}{2}} dV$$

풀이. 구면좌표계를 이용하면 B는 다음과 같이 나타낼 수 있다.

$$B = \{(\rho, \theta, \phi) \mid 0 \le \rho \le 3, \ 0 \le \theta \le 2\pi, \ 0 \le \phi \le \pi\}$$

따라서 삼중적분은 다음과 같다.

http://matrix.skku.ac.kr/KOFAC/

```
var ( 'x, y, z, r, t, p' )
f(x, y, z) = (x^2 + y^2 + z^2)^(3/2)
integral(integral(integral( f(r*sin(p)*cos(t), r*sin(p)*sin(t), r*cos(p))*r^2*sin(p), r, 0, 3), t, 0, 2*pi), p, 0, pi )
```

답. 486*pi # $\iiint_B (x^2+y^2+z^2)^{\frac{3}{2}}\,dV$ ■

예제 11 구면(spherical surface) $x^2+y^2+z^2=9$ 와 원뿔면(conical surface / circular conical surface) $z=\sqrt{x^2+y^2}$ 에 의해 둘러싸인(bounded) 영역의 **입체의 부피**를 구하라.

풀이. 먼저 입체를 그리면 다음과 같다.

http://matrix.skku.ac.kr/KOFAC/

```
var ( 'x, y, z' )
p1 = plot3d ( sqrt(x^2 + y^2), (x, -3, 3), (y, -3, 3), opacity = 0.4 )
p2 = implicit_plot3d ( x^2 + y^2 + z^2 == 9, (x, -3, 3), (y, -3, 3), (z, -3, 3), opacity = 0.4, color = 'red' )
p1 + p2
```

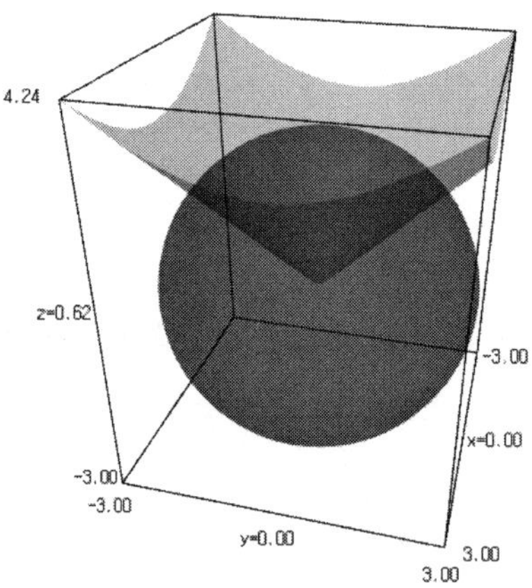

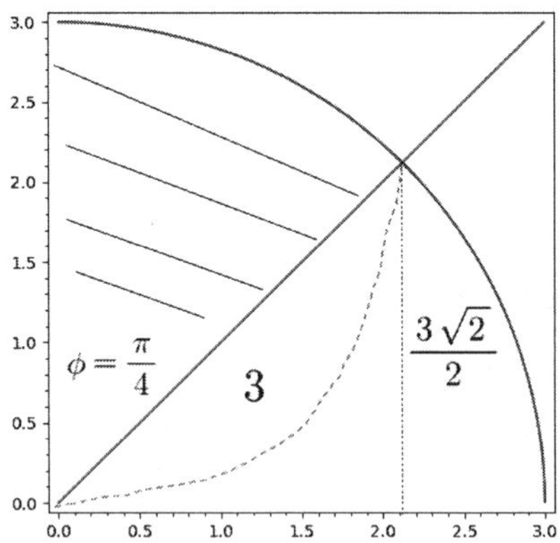

이제 두 곡면이 만나는 경계(boundary)를 찾으면 다음과 같다.

http://matrix.skku.ac.kr/KOFAC/

```
solve ( [x^2 + y^2 + z^2 == 9, z == sqrt(x^2 + y^2)], x, y, z )
```

답. [[x == r1, y == -sqrt(-r1^2 + 9/2), z == 3/2*sqrt(2)],
[x == r2, y == sqrt(-r2^2 + 9/2), z == 3/2*sqrt(2)]]

두 곡면이 만나는 경계(boundary) ■

이때 경계의 z좌표가 $\frac{3\sqrt{2}}{2}$ (즉 $z=\rho\cos\phi=3\cos\phi=\frac{3\sqrt{2}}{2}$)이므로 z축의 양의 방향과 이루는 각은 다음과 같다.

http://matrix.skku.ac.kr/KOFAC/

```
var ( 'p' )
solve ( 3*cos(p) == 3/2*sqrt(2), p )
```

답. [p == 1/4*pi] # z축의 양의 방향과 이루는 각 ■

따라서 입체는 구면좌표계를 이용하여 다음과 같이 나타낼 수 있다. (위의 오른쪽 그림)

$$E=\left\{(\rho,\ \theta,\ \phi)\ \middle|\ 0\le\rho\le 3,\ 0\le\theta\le 2\pi,\ 0\le\phi\le\frac{\pi}{4}\right\}$$

따라서 **입체의 부피**는 다음과 같다.

http://matrix.skku.ac.kr/KOFAC/

```
var ( 'r, t, p' )
integral(integral(integral( r^2*sin(p), r, 0, 3), p, 0, pi/4), t, 0, 2*pi )
```

답. -9*pi*(sqrt(2) - 2) # 입체의 부피 $=\int_0^{2\pi}\int_0^{\frac{\pi}{4}}\int_0^3 \rho^2\sin\phi\ d\rho\, d\phi\, d\theta$ ■

(*)8.3. 다중적분에서의 변수변환(Change of Variables in Multiple Integrals)

앞서 이중적분에서 적분 영역이 극좌표로 표현되는 경우, $r\theta$평면에서 xy평면으로의 **변환**(transformation) T가

$$T(r,\theta)=(x,y),\quad x=r\cos\theta,\quad y=r\sin\theta$$

로 주어진 변수변환을 이용하여 다음과 같이 이중적분을 계산하였다.

$$\iint_R f(x,\ y)\,dA=\iint_R f(x,\ y)\,dx\,dy=\iint_S f(r\cos\theta,\ r\sin\theta)\,r\,dr\,d\theta$$

$$dA=r\ dr\ d\theta$$

이때 적분 영역과 dA는 다음과 같이 변화되었다.

	적분 영역	dA
xy평면	R	$dxdy$
↓	↓	↓
$r\theta$평면	S	$r\,dr\,d\theta$

즉 xy평면에서의 이중적분이 $r\theta$평면에서의 이중적분으로 변경될 때, 넓이 dA는 $dxdy$에서 $r\,dr\,d\theta$로 변경되었다. 여기서 r은 넓이(부피)의 변화율을 나타내는 것으로 이후에 학습하는 야코비안(Jacobian)의 절댓값으로 정의한다.

이제 좀 더 일반적인 uv평면에서 xy평면으로의 **변환** T

$$T(u,\ v) = (x,\ y),\quad x = g(u,\ v),\quad y = h(u,\ v)$$

를 생각해보자. 여기서 g, h는 연속인 1계 편도함수를 갖는다. 이때의 변환 T를 C^1 **변환**(C^1 transformation)이라 하며, 앞으로 T는 항상 C^1 변환이라고 가정한다. 변환 T는 정의역과 치역이 모두 $\mathbb{R}^2$의 부분집합인 함수이다.

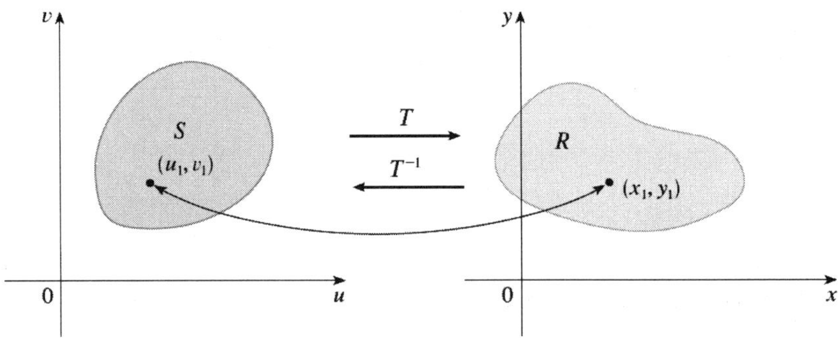

uv평면에서 xy평면으로의 **변환** T : $T(u,\ v) = (x,\ y)$, $x = g(u,\ v)$, $y = h(u,\ v)$

(u_1, v_1)이 T에 의해 (x_1, y_1)에 대응될 때, 즉 $T(u_1, v_1) = (x_1, y_1)$일 때, 점 (x_1, y_1)을 (u_1, v_1)의 **상**(image)이라고 한다. 그리고 uv평면의 영역 S가 T에 의해 xy평면의 영역 R, 즉 S 안의 모든 점들의 상으로 구성된 xy평면 안의 영역 R로 변환되면, R을 S의 **상**(image)이라 한다.

만일 S안의 어떤 두 점도 같은 상(image)을 갖지 않으면 T는 **일대일 변환**(one-to-one transformation)이라 한다. T가 일대일 변환이면 xy평면에서 uv평면으로의 **역변환**(inverse transformation) T^{-1}가 존재한다. 즉

$$T^{-1}(x, y) = (u, v), \quad u = G(x, y), \quad v = H(x, y)$$

로 표현할 수 있다.

예제 12 방정식이 $x = \dfrac{v}{6u}$, $y = 2u$로 정의된 변환에 대해 사각형 영역

$$S = \{(u, v) \mid 1 \leq u \leq 3, \ 3 \leq v \leq 9\}$$

의 상을 구하는 과정을 확인해보자.

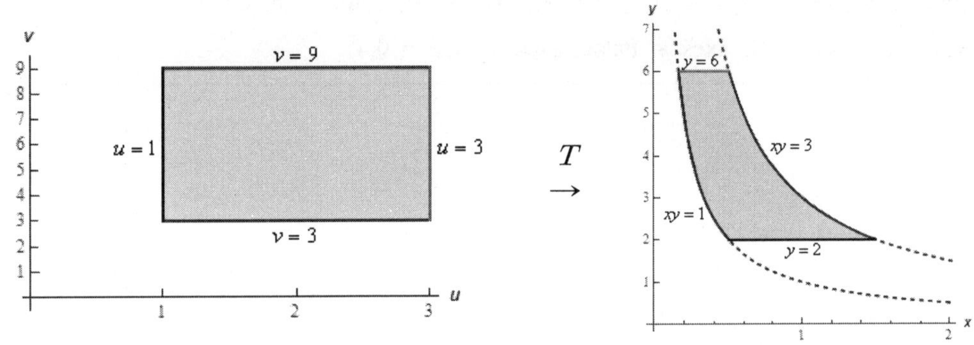

풀이. $x = \dfrac{v}{6u}$, $y = 2u$로 정의된 변환 T는 C^1 변환이므로 위의 그림과 같이 uv평면의 영역 S는 xy평면의 영역 R로 매끄럽게 이동된다. 영역의 내부는 영역의 내부로 옮겨지게 되므로 경계(boundary) 부분만 살펴본다.

http://matrix.skku.ac.kr/KOFAC/

```
u, v = var ( 'u, v' )
x(u, v) = v/(6*u)                         # 변환
y(u, v) = 2*u                             # S의 경계에 해당되는 식
print ( 'S1: ', (x(v = 3), y(v = 3)) )
print ( 'S2: ', (x(u = 3), y(u = 3)) )
print ( 'S3: ', (x(v = 9), y(v = 9)) )
print ( 'S4: ', (x(u = 1), y(u = 1)) )
```

답. S1: (1/2/u, 2*u)
S2: (1/18*v, 6)
S3: (3/2/u, 2*u)
S4: (1/6*v, 2) # 경계(boundary) ■

이들을 각각 매개변수로 하여 xy평면에 그리면 다음과 같은 네 개의 곡선으로 닫혀있음을 알 수 있다.

http://matrix.skku.ac.kr/KOFAC/

```
u, v = var ( 'u, v' )
x(u, v) = v/(6*u)
y(u, v) = 2*u
s1 = parametric_plot ( (x(v = 3), y(v = 3)), (u, 1, 3) )
s2 = parametric_plot ( (x(u = 3), y(u = 3)), (v, 3, 9), color = 'red' )
s3 = parametric_plot ( (x(v = 9), y(v = 9)), (u, 1, 3), color = 'green' )
s4 = parametric_plot ( (x(u = 1), y(u = 1)), (v, 3, 9), color = 'black' )
show(s1 + s2 + s3 + s4, axes = False, aspect_ratio = 0.4)
```

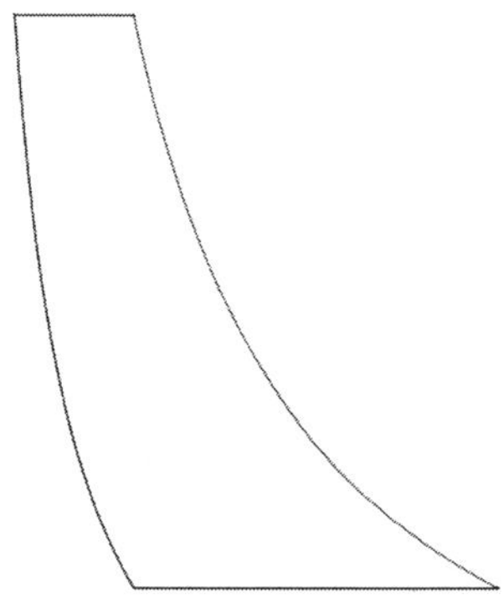

영역(region) ■

이렇게 변수변환을 하면 중적분의 계산이 훨씬 단순해진다. 이제 이중적분에서의 **변수변환**(change of variables)을 살펴보자. 이 개념은 일변수 함수의 적분에서 치환적분 개념의 일반화이다.

먼저 변환 $T(u, v)=(x, y)$, $x=g(u, v)$, $y=h(u, v)$의 **야코비안**(Jacobian)은 행렬식을 이용하여 다음과 같이 정의된다. (코드로 구할 때는 jacobian(T).det() 라는 명령어로 계산한다.)

$$\frac{\partial(x, y)}{\partial(u, v)} = \begin{vmatrix} \frac{\partial x}{\partial u} & \frac{\partial x}{\partial v} \\ \frac{\partial y}{\partial u} & \frac{\partial y}{\partial v} \end{vmatrix} = \frac{\partial x}{\partial u}\frac{\partial y}{\partial v} - \frac{\partial x}{\partial v}\frac{\partial y}{\partial u}$$

이제 T가 uv평면의 영역 S를 xy평면의 R위로 이동시키는 C^1 변환이고, T의 야코비안이 0이 아니라고 가정하자.

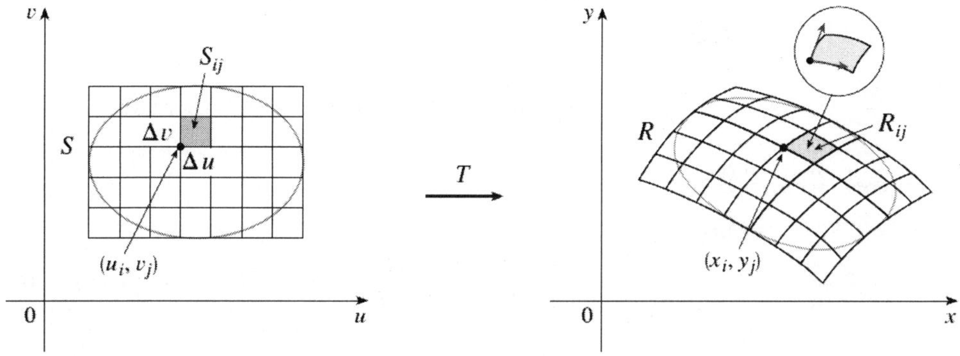

만일 f가 R에서 연속이고, T가 S의 경계를 제외하고는 일대일(one-to-one) 변환이면 다음이 성립한다.

$$\iint_R f(x,\ y)\,dA = \iint_S f(g(u,\ v),\ h(u,\ v))\left|\frac{\partial(x,\ y)}{\partial(u,\ v)}\right| du\,dv$$

$$dA = \left|\frac{\partial(x,\ y)}{\partial(u,\ v)}\right| du\,dv$$

	적분 영역	dA
xy평면	R	$dxdy$
↓	↓	↓
uv평면	S	$\left\|\frac{\partial(x,\ y)}{\partial(u,\ v)}\right\| du\,dv$

사실 앞서 학습한 극좌표에서의 적분 공식은 위의 특별한 경우이다.

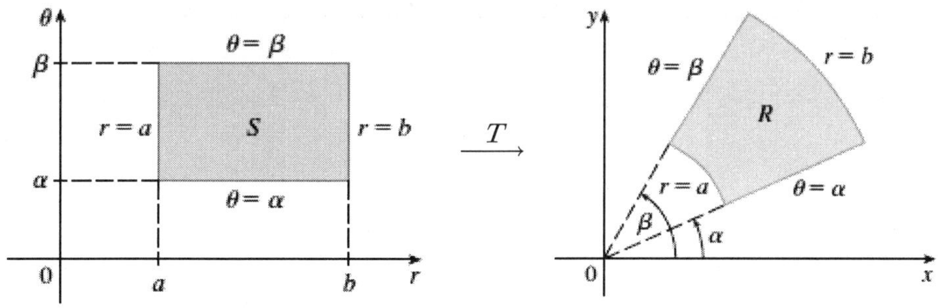

극좌표에서의 변환 T는 $r\theta$ 평면에서 xy 평면으로 다음과 같이 주어진다.

$$x = g(r,\ \theta) = r\cos\theta,\ y = h(r,\ \theta) = r\sin\theta$$

따라서 T는 $r\theta$ 평면의 보통 사각형을 xy 평면의 **극 사각형**(polar rectangle)으로 이동시킨다. 이때 T의 야코비안은

$$\frac{\partial x}{\partial r} = \cos\theta, \quad \frac{\partial x}{\partial \theta} = -r\sin\theta, \quad \frac{\partial y}{\partial r} = \sin\theta, \quad \frac{\partial y}{\partial \theta} = r\cos\theta$$

이므로, 다음과 같이 계산된다.

$$\frac{\partial(x,\, y)}{\partial(r,\, \theta)} = \begin{vmatrix} \frac{\partial x}{\partial r} & \frac{\partial x}{\partial \theta} \\ \frac{\partial y}{\partial r} & \frac{\partial y}{\partial \theta} \end{vmatrix} = \begin{vmatrix} \cos\theta & -r\sin\theta \\ \sin\theta & r\cos\theta \end{vmatrix} = r\cos^2\theta + r\sin^2\theta = r > 0$$

따라서 다음과 같이 극좌표에서의 이중적분 계산공식을 얻게 된다.

$$\begin{aligned} \iint_R f(x,\, y)\,dx\,dy &= \iint_S f(r\cos\theta,\, r\sin\theta)\left|\frac{\partial(x,\, y)}{\partial(r,\, \theta)}\right| dr\,d\theta \\ &= \iint_S f(r\cos\theta,\, r\sin\theta)\,r\,dr\,d\theta \end{aligned}$$

예제 13 곡선 $xy = 1$, $xy = 3$, $y = 2$, $y = 6$으로 유계된 영역을 R이라 하자. 변수변환 $x = \dfrac{v}{6u}$, $y = 2u$을 이용해서 이중적분 $\iint_R xy^3 dA$를 구하여라.

풀이. 먼저 적분영역을 그리면 다음과 같다.

http://matrix.skku.ac.kr/KOFAC/

```
var ( 'x, y' )
p1 = implicit_plot ( x*y == 1,  (x, 0, 2), (y, 1, 7) )
p2 = implicit_plot ( x*y == 3, (x, 0, 2), (y, 1, 7), color = 'red' )
p3 = implicit_plot ( y == 2,  (x, 0, 2), (y, 1, 7), color = 'green' )
p4 = implicit_plot ( y == 6,  (x, 0, 2), (y, 1, 7), color = 'black' )
show(p1 + p2 + p3 + p4, aspect_ratio = 0.4)
```

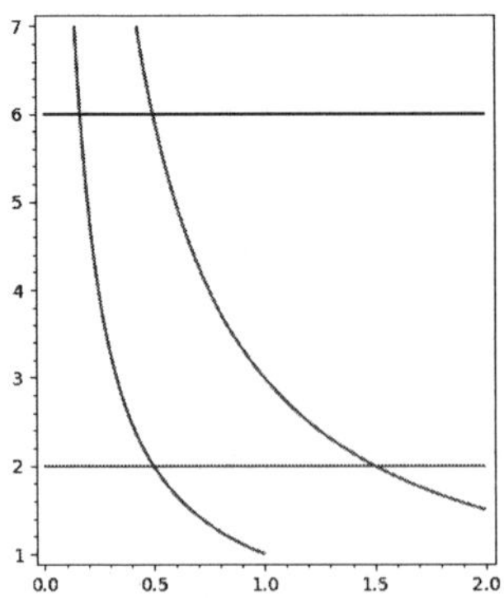

적분 영역(region) ■

이제 변환 $T(u,v)=(x,y),\ x=\dfrac{v}{6u},\ y=2u$를 이용하여 이중적분을 계산하자. 먼저 T의 야코비안을 구하면 다음과 같다.

http://matrix.skku.ac.kr/KOFAC/

```
var ( 'u, v' )
T = ( v/(6*u), 2*u )
J = jacobian( T, (u, v) ).det()      # 야코비안의 행렬식을 구한다
print ( J )
```

답. −1/3/u # 야코비안

음수이므로 적분에서 절댓값을 취해야 한다. ■

그리고 **예제 12** 의 결과를 이용하면 $1 \le u \le 3,\ 3 \le v \le 9$이다. 따라서 $\iint_R xy^3\,dA$은 다음과 같이 계산할 수 있다.

http://matrix.skku.ac.kr/KOFAC/

```
var ( 'x, y' )
f(x, y) = x*y^3
integral(integral( f(T[0], T[1])*abs(J), u, 1, 3), v, 3, 9 )
```

답. $\iint_R xy^3\,dA = 64$ ■

예제 14 세 꼭짓점이 $(0,\ 3),\ (4, 1),\ (2,\ 6)$인 삼각형 영역을 R이라 하자. 변수변환 $x=\dfrac{1}{2}(u-v),\ y=\dfrac{1}{4}(3u+v+12)$를 이용해서 이중적분 $\iint_R (x+2y)\,dA$를 구하여라.

풀이. 제시된 변수변환으로부터 변환 T를 계산하면 다음과 같다.

$$T(u,v)=(x,y),\ x=\frac{1}{2}(u-v),\ y=\frac{1}{4}(3u+v+12).$$

u와 v에 대해 풀면 아래 그림과 같이 역변환 T^{-1}와 uv평면에서의 영역을 찾을 수 있다.

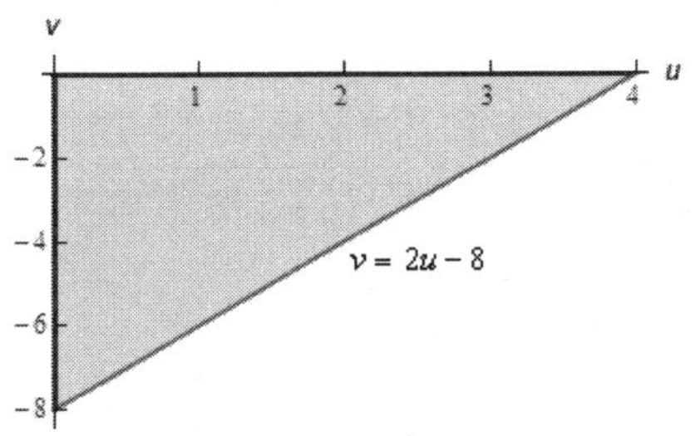

T^{-1} ← T →

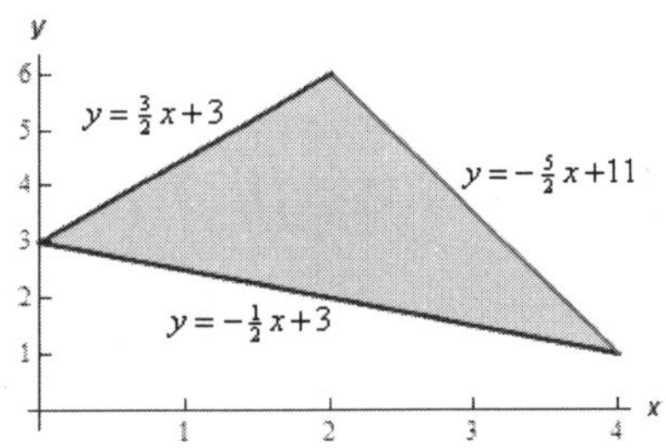

이제 T의 야코비안을 다음과 같이 구한다.

http://matrix.skku.ac.kr/KOFAC/

```
var ( 'u, v' )
T = (1/2*(u - v), 1/4 * (3*u + v + 12))
J = jacobian ( T, (u, v) ).det()          # 이 코드로 야코비안(행렬식)을 구한다.
print ( J )
```

답. 1/2 # 야코비안

양수이므로 적분에서 절댓값을 취할 필요가 없다. ■

위의 그림을 통해 적분영역은 $0 \le u \le 4,\ 2u-8 \le v \le 0$이므로 이중적분은 다음과 같다.

http://matrix.skku.ac.kr/KOFAC/

```
var ( 'x, y' )
f(x, y) = x + 2*y
integral ( integral ( f(T[0], T[1])*J, v, 2*u - 8, 0), u, 0, 4 )
```

답. $\iint_R (x+2y)\,dA$ = 208/3 ■

이중적분과 같은 방식으로 삼중적분에서의 변수변환도 가능하다.

T가 uvw공간의 영역 S를 xyz공간의 영역 R 위로 사상하는 변환이라 하자. 즉

$$T(u,\ v,\ w) = (x,\ y,\ z),\ x = g(u,\ v,\ w),\ y = h(u,\ v,\ w),\ z = k(u,\ v,\ w)$$

그러면 T의 **야코비안**(Jacobian)은 다음과 같다.

$$\frac{\partial(x,\ y,\ z)}{\partial(u,\ v,\ w)} = \begin{vmatrix} \frac{\partial x}{\partial u} & \frac{\partial x}{\partial v} & \frac{\partial x}{\partial w} \\ \frac{\partial y}{\partial u} & \frac{\partial y}{\partial v} & \frac{\partial y}{\partial w} \\ \frac{\partial z}{\partial u} & \frac{\partial z}{\partial v} & \frac{\partial z}{\partial w} \end{vmatrix}$$

이를 삼중적분에 적용하면 다음을 얻는다.

$$\iiint_R f(x,y,z)\,dV = \iiint_S f(g(u,v,w),h(u,v,w),k(u,v,z)) \left| \frac{\partial(x,y,z)}{\partial(u,v,w)} \right| du\,dv\,dw$$

$$dV = \left| \frac{\partial(x,y,z)}{\partial(u,v,w)} \right| du\,dv\,dw$$

	적분 영역	dV
xyz공간	R	$dxdydz$
↓	↓	↓
uvw공간	S	$\left\lvert \dfrac{\partial(x,y,z)}{\partial(u,v,w)} \right\rvert du\,dv\,dw$

이와 같이 중적분의 변수변환에서는 아코비안(Jacobian)을 이용하여 넓이의 변화율을 곱하여 적분하면 된다. 이 절에서 설명한 치환적분의 특별한 경우가 3차원 일때는 원기둥좌표와 구면좌표이고, 2차원 일때가 극좌표이다.

예제 15 원기둥 좌표계(cylindrical coordinate system)에서의 **야코비안**(Jacobian)을 유도하라.

풀이. 변수변환 T는 다음과 같이 주어지므로

$$x = r\cos\theta,\ y = r\sin\theta,\ z = z$$

T의 **야코비안**(Jacobian)은 다음과 같다.

$$\frac{\partial(x,\ y,\ z)}{\partial(r,\ \theta,\ z)} = \begin{vmatrix} \dfrac{\partial x}{\partial r} & \dfrac{\partial x}{\partial \theta} & \dfrac{\partial x}{\partial z} \\ \dfrac{\partial y}{\partial r} & \dfrac{\partial y}{\partial \theta} & \dfrac{\partial y}{\partial z} \\ \dfrac{\partial z}{\partial r} & \dfrac{\partial z}{\partial \theta} & \dfrac{\partial z}{\partial z} \end{vmatrix} = \begin{vmatrix} \cos\theta & -r\sin\theta & 0 \\ \sin\theta & r\cos\theta & 0 \\ 0 & 0 & 1 \end{vmatrix} = r$$ ■

열린 문제 1 다른 교재의 문제 중 구면좌표의 한 점을 직교좌표 (x, y, z)로 나타내어라.

열린 문제 2 구면좌표계(spherical coordinate system)에서의 **야코비안**(Jacobian)을 유도하라.

풀이. 변수변환 T는 다음과 같이 주어지므로

$$x = \rho\sin\phi\cos\theta,\ y = \rho\sin\phi\sin\theta,\ z = \rho\cos\phi$$

T의 야코비안은 다음과 같다.

$$\frac{\partial(x,\ y,\ z)}{\partial(\rho,\ \phi,\ \theta)} = \begin{vmatrix} \dfrac{\partial x}{\partial \rho} & \dfrac{\partial x}{\partial \phi} & \dfrac{\partial x}{\partial \theta} \\ \dfrac{\partial y}{\partial \rho} & \dfrac{\partial y}{\partial \phi} & \dfrac{\partial y}{\partial \theta} \\ \dfrac{\partial z}{\partial \rho} & \dfrac{\partial z}{\partial \phi} & \dfrac{\partial z}{\partial \theta} \end{vmatrix} = \begin{vmatrix} \sin\phi\cos\theta & \rho\cos\phi\cos\theta & -\rho\sin\phi\sin\theta \\ \sin\phi\sin\theta & \rho\cos\phi\sin\theta & \rho\sin\phi\cos\theta \\ \cos\phi & -\rho\sin\phi & 0 \end{vmatrix} = \rho^2\sin\phi$$

■

열린 문제 3 함수 $F(r, \theta) = (x,\ y) = (e^r\cos\theta,\ e^r\sin\theta)$의 **야코비안**(Jacobian)을 유도하라.

Week 8 과제 위의 열린 문제를 풀어본 후, 본인이 요약/실습/질문/답변한 내용을 Q&A(문의게시판)에 공유하시오

9주차 벡터 미적분학(Vector Calculus)

학습목표	이번 주차에서는 벡터장(vector field), 선적분(line integral), **그린 정리**(Green's theorem), 회전(curl)과 발산(divergence), **스토크스 정리**(Stokes' theorem), **발산 정리**(divergence theorem)에 관하여 간단히 소개한다.
핵심개념	**벡터장**, **선적분**, 그린 정리, **회전**, **발산**, 스토크스 정리, 발산정리
실습실	http://matrix.skku.ac.kr/M-calculus/W9/

9.1 벡터장(Vector Field), 회전(Curl), 발산(Divergence)

벡터장(vector field)은 $\mathbb{R}^3$에서 $\mathbb{R}^3$로의 함수 $\mathbf{F} : D \subset \mathbb{R}^3 \to \mathbb{R}^3$를 말한다. 즉 공간의 한 점에 벡터를 대응시킨 것이다. **벡터장은 물리학에서 유체의 흐름이나 중력장 등의 각 점에서 크기와 방향을 나타내기 위해 사용된다.**

$\mathbf{F}(x, y, z)$가 3차원 벡터이므로

$$\begin{aligned}\mathbf{F}(x, y, z) &= (P(x, y, z), Q(x, y, z), R(x, y, z)) \\ &= P(x, y, z)\mathbf{i} + Q(x, y, z)\mathbf{j} + R(x, y, z)\mathbf{k}\end{aligned}$$

또는 간단히 $\mathbf{F} = P\mathbf{i} + Q\mathbf{j} + R\mathbf{k}$ 으로 나타낼 수 있다. 여기서 P, Q, R은 3변수 함수로 $\mathbf{F}$의 **성분함수**(component function) 또는 **스칼라장**(scalar field)이라 한다.

벡터장은 $\mathbf{F}$의 정의역 D의 임의의 점 (x, y, z)를 시점으로 하고, 벡터 $\mathbf{F}(x, y, z)$를 화살표(유향선분)로 나타내어 시각화 할 수 있다.

> **참고** 벡터장은 2차원 평면에서도 정의되나 우리는 3차원 공간에서의 벡터장만 다룬다. 벡터장은 sage의 **plot_vector_field3d** 명령어를 이용하여 그릴 수 있다.

예제 1 벡터장 $\mathbf{F} = -y(z+x)\mathbf{i} + x\mathbf{j} + yz\mathbf{k}$을 그려보아라.

http://matrix.skku.ac.kr/KOFAC/

```
var ('x, y, z')
G = vector ( [-y*(z + x), x, y*z] )                            # 벡터장
plot_vector_field3d ( G, (x, -2, 2), (y, -2, 2), (z, -2, 2))   # 벡터장 그리기
```

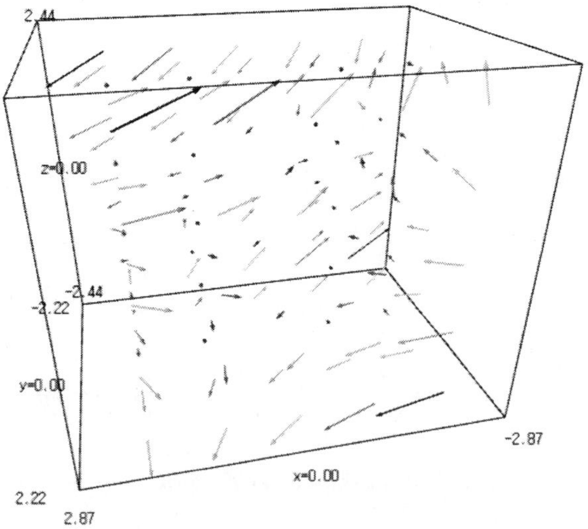

특히 스칼라 함수 $f : D \subset \mathbb{R}^3 \to \mathbb{R}$의 **그래디언트**(gradient)로 정의되는 벡터장

$$\mathrm{F}(x, y, z) = \nabla f(x, y, z) = \left(f_x(x, y, z), f_y(x, y, z), f_z(x, y, z)\right)$$

을 **그래디언트 벡터장**(gradient vector field)이라 한다. 그리고 F가 **보존장(conservative vector field)이라 함은 어떤 스칼라 함수 f의 그래디언트가 되는 것을 말한다. 즉 F $= \nabla f$이다. 이때 함수 f를 F의 포텐셜 함수(potential function)라 하고, F는 포텐셜 함수 f를 갖는다고 한다.** 모든 벡터장이 보존장은 아니지만, 물리학에서 다루는 벡터장(중력장, 정전기장 등)은 **에너지 보존의 법칙**이 성립하는 보존장인 경우가 많다.

이제 벡터장에서 정의되는 연산인 **회전**(curl)과 **발산**(divergence)에 대하여 살펴보자. **회전과 발산은 전기역학, 유체역학 등 다양한 역학에서 많이 사용되며, 우리는 주로 정의와 계산방법에 집중한다.**

먼저 회전(curl)은 **벡터장 내 임의의 지점에서의 회전 정도를 측정**한다. 벡터장 $\mathrm{F} = P\mathrm{i} + Q\mathrm{j} + R\mathrm{k}$의 성분함수 $P,\ Q,\ R$의 편도함수가 모두 존재하면, F의 회전(curl)은 다음과 같이 정의된다.

$$\text{curl }\mathrm{F} = \left(\frac{\partial R}{\partial y} - \frac{\partial Q}{\partial z}\right)\mathrm{i} + \left(\frac{\partial P}{\partial z} - \frac{\partial R}{\partial x}\right)\mathrm{j} + \left(\frac{\partial Q}{\partial x} - \frac{\partial P}{\partial y}\right)\mathrm{k} = \begin{vmatrix} \mathrm{i} & \mathrm{j} & \mathrm{k} \\ \dfrac{\partial}{\partial x} & \dfrac{\partial}{\partial y} & \dfrac{\partial}{\partial z} \\ P & Q & R \end{vmatrix} = \nabla \times \mathrm{F}$$

여기서 $\nabla = \left(\dfrac{\partial}{\partial x}, \dfrac{\partial}{\partial y}, \dfrac{\partial}{\partial z}\right) = \mathrm{i}\dfrac{\partial}{\partial x} + \mathrm{j}\dfrac{\partial}{\partial y} + \mathrm{k}\dfrac{\partial}{\partial z}$이다. ∇는 스칼라 함수 f가 주어지면, f의 그래디언트를 생성하는 하나의 **연산자**(operator)로 이해하면 된다.

예제 2 벡터장 $\mathbf{F} = xy^2\mathbf{i} + 2yz\mathbf{j} - 3xz^2\mathbf{k}$의 회전(curl)을 구하라.

풀이. 회전(curl)의 정의에 따라 계산하면 다음과 같다.

$$\text{curl } \mathbf{F} = \nabla \times \mathbf{F} = \begin{vmatrix} \mathbf{i} & \mathbf{j} & \mathbf{k} \\ \frac{\partial}{\partial x} & \frac{\partial}{\partial y} & \frac{\partial}{\partial z} \\ xy^2 & 2yz & -3xz^2 \end{vmatrix}$$

$$= \left(\frac{\partial}{\partial y}(-3xz^2) - \frac{\partial}{\partial z}(2yz)\right)\mathbf{i} + \left(\frac{\partial}{\partial z}(xy^2) - \frac{\partial}{\partial x}(-3xz^2)\right)\mathbf{j}$$

$$+ \left(\frac{\partial}{\partial x}(2yz) - \frac{\partial}{\partial y}(xy^2)\right)\mathbf{k} = -2y\mathbf{i} + 3z^2\mathbf{j} - 2xy\mathbf{k}$$

http://matrix.skku.ac.kr/KOFAC/

```
var ('x, y, z')                              # 변수 정의
F = vector([x*y^2, 2*y*z, -3*x*z^2])         # 벡터장 입력
print("curl(F) =", F.curl([x, y, z]))
F.curl([x,y,z]).div([x,y,z])
```

curl(F) = (-2*y, 3*z^2, -2*x*y)

Note: 0 # F의 회전(curl)에 대한 발산(divergence)이 0 임을 보여준다. ■

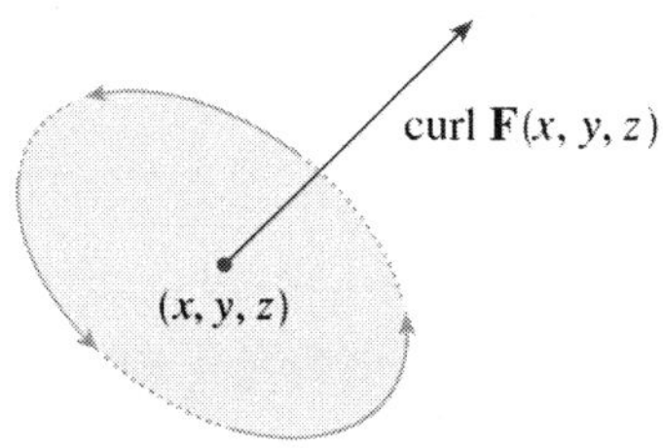

참고 **회전(curl)의 의미**

① 물리학적으로 F가 유체의 속도 벡터장이면, curl F는 그 유체가 가장 빨리 회전하는 축의 방향을 제시해주며, 그 크기는 회전의 속력을 나타낸다.

② curl $\mathbf{F} = 0$인 벡터장 F를 **회전하지 않는**(irrotational) 벡터장이라 한다.

회전의 연산에 관하여 다음이 성립한다. 여기서 F와 G는 각각 미분가능한 벡터장이고, f는 연속인 편도함수를 갖는다.

① $\text{curl}(\mathbf{F} + \mathbf{G}) = \text{curl } \mathbf{F} + \text{curl } \mathbf{G}$

② $\text{curl}(f\mathbf{F}) = f \text{ curl } \mathbf{F} + (\nabla f) \times \mathbf{F}$

발산(divergence)은 **벡터장 내 임의의 지점에서 벡터장이 퍼져 나오는지, 아니면 모이는지의 정도를 측정**한다. $\mathrm{F} = P\mathrm{i} + Q\mathrm{j} + R\mathrm{k}$ 가 벡터장이고, $\frac{\partial P}{\partial x}$, $\frac{\partial Q}{\partial y}$, $\frac{\partial R}{\partial z}$가 존재하면, F의 발산(divergence)은 다음과 같이 정의된다.

$$\mathrm{div}\ \mathrm{F} = \frac{\partial P}{\partial x} + \frac{\partial Q}{\partial y} + \frac{\partial R}{\partial z} = \nabla \cdot \mathrm{F}$$

발산의 연산에 관하여 다음이 성립한다. 여기서 F와 G는 각각 미분가능한 벡터장이고, f는 연속인 편도함수를 갖는다.

① $\mathrm{div}\ (\mathrm{F} + \mathrm{G}) = \mathrm{div}\ \mathrm{F} + \mathrm{div}\ \mathrm{G}$

② $\mathrm{div}\ (f\mathrm{F}) = f\ \mathrm{div}\ \mathrm{F} + \mathrm{F} \cdot \nabla f$

예제 3 다음과 같이 주어진 두 벡터장 F와 G에 대하여 F+G의 발산을 구하라.

$$\mathrm{F}(x,\ y,\ z) = (x - 3y)\mathrm{i} + (x^2z^2 + \cos z)\mathrm{j} + xyz^2\mathrm{k}$$
$$\mathrm{G}(x,\ y,\ z) = -y(z + x)\mathrm{i} + x\mathrm{j} + yz\mathrm{k}$$

풀이. 각 성분함수에 대해 필요한 편도함수를 구한 뒤 모두 더하면 된다.

$$\mathrm{div}\ \mathrm{F} = 1 + 0 + 2xyz = 1 + 2xyz,\quad \mathrm{div}\ \mathrm{G} = -y + y = 0$$

이므로, 구하고자 하는 발산은 다음과 같다.

$$\mathrm{div}\ (\mathrm{F} + \mathrm{G}) = \mathrm{div}\ \mathrm{F} + \mathrm{div}\ \mathrm{G} = 2xyz + 1.$$

http://matrix.skku.ac.kr/KOFAC/

```
var ('x, y, z')  # 변수 정의
F = vector([x - 3*y, x^2*z^2 + cos(z), x*y*z^2])
G = vector([-y*(z + x), x, y*z])
divF = F.div([x, y, z]); divG = G.div([x, y, z])
print("div F =", divF)
print("div G =", divG)
print("div (F) + div (G) =", divF + divG)
(F + G).div([x, y, z])    # 성립하는지 확인
```

```
div F = 2*x*y*z + 1
div G = 0
div (F) + div (G) = 2*x*y*z + 1
```

답. div (F + G)=2*x*y*z + 1 # $\mathrm{div}(\mathrm{F} + \mathrm{G}) = 2xyz + 1 = \mathrm{div}\mathrm{F} + \mathrm{div}\mathrm{G}$. ■

> **참고** 발산(divergence)의 의미
> ① 물리학적으로 F가 유체의 속도 벡터장이면, 점 p에서 div F는 그 유체가 p로부터 나가거나 p를 향해 모이는 경향을 잰다.
> ② div F = 0인 벡터장 F를 **압축할 수 없는** (incompressible) 벡터장이라 한다.

벡터장 F의 회전도 벡터장이므로 회전의 발산을 구할 수 있다. 다음의 정리는 curl F의 발산이 0임을 보여준다.

> **정리** 벡터장 $\mathrm{F} = P\mathrm{i} + Q\mathrm{j} + R\mathrm{k}$의 성분함수 P, Q, R이 연속인 2계 편도함수를 가지면, div(curl F)=0 이다.

우리는 이미 **예제 2** 코드의 마지막 줄에서 벡터장 $\mathrm{F} = xy^2\mathrm{i} + 2yz\mathrm{j} - 3xz^2\mathrm{k}$의 회전(curl) $(-2y, 3z^2, -2xy)$의 발산(divergence)을 구하면 0이 나옴을 확인한 바 있다. 위의 정리는 주어진 조건 아래서 div(curl F)=0 가 항상 성립한다는 뜻이다.

9.2 선적분(Line Integral)

정적분 $\int_a^b f(x)dx$는 피적분함수 $f(x)$를 $x = a$에서 $x = b$까지 x축을 따라 적분하는 것을 의미한다. 이제 정적분에서 적분하는 구간을, **좌표축에 평행한 직선**에서 평면(또는 공간)의 **임의의 직선 또는 곡선**으로 확장한 **선적분**(line integral)에 대하여 살펴보자. 이때 이 (적분구간) 곡선을 **적분 경로**(path of integration)라고 한다.

먼저, 적분경로가 되는 곡선 C가 다음과 같은 벡터함수로 매개변수화된다고 하자.

$$\mathrm{r}(t) = (x(t),\ y(t),\ z(t)) = x(t)\mathrm{i} + y(t)\mathrm{j} + z(t)\mathrm{k} \quad (a \le t \le b)$$

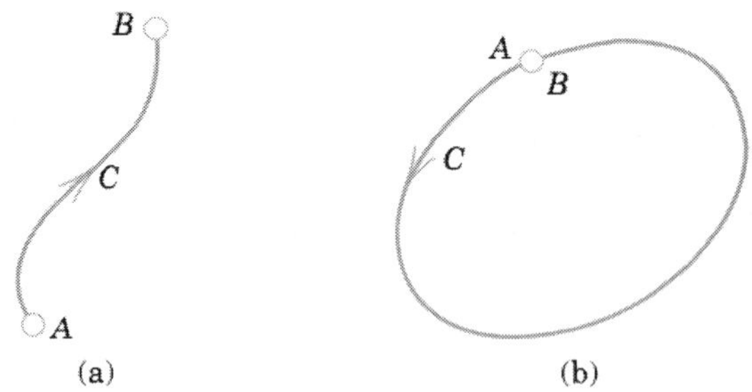

(a) (b)

그러면 적분경로 C는 t가 a에서 b로 변하는 동안 A : $\mathrm{r}(a)$(시작점)에서 B : $\mathrm{r}(b)$(끝점)로 이동한다. 이때 t가 증가하는 방향, 즉 A에서 B로의 방향(화살표 방향)을 곡선의 **방향**

(orientation)이라고 한다. 특히 그림 (a)와 같이 곡선 위의 다른 점에서 곡선이 교차하지 않는 곡선을 **단순 곡선**(simple curve)이라 하고, 그림 (b)와 같이 시작점과 끝점이 만나는 곡선 C를 **닫힌 곡선**(closed curve)이라고 한다. 그리고 만일 $\mathbf{r}'(t)$가 연속이고 0이 아니면, 곡선 C를 **매끄러운 곡선**(smooth curve)이라고 한다. 이 절에서는 적분경로가 **유한 개의 매끄러운 곡선**(piecewise smooth curve)으로 구성된 경우만 다루기로 한다.

적분경로가 되는 곡선 C가 벡터함수 $\mathbf{r}(t)=(x(t),\ y(t),\ z(t))\ (a \le t \le b)$ 일 때, **벡터장** $\mathbf{F} = P\mathbf{i}+Q\mathbf{j}+R\mathbf{k} = \mathbf{F}(\mathbf{r}(t))$**의** 적분경로 C 위의 **선적분**은 다음과 같이 정의된다.

$$\int_C \mathbf{F}\cdot d\mathbf{r}$$

$$= \int_a^b \mathbf{F}(\mathbf{r}(t))\cdot \mathbf{r}'(t)dt = \int_a^b (P\mathbf{i}+Q\mathbf{j}+R\mathbf{k})\cdot(x'(t)\mathbf{i}+y'(t)\mathbf{j}+z'(t)\mathbf{k})dt$$

$$= \int_a^b [\,P(x(t),y(t),z(t))x'(t) + Q(x(t),y(t),z(t))y'(t) + R(x(t),y(t),z(t))z'(t)\,]\ dt$$

$$= \int_a^b P\,x'(t)\,dt + \int_a^b Q\ y'(t)\ dt + \int_a^b R\ z'(t)\ dt$$

$$= \int_C P\,dx + Q\,dy + R\,dz$$

따라서 선적분을 $\int_C \mathbf{F}\cdot d\mathbf{r} = \int_C P\,dx + Q\,dy + R\,dz$와 같이 표시하기도 한다.

예제 4 곡선 C를 따라 $\mathbf{F}(x,y,z)=(z-y)\mathbf{i}+(x-z)\mathbf{j}+(x-y)\mathbf{k}$ 의 선적분을 구하라. 이때, 곡선 C는 $\begin{cases} x^2+y^2=1 \\ x-y+z=2 \end{cases}$ 의 교선이고, C의 방향은 z축의 양의 방향에서 볼 때 반시계 방향이다.

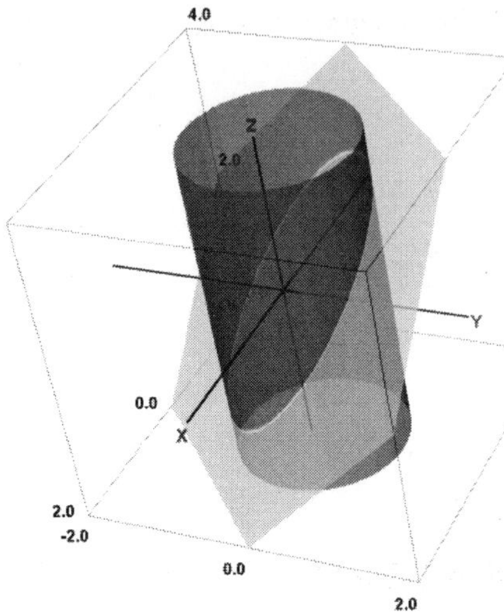

풀이. 매개변수 $x=\cos t$, $y=\sin t$를 이용하여 곡선 C를 벡터함수 $\mathrm{r}(t)$로 표현하면 다음과 같다.

$$\mathrm{r}(t)=(\cos t,\ \sin t,\ 2-\cos t+\sin t) \quad (0 \le t \le 2\pi)$$
$$\mathrm{F} = \mathrm{F}(\mathrm{r}(t))=(2-\cos t,\ 2\cos t-2-\sin t,\ \cos t-\sin t)$$
$$\mathrm{r}'(t)=(-\sin t,\ \cos t,\ \sin t+\cos t)$$

따라서 선적분(line integral)을 구하면 다음과 같다.

$$\begin{aligned}\int_C \mathrm{F}\cdot d\mathrm{r} &= \int_0^{2\pi} \mathrm{F}(\mathrm{r}(t))\cdot \frac{d\mathrm{r}}{dt}dt \\ &= \int_0^{2\pi} [(2-\cos t)(-\sin t)+(2\cos t-2-\sin t)(\cos t) \\ &\qquad\qquad +(\cos t-\sin t)(\sin t+\cos t)]\,dt \\ &= \int_0^{2\pi}(3\cos^2 t-2\cos t-2\sin t-\sin^2 t)dt = 2\pi\end{aligned}$$

http://matrix.skku.ac.kr/KOFAC/

```
var ('x, y, z, t')
F = vector ( [z - y, x - z, x - y] )
r = vector ( [ cos(t), sin(t), 2 - cos(t) + sin(t) ] )
dr = diff( r , t )
Fdr = F(x = r[0], y = r[1], z = r[2]).inner_product(dr).simplify_full()
integral ( Fdr, t, 0, 2*pi )
```

답. $\int_C \mathrm{F}\cdot dr$ = 2*pi ■

정적분과 마찬가지로 선적분(line integral)에 대해 다음이 성립한다.

① $\int_C k\mathrm{F}\cdot dr = k\int_C \mathrm{F}\cdot dr$ (k는 스칼라)

② $\int_C (\mathrm{F}\pm\mathrm{G})\cdot dr = \int_C \mathrm{F}\cdot dr \pm \int_C \mathrm{G}\cdot dr$

③ $\int_C \mathrm{F}\cdot dr = \int_{C_1} \mathrm{F}\cdot dr + \int_{C_2} \mathrm{F}\cdot dr$ (C는 두 곡선 C_1과 C_2의 합)

④ $\int_{-C} \mathrm{F}\cdot dr = -\int_C \mathrm{F}\cdot dr$ ($-C$는 C의 반대 방향)

참고 **선적분(line integral)의 성질**

① 선적분은 피적분함수 F와 적분경로의 시작점 A, 끝점 B, 그리고 적분경로인 곡선

C 자체에 모두 **의존**(종속, depend)**한다. 즉, 시작점과 끝점이 같아도 적분경로가 다르면 일반적으로 선적분 값은 같지 않다**(not same)**.**

② 적분경로 C에 대한 **매개변수 표현**은 유일하지 않다. 그러나 같은 양의 방향을 가지는 매개변수 표현에 대해서는 선적분 값이 항상 같다.

만일 F가 **보존장**(conservative vector field)이면, 즉 F가 **포텐셜 함수**를 갖고 따라서 어떤 스칼라 함수 f에 대하여 $\mathrm{F} = \nabla f$이면, **선적분은 적분경로에 독립(independent)이 된다.** 구체적으로는 시작점이 $A : \mathrm{r}(a)$이고, 끝점이 $B : \mathrm{r}(b)$인 적분경로 $C : \mathrm{r}(t),\ a \le t \le b$를 따르는 F의 선적분은

$$\int_C \mathrm{F} \cdot d\mathrm{r} = \int_a^b \mathrm{F}\,(\mathrm{r}(t)) \cdot \mathrm{r}'(t)dt = \int_a^b \nabla f\,(\mathrm{r}(t)) \cdot \mathrm{r}'(t)dt$$

$$= \int_a^b \frac{d}{dt} f\,(\mathrm{r}(t))dt = f\,(\mathrm{r}(b)) - f\,(\mathrm{r}(a)) = f(B) - f(A)$$

와 같이 **시작점 A와 끝점 B에만 의존(depend)**한다. 따라서 **선적분이 경로에 독립적**(independent) **이면**, 임의의 닫힌 곡선 C에 대해서 (시작점과 끝점이 같으므로) $\oint_C \mathrm{F} \cdot d\mathrm{r} = 0$ 임을 알 수 있다. 여기서, 적분기호 상의 원은 **닫힌 곡선에서의 선적분**을 의미한다.

다음의 두 정리는 F가 **보존장**(conservative vector field)이 되는 조건을 말해준다.

정리 F가 연속인 편도함수를 갖는 미분가능한 벡터장이라 하자. 그러면

F는 **보존장**(conservative vector field) $\Leftrightarrow$ $\mathrm{curl}\ \mathrm{F} = 0$

여기서 (고등수학의 다양한 분야에 따라 더 엄밀한 정의[1])가 있지만, 입문과정의 본 교재에서는) **단순 연결영역**(simply connected domain)이란 아래 왼쪽 그림과 같이 내부에 구멍(hole)이 없다는 의미로 이해할 수 있다.

단순 연결 영역

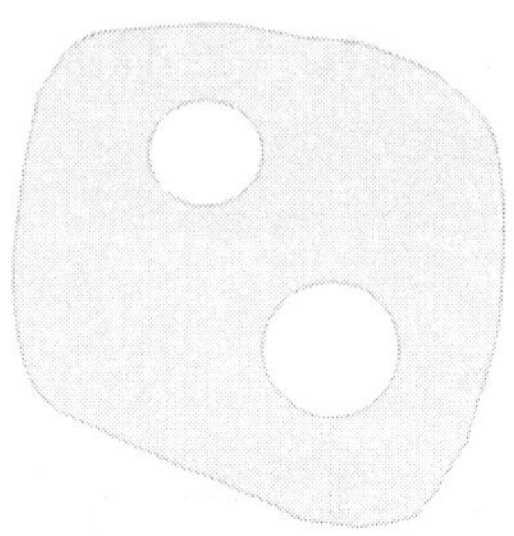

단순 연결이 아닌 영역

1) https://www.sciencedirect.com/topics/mathematics/simple-closed-curve

정리 단순연결영역(simply connected domain) D 내의 모든 닫힌 곡선에서 선적분이 $\oint_C \mathbf{F} \cdot d\mathbf{r} = 0$이면 벡터장 $\mathbf{F}$는 D에서 보존장이고, 그 역도 성립한다.

예제 5 벡터장 $\mathbf{F}(x, y, z) = (y^2z + 2xz^2)\mathbf{i} + 2xyz\mathbf{j} + (xy^2 + 2x^2z)\mathbf{k}$에 대하여 $\mathbf{F} = \nabla f$을 만족하는 포텐셜 함수(potential function) f를 구하고, 벡터함수 $\mathbf{r}(t) = (\sqrt{t}, t+1, t^2)\ (0 \le t \le 1)$로 주어진 곡선 C를 따라 선적분 $\int_C \mathbf{F} \cdot d\mathbf{r}$를 계산하여라. 이때 선적분이 곡선 C의 시작점과 끝점에만 **의존**(depend)하는지 확인하여라.

풀이. **포텐셜 함수** f가 존재한다면 $\mathbf{F} = \nabla f$을 만족해야 한다.

$$f_x = y^2z + 2xz^2,\ f_y = 2xyz,\ f_z = xy^2 + 2x^2z$$

f를 구하기 위하여, 먼저 (1) f_x를 x에 관하여 적분하면 $f(x, y, z) = xy^2z + x^2z^2 + g(y, z)$이다. 이제 (2) f를 y에 관하여 미분하면 $f_y(x, y, z) = 2xyz + g_y(y, z)$이므로 $g_y(y, z) = 0$이다. 따라서 $g(y, z) = h(z)$이고 (3) $f(x, y, z) = xy^2z + x^2z^2 + h(z)$이다.

이어서 (4) f를 z에 관하여 미분하면 $f_z(x, y, z) = xy^2 + 2x^2z + h'(z)$이므로 $h'(z) = 0$, 즉 $h(z) = K$ (K는 상수)이다. 따라서 (5) $f(x, y, z) = xy^2z + x^2z^2 + K$를 얻는다.

마지막으로 곡선 C를 따라 선적분 $\int_C \mathbf{F} \cdot d\mathbf{r}$를 계산하면 다음과 같다.

http://matrix.skku.ac.kr/KOFAC/

```
var ('x, y, z, t')
F = vector([y^2*z + 2*x*z^2, 2*x*y*z, x*y^2 + 2*x^2*z])
r = vector([sqrt(t), t + 1, t^2])
dr = diff(r ,t)
Fdr = F(x = r[0], y = r[1], z = r[2]).inner_product(dr).simplify_full()
integral (Fdr, t, 0, 1)                    # 선적분
```

답. 5 ■

따라서 $\int_C \mathbf{F} \cdot d\mathbf{r} = 5$를 얻는다. $\mathbf{F}$는 보존장이므로 선적분 $\int_C \mathbf{F} \cdot d\mathbf{r}$은 곡선의 시작점 $(0, 1, 0)$과 끝점 $(1, 2, 1)$에만 의존한다. 이를 확인하면 다음과 같다.

```
var('x, y, z, K')
f(x, y, z) = x*y^2*z + x^2*z^2 + K        # 포텐셜 함수
f(1, 2, 1) - f(0, 1, 0)
```

답. $\int_C \mathrm{F} \cdot d\mathrm{r} = 5$ ■

위의 학습을 통하여 보존장에서는 $\mathrm{F} = \nabla f$를 만족하는 포텐샬함수 f만 구하면, 아주 쉽게 선적분 값을 구할 수 있음을 알 수 있다.

9.3 그린 정리(Green's Theorem)

35살의 제빵사(Baker)였던 그린(Green)이 1828년에 소개한 **그린 정리**(Green's theorem)는 **선적분과 이중적분 사이의 관계를 설명**한다. 스토크스 정리와 발산 정리에 이르는 중요한 아이디어를 담고 있으며, 스토크스 정리의 특수한 경우로 여겨진다.

그린 정리(Green's theorem)는 아래 그림과 같이 **단순 닫힌 곡선**(simply closed curve) C를 따르는 선적분과 C에 의해 둘러싸인 영역 D(경계포함)에서의 이중적분 사이의 관계를 말한다. C는 ∂D (D의 경계)로 나타내기도 한다.

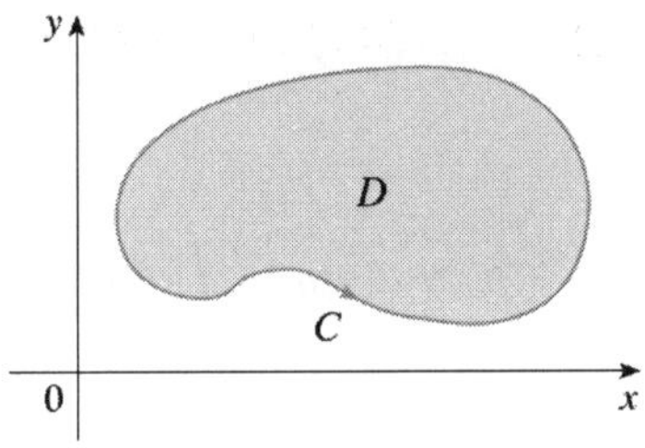

앞으로는 곡선 C가 **양의 방향**(positive orientation)을 갖는다는 것을 곡선 C를 따라갈 때, 곡선에 의해 둘러싸인 영역 D가 항상 곡선의 왼쪽에 놓이는 경우로 가정한다.

그린 정리는 다음과 같다.

그린 정리(Green's theorem)

($\mathbb{R}^2$인) xy평면에서 D가 단순 닫힌 곡선(simply closed curve) C에 의해 둘러싸인 영역이라고 하자. P와 Q가 D에서 **연속인 1계 편도함수**를 갖는다면 다음이 성립한다.

$$\oint_C P\,dx + Q\,dy = \iint_D \left(\frac{\partial Q}{\partial x} - \frac{\partial P}{\partial y} \right) dA$$

여기서 C는 양의 방향을 따른다.

경계곡선 ∂D가 단순 닫힌곡선(simply closed curve)이면, D를 **단순 연결영역**(simply connected region)이라고 한다. 그린 정리는 **단순 연결 영역**(simply connected region)이 아니어도 적용할 수 있다. 예를 들어, 아래 그림 (a)와 같이 영역 D의 경계 곡선 C가 두 개의 단순 닫힌 곡선 C_1과 C_2로 구성되고, C_1과 C_2가 양의 방향을 따른다고 하자(즉, C_1은 반시계방향, C_2는 시계방향).

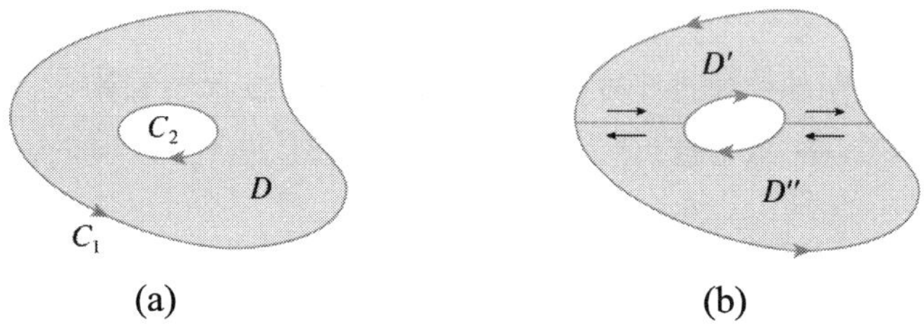

영역 D를 그림 (b)와 같이 두 영역 D'과 D''으로 나누면 그린 정리에 의해 다음이 성립한다.

$$\iint_D \left(\frac{\partial Q}{\partial x} - \frac{\partial P}{\partial y}\right) dA = \iint_{D'} \left(\frac{\partial Q}{\partial x} - \frac{\partial P}{\partial y}\right) dA + \iint_{D''} \left(\frac{\partial Q}{\partial x} - \frac{\partial P}{\partial y}\right) dA$$
$$= \int_{\partial D'} P dx + Q dy + \int_{\partial D''} P\, dx + Q\, dy$$

동일한 경계선을 따라 반대 방향으로 선적분을 계산하면 두 값은 서로 상쇄되므로 다음을 얻게 된다.

$$\iint_D \left(\frac{\partial Q}{\partial x} - \frac{\partial P}{\partial y}\right) dA = \int_{C_1} P dx + Q dy + \int_{C_2} P dx + Q dy = \int_C P dx + Q dy$$

예제 6 선적분 $\int_C x^2 y\, dx + xy^2 dy$를 계산하여 그린 정리가 성립함을 확인하라. 여기서 C는 세 꼭짓점이 각각 $(0, 0)$, $(1, 0)$, $(0, 1)$인 삼각형의 둘레를 이루는 양의 방향의 곡선이다.

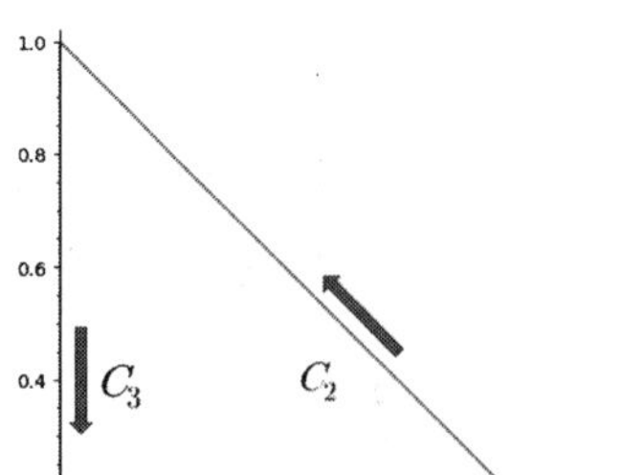

풀이. 먼저 선적분으로 계산해보자. 곡선 C는 세 곡선

$$C_1 : y=0 \ (0 \le x \le 1), \ -C_2 : y=1-x \ (0 \le x \le 1), \ -C_3 : x=0 \ (0 \le y \le 1)$$

의 합으로 이루어진다. 따라서 적분을 구하면

$$\int_C x^2y\,dx + xy^2dy = \int_{C_1} x^2y\,dx + xy^2dy + \int_{C_2} x^2y\,dx + xy^2dy + \int_{C_3} x^2y\,dx + xy^2dy$$

이다. C_1을 따라 적분하면 $y=0$이고 $x=x \ (0 \le x \le 1)$이므로 $\int_{C_1} x^2y\,dx + xy^2dy = 0$

이고, $-C_3$를 따라 적분하면 $x=0$이고 $y=y(0 \le y \le 1)$이므로 $dx=0, \ dy=dy$이다. 따라서

$$\int_{-C_3} x^2y\,dx + xy^2dy = 0 = -\int_{C_3} x^2y\,dx + xy^2dy \ \Rightarrow \ \int_{C_3} x^2y\,dx + xy^2dy = 0$$

이다. 곡선 C_2를 따라 적분하면 $y=1-x$이고 x는 1부터 0까지 움직이므로 $dy=-dx$이다. 따라서 $\int_{C_2} x^2ydx + xy^2dy = -\int_0^1 x^2(1-x)dx + x(1-x)^2(-dx) = 0$이다. 그러므로

$$\int_C x^2y\,dx + xy^2dy = 0$$

이다. 이제 그린 정리(Green's theorem)를 이용하여 적분해보자. $P=x^2y, \ Q=xy^2$이라 하고 이중적분을 계산하면

$$\begin{aligned}\int_C x^2y\,dx + xy^2dy &= \iint_R \left(\frac{\partial Q}{\partial x} - \frac{\partial P}{\partial y}\right) dx\,dy \\ &= \int_0^1 \int_0^{1-x} (y^2 - x^2)\,dydx = 0\end{aligned}$$

이다. 따라서 그린 정리(Green's theorem)가 성립함을 알 수 있다.

http://matrix.skku.ac.kr/KOFAC/

```
var ('x, y')
P = x^2*y; Q = x*y^2
integrand = diff(Q, x) - diff(P, y)              # 피적분 함수
integral (integral (integrand, y, 0, 1 - x), x, 0, 1 )
```

답. $\int_0^1 \int_0^{1-x} (y^2 - x^2)dydx \ = 0$ ■

그린 정리(Green's theorem)는 벡터형식으로도 나타낼 수 있다. 이를 위해 벡터장을 $\mathbf{F} = P\mathbf{i} + Q\mathbf{j}$ 라 하자. 그러면 일단 선적분(line integral)은 $\oint \mathbf{F} \cdot d\mathbf{r} = \oint_C P\,dx + Q\,dy$ 이다. 이제 z좌표를 0으로 고정하여 F 를 3차원 벡터장으로 생각하면

$$\text{curl } \mathbf{F} = \nabla \times \mathbf{F} = \begin{vmatrix} \mathbf{i} & \mathbf{j} & \mathbf{k} \\ \dfrac{\partial}{\partial x} & \dfrac{\partial}{\partial y} & \dfrac{\partial}{\partial z} \\ P(x, y) & Q(x, y) & 0 \end{vmatrix} = \left(\frac{\partial Q}{\partial x} - \frac{\partial P}{\partial y}\right)\mathbf{k}$$

이므로 $\text{curl } \mathbf{F} \cdot \mathbf{k} = \left(\frac{\partial Q}{\partial x} - \frac{\partial P}{\partial y}\right)\mathbf{k} \cdot \mathbf{k} = \frac{\partial Q}{\partial x} - \frac{\partial P}{\partial y}$ 이다. 따라서 그린 정리(Green's theorem)를 다음과 같이 나타낼 수 있다.

$$\iint_D \left(\frac{\partial Q}{\partial x} - \frac{\partial P}{\partial y}\right) dA = \oint \mathbf{F} \cdot d\mathbf{r} = \iint_D (\nabla \times \mathbf{F}) \cdot \mathbf{k}\, dA$$

그린 정리

단순 닫힌 곡선(simply closed curve) C에 의해 둘러싸인 영역인 단순 연결 영역(simply connected region)에서 $\frac{\partial Q}{\partial x} = \frac{\partial P}{\partial y}$ 이면 $\mathbf{F} = \nabla f$, 즉 $Q = \frac{\partial f}{\partial y}$ 와 $P = \frac{\partial f}{\partial x}$ 를 만족하는 **potential 함수 f가 존재한다.** 이러한 **potential 함수 f 가 존재한다면** $\nabla \times (\nabla f) = 0$ **을 항상 만족하므로 그린정리에 의해 선적분 값은 항상** $\oint \mathbf{F} \cdot d\mathbf{r} = 0$**이 된다.**

9.4 스토크스 정리(Stokes' Theorem)

스토크스 정리(Stokes' theorem)는 그린 정리(Green's theorem)의 확장으로 생각할 수 있는데, 그린 정리(Green's theorem)가 평면영역 D에서의 이중적분을 D의 경계 곡선에서의 (양의 방향을 따른) 선적분과 연결했다면 스토크스 정리(Stokes' theorem)는 유향곡면(방향이 있는 곡면, oriented surface) S에서의 **면적분**(surface integral)과 S의 경계 곡선에서의 (양의 방향을 따른) 선적분을 연결한다.

아래 그림은 방향이 있는 곡면 S와 경계곡선 C의 양(+)의 방향을 보여준다. 이때는 어떤 사람이 곡면의 경계인 C를 따라 반시계 방향으로 걷는다고 하면, 곡면의 단위법선벡터(unit normal vector) n 은 걷고 있는 사람이 서 있는 방향과 같은 방향을 갖는다.

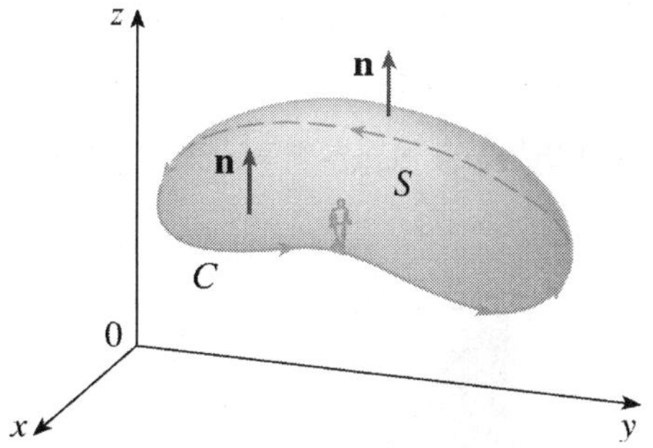

스토크스 정리(Stokes' theorem)는 다음과 같다.

스토크스 정리(Stokes' theorem)

($\mathbb{R}^3$에서) $\mathrm{F} = P\mathrm{i} + Q\mathrm{j} + R\mathrm{k}$는 단순 닫힌 곡선(simply closed curve) C를 경계로 갖는 **유향곡면** S에서 **연속인 2계 편도함수를 갖는 벡터장**일 때, 다음이 성립한다. 여기서 C는 양의 방향을 따른다.

$$\int_C \mathrm{F} \cdot d\mathrm{r} = \iint_S \mathrm{curl}\,\mathrm{F} \cdot \mathrm{n}\, dS$$

즉, 이 등식의 좌변은 곡면 S의 단위법선벡터(unit normal vector) n 에 관하여 오른손 법칙(right-hand rule)에 의해 반시계방향(counterclockwise)으로 곡선 C를 따라 계산한 F 의 선적분이고, 우변은 곡면 S 위에서 $(\nabla \times \mathrm{F}) \cdot \mathrm{n}$ 의 **면적분**(面積分, surface integral)이다. 스토크스 정리는 **복잡한 면적분 문제를 쉬운 선적분문제**로 바꾸어 준다.

참고 면적분(surface integral)**의 계산**

3차원 공간에서 곡면 S가 매개변수 방정식 $\mathrm{r}(u, v) = x(u, v)\mathrm{i} + y(u, v)\mathrm{j} + z(u, v)\mathrm{k}$ (이때 u와 v는 uv 평면의 영역 R 위를 움직인다)로 표현되면, 곡면 S의 임의의 점 P에서 단위법선벡터 n은 다음과 같이 주어진다.

$$\mathrm{n} = \frac{\mathrm{r}_u \times \mathrm{r}_v}{\| \mathrm{r}_u \times \mathrm{r}_v \|}$$

그러면 단위법선벡터가 n 인 방향이 있는 곡면 S 위에서 연속인 벡터함수 F 의 **면적분** (surface integral)은 다음과 같이 정의된다.

$$\iint_S \mathrm{F} \cdot \mathrm{n}\, dS = \iint_R \mathrm{F}\,(\mathrm{r}(u, v)) \cdot \left(\frac{\partial \mathrm{r}}{\partial u} \times \frac{\partial \mathrm{r}}{\partial v}\right) dA$$

예제 7 S가 제1팔분공간(first octant)에서 평면 $2x+y+2z=8$의 일부이고, 법선벡터(normal vector)는 위쪽으로 향한다고 하자. C가 S의 경계를 이루고 양의 방향이 반시계방향일 때, 벡터장(vector field) $\mathrm{F}=xz\mathrm{i}-y\mathrm{j}+x^2y\mathrm{k}$에 대하여 스토크스 정리를 확인하여라.

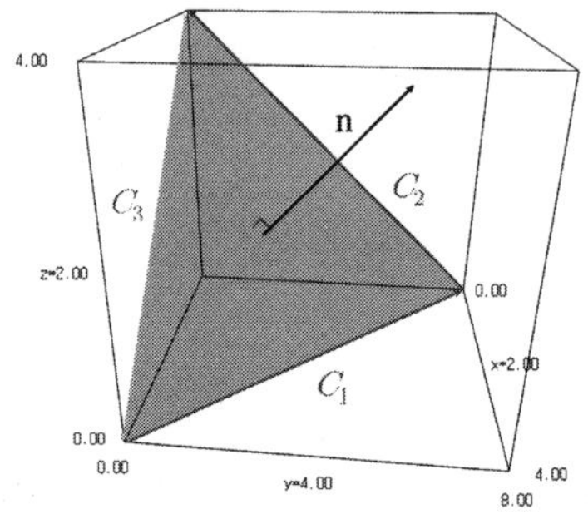

풀이. 스토크스 정리(Stokes' theorem)

$$\int_C \mathrm{F}\cdot d\mathrm{r} = \iint_S \mathrm{curl\,F}\cdot \mathrm{n}\,dS = \iint_D \mathrm{curl\,F}\cdot\left(\frac{\partial \mathrm{r}}{\partial x}\times\frac{\partial \mathrm{r}}{\partial y}\right)dA$$

에서 먼저 좌변 $\int_C \mathrm{F}\cdot d\mathrm{r} = \int_{C_1}+\int_{C_2}+\int_{C_3} = LI_1+LI_2+LI_3$를 계산해보자. 여기서 C는 C_1, C_2, C_3로 구성되어 있다.

C_1의 매개변수 방정식은

$$\mathrm{r}(t)=(4,0,0)+t((0,8,0)-(4,0,0))=(4-4t,8t,0)(0\le t\le 1)$$

이므로 $d\mathrm{r}=(-4,8,0)dt$이다. 따라서 벡터장(vector field)은 다음과 같다.

$$\mathrm{F}(\mathrm{r}(t))=\left(0,\ -8t,\ 8t(4-4t)^2\right)$$

$\mathrm{F}(\mathrm{r}(t))\cdot d\mathrm{r}=\left(0,\ -8t,\ 8t(4-4t)^2\right)\cdot(-4,8,0)dt=(-64t)\,dt$에서 선적분은

$$LI_1=\int_{C_1}\mathrm{F}\cdot d\mathrm{r}=\int_0^1 -64t\,dt=-32$$

이다. 유사하게 C_2의 매개변수 방정식(parametric equation)은 $\mathrm{r}(t)=(0,8-8t,4t)$이고

$$\mathrm{F}(\mathrm{r}(t))\cdot d\mathrm{r}=(0,\ -8+8t,0)\cdot(0,-8,4)dt=(64-64t)\,dt$$

이므로 $LI_2=\int_{C_2}\mathrm{F}\cdot d\mathrm{r}=\int_0^1(64-64t)\,dt=32$이다. 마찬가지로 C_3에서 $\mathrm{r}(t)=(4t,0,4-4t)$이고 $\mathrm{F}(\mathrm{r}(t))\cdot d\mathrm{r}=\left(16t-16t^2,0,0\right)\cdot(4,0,-4)dt=(64t-64t^2)dt$이므로

$$LI_3 = \int_{C_3} \mathbf{F} \cdot d\mathbf{r} = \int_0^1 (64t - 64t^2)\, dt = \frac{32}{3}$$

이다. 따라서 $\int_C \mathbf{F} \cdot d\mathbf{r} = LI_1 + LI_2 + LI_3 = \frac{32}{3}$이다.

이제 **면적분**(surface integral) $\iint_D \operatorname{curl}\mathbf{F} \cdot \left(\frac{\partial \mathbf{r}}{\partial x} \times \frac{\partial \mathbf{r}}{\partial y}\right) dA$를 계산해보자. 이 삼각형은 xy 평면의 제1사분면의 영역 $D = \{(x, y) | 0 \le y \le 8 - 2x, 0 \le x \le 4\}$에서 함수 $z = 4 - x - \frac{1}{2}y$의 그래프로 주어진다. 따라서 매개변수 방정식은 다음과 같다.

$$\mathbf{r}(x, y) = \left(x, y, 4 - x - \frac{y}{2}\right) \quad (\text{이 때 } (x, y) \in D)$$

따라서 $\mathbf{F} = xz\mathbf{i} - y\mathbf{j} + x^2 y\mathbf{k}$에서 $\operatorname{curl}\mathbf{F} = \begin{vmatrix} \mathbf{i} & \mathbf{j} & \mathbf{k} \\ \frac{\partial}{\partial x} & \frac{\partial}{\partial y} & \frac{\partial}{\partial z} \\ xz & -y & x^2 y \end{vmatrix} = x^2\mathbf{i} + (x - 2xy)\mathbf{j}$이 $\frac{\partial \mathbf{r}}{\partial x} \times \frac{\partial \mathbf{r}}{\partial y} = \begin{vmatrix} \mathbf{i} & \mathbf{j} & \mathbf{k} \\ 1 & 0 & -1 \\ 0 & 1 & -\frac{1}{2} \end{vmatrix} = \mathbf{i} + \frac{1}{2}\mathbf{j} + \mathbf{k}$이므로 면적분을 구하면 다음과 같다.

$$\begin{aligned} \iint_S \operatorname{curl}\mathbf{F} \cdot d\mathbf{S} &= \iint_D \operatorname{curl}\mathbf{F} \cdot \left(\frac{\partial \mathbf{r}}{\partial x} \times \frac{\partial \mathbf{r}}{\partial y}\right) dA \\ &= \int_0^4 \int_0^{8-2x} \left(x^2 + \frac{1}{2}x - xy\right) dy\, dx = \frac{32}{3} \end{aligned}$$

따라서 스토크스 정리(Stokes' theorem)가 성립한다.

http://matrix.skku.ac.kr/KOFAC/

```
var ('x, y, z')
r = vector([x, y, 4 - x - y/2])
F = vector([x*z, -y, x^2*y])
r_x = diff(r, x); r_y = diff(r, y)
n = r_x.cross_product(r_y)
integral ( integral ( F.curl([x, y, z]).inner_product(n), y, 0, 8 - 2*x), x, 0, 4 )
```

답. $\int_0^4 \int_0^{8-2x} \left(x^2 + \frac{1}{2}x - xy\right) dy\, dx = 32/3$ ■

◩ 열린 문제 1 $\iint_S \operatorname{curl}\mathbf{F} \cdot \mathbf{n}\, dS$를 구하라. 여기서 $\mathbf{F} = (z - x)\mathbf{i} + (x - y)\mathbf{j} + (y - z)\mathbf{k}$이고, S는 원기둥 $x^2 + y^2 = 2$ 내부에 놓인 평면 $y + z = 4$의 영역(area)이다.

9.5 발산 정리(Divergence Theorem)

이제 가우스(Gauss)의 **발산 정리**(divergence theorem)에 대하여 살펴보자. 발산 정리는 **삼중적분을 면적분으로, 면적분을 삼중적분으로 바꿔준다**. 발산 정리(divergence theorem)는 전자기학, 유체역학 등에서 중요한 방정식을 유도할 때 자주 쓰인다. 발산 정리는 복잡한 면적분 문제를 쉬운 (실함수의) 삼중적분문제로 바꾸어 준다.

발산 정리(divergence theorem)

($\mathbb{R}^3$에서) S가 공간상의 닫힌 곡면(boundary surface of V)이라 하고 입체영역(simple solid region) V의 경계를 이룬다고 하자. F 가 V를 포함하는 열린 집합 T에서 정의된 벡터장(vector field)이고, F 의 성분함수들이 **연속인 1계 편도함수(continuous first order partial derivatives)를 갖는다고 할 때**, n이 곡면 S의 외부로 향하는 단위법선벡터이면, 다음이 성립한다.

$$\iint_S \mathrm{F}\cdot\mathrm{n}\,dS=\iiint_V(\nabla\cdot\mathrm{F})\,dV=\iiint_V \mathrm{div}\,\mathrm{F}\,dV$$

예제 8 면적분 $\iint_S \mathrm{F}\cdot\mathrm{n}\,dS$를 구하라. 여기서 S는 $0\le x\le 2,\ -1\le y\le 3,\ 1\le z\le 4$ 에 의해 둘러싸인 영역이고 $\mathrm{F}=xy\mathrm{i}+yz\mathrm{j}+zx\mathrm{k}$ 이다.

풀이. $\mathrm{div}\ \mathrm{F}=y+z+x$이므로 발산 정리(divergence theorem)에 의해 다음과 같이 구할 수 있다.

$$\iint_S \mathrm{F}\cdot\mathrm{n}\,dS=\iiint_V \mathrm{div}\,\mathrm{F}\,dV=\int_0^2\int_{-1}^3\int_1^4(x+y+z)\,dz\,dy\,dx=108$$

① 발산 구하기

http://matrix.skku.ac.kr/KOFAC/

```
var ('x, y, z')  # 변수 정의
F = vector([x*y, y*z, z*x])
F.div([x, y, z])
```

```
x + y + z
```

■

② 삼중적분 구하기

http://matrix.skku.ac.kr/KOFAC/

```
var ('x, y, z')
f(x, y, z) = x + y + z
integral ( integral ( integral (f, x, 0, 2), y, -1, 3), z, 1, 4 )
```

답. $\iint_S \mathrm{F} \cdot \mathrm{n}\, dS = \iiint_0^2 \int_{-1}^3 \int_1^4 (x+y+z) dz\, dy\, dx = 108$ ■

◪ 열린 문제 2 원기둥 곡면 $y^2+z^2=9$와 평면 $x=2$에 의해 둘러싸인 제 1팔분공간(first octant)의 영역 V에서 아래 발산 정리(divergence theorem)가 성립함을 확인하라.

$$\iint_S \mathrm{F} \cdot \mathrm{n}\, dS = \iiint_V \nabla \cdot \mathrm{F}\, dV \quad (\text{이때 } \mathrm{F} = 2x^2y\,\mathrm{i} - y^2\,\mathrm{j} + 4xz^2\,\mathrm{k})$$

Week 9 과제 위의 열린 문제를 풀어본 후, 본인이 요약/실습/질문/답변한 내용을 Q&A(문의게시판)에 공유하시오.

Fundamental Theorem of Calculus

$$\int_a^b f'(x)\, dx = f(b) - f(a)$$

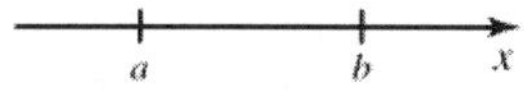

Fundamental Theorem of Line Integrals

$$\int_C \nabla f \cdot d\mathbf{r} = f(B) - f(A)$$

Green's Theorem (Circulation form)

$$\iint_R (g_x - f_y)\, dA = \oint_C f\, dx + g\, dy$$

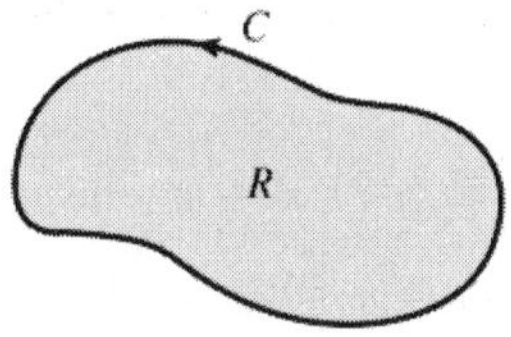

Stokes' Theorem

$$\iint_S (\nabla \times \mathbf{F}) \cdot \mathbf{n}\, dS = \oint_C \mathbf{F} \cdot d\mathbf{r}$$

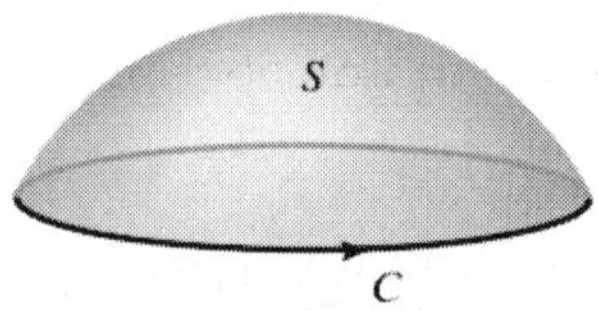

Divergence Theorem

$$\iiint_D \nabla \cdot \mathbf{F}\, dV = \iint_S \mathbf{F} \cdot \mathbf{n}\, dS$$

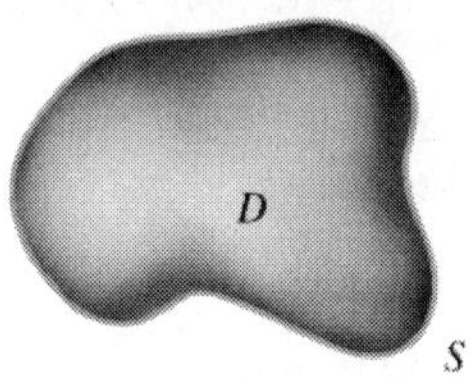

[출처] https://www2.math.upenn.edu/~wziller/math114s14/Ch16-8.pdf

10주차 복소수와 복소함수

학습목표	이번 주차에서는 복소수와 복소함수에 관하여 간단히 소개한다.
핵심개념	복소수와 복소함수 / 공학수학 소개 / 프로젝트 발표
실습실	http://matrix.skku.ac.kr/M-calculus/W10/

10.1 복소수(Complex Numbers)

복소수(complex number) z는 다음과 같은 형태의 수를 말한다.

$$z = x + iy \text{ (단 } x,\ y\text{는 실수, } i = \sqrt{-1}\text{는 허수단위이고, } i^2 = -1 \text{ 이다.)}$$

여기서 x, y를 각각 복소수 z의 **실수부분**(real part), **허수부분**(imaginary part)이라 하고 각각 $\mathrm{Re}(z)$, $\mathrm{Im}(z)$로 나타낸다. **복소수 전체 집합은** $\mathbb{C} = \{x + iy \mid x, y \in \mathbb{R}\}$**로 나타낸다.**

특히 임의의 실수 x에 대하여 $z = x + i \cdot 0 = x$으로 쓸 수 있으므로, 실수는 모두 복소수이다. 그리고 $x = 0$일 때, 복소수 $z = 0 + iy = iy$를 **순허수**(pure imaginary number)라고 한다.

두 복소수 $z_1 = x_1 + iy_1$, $z_2 = x_2 + iy_2$ (단, x_1, x_2, y_1, y_2는 실수)에 대하여 $x_1 = x_2$이고 $y_1 = y_2$일때, z_1과 z_2는 **상등**(equal)이라 하고 $z_1 = z_2$로 나타낸다.

두 복소수 $z_1 = x_1 + iy_1$, $z_2 = x_2 + iy_2$ (단, x_1, x_2, y_1, y_2는 실수)에 대하여 다음과 같이 사칙연산이 정의된다.

① $z_1 + z_2 = (x_1 + x_2) + i(y_1 + y_2)$

② $z_1 - z_2 = (x_1 - x_2) + i(y_1 - y_2)$

③ $z_1 z_2 = (x_1 x_2 - y_1 y_2) + i(x_1 y_2 + x_2 y_1)$

④ $\dfrac{z_1}{z_2} = \dfrac{x_1 x_2 + y_1 y_2}{x_2^2 + y_2^2} + i\dfrac{x_2 y_1 - x_1 y_2}{x_2^2 + y_2^2}$ (단 $z_2 \neq 0$)

참고 복소수의 사칙연산은 기본적으로 i를 문자로 취급하여 다항식에 대한 연산을 시행하는 것과 같고, i의 거듭제곱이 나올 때마다 $i^2 = -1$을 활용한다.

실수의 연산과 마찬가지로 복소수의 사칙연산에 대하여 다음이 성립한다.
임의의 $z_1, z_2, z_3, z \in \mathbb{C}$에 대하여

① **(교환법칙)** $z_1 + z_2 = z_2 + z_1$ $\qquad z_1 z_2 = z_2 z_1$

② **(결합법칙)** $z_1 + (z_2 + z_3) = (z_1 + z_2) + z_3$ $\qquad z_1(z_2 z_3) = (z_1 z_2) z_3$

③ **(분배법칙)** $z_1(z_2 + z_3) = z_1 z_2 + z_1 z_3$

④ 복소수 $0 = 0 + i0$은 덧셈에 대한 **항등원**이다. $\quad z + 0 = z = 0 + z$

⑤ 복소수 $1 = 1 + i0$은 곱셈에 대한 **항등원**이다. $\quad z \cdot 1 = z = 1 \cdot z$

예제 1 복소수 $z_1 = 1 + 2i$와 $z_2 = 2 + 3i$에 대하여 다음을 계산하라.

(a) $z_1 + z_2$ (b) $z_1 z_2$ (c) $\dfrac{z_1}{z_2}$ (d) $\dfrac{1}{z_1}$

풀이. (a) $z_1 + z_2 = (1 + 2i) + (2 + 3i) = 3 + 5i$

(b) $z_1 z_2 = (1 + 2i)(2 + 3i) = -4 + 7i$

(c) $\dfrac{z_1}{z_2} = \dfrac{1+2i}{2+3i} = \dfrac{(1+2i)(2-3i)}{(2+3i)(2-3i)} = \dfrac{2-3i+4i+6}{4+9} = \dfrac{8}{13} + \dfrac{1}{13}i$

(d) $\dfrac{1}{z_1} = \dfrac{1}{1+2i} = \dfrac{1-2i}{(1+2i)(1-2i)} = \dfrac{1-2i}{1+4} = \dfrac{1}{5} - \dfrac{2}{5}i$

http://matrix.skku.ac.kr/KOFAC/

```
z1 = 1 + 2*I; z2 = 2 + 3*I        # 코딩시 기본 허수 단위 i를 대문자 I 로 쓴다
print ( z1 + z2 )
print ( z1*z2 )
print ( z1/z2 )
print ( 1/z1 )
```

답. 5*I + 3 # $z_1 + z_2$

7*I - 4 # $z_1 z_2$

1/13*I + 8/13 # $\dfrac{z_1}{z_2}$

-2/5*I + 1/5 # $\dfrac{1}{z_1}$ ■

복소수 $z = x + iy$는 두 실수 x, y에 의해 유일하게 결정된다. 이제 x, y를 순서쌍으로 묶으면, $x + iy$를 평면상의 점 $P(x, y)$로 대응시킬 수 있다. 이 대응은 일대일 대응이 되고, 이 좌표평면을 **복소평면**(complex plane)이라고 부른다. 그리고 이 평면의 가로축(실수부분을 나타내는 축)을 **실수축**(real axis), 세로축(허수부분을 나타내는 축)을 **허수축**(imaginary axis)이라 한다.

아래의 그림과 같이 복소수 $z = x + iy$는 시작점이 원점이고 끝점이 $P(x,y)$인 벡터로도 볼 수 있다. 이 벡터의 길이 $\sqrt{x^2+y^2}$를 복소수 $z = x + iy$의 **절댓값**(absolute value) $|z|$으로 정의한다.

임의의 복소수 $z = x + iy$에 대하여, z의 실수부분은 그대로 두고 허수부분의 부호만 바꾸어 만든 복소수 $x - iy$를 z의 **켤레복소수**(complex conjugate)라 하고 $\bar{z}$로 나타낸다. 즉 $\overline{x+iy} = x - iy$이다. 복소평면에서 z와 $\bar{z}$는 실수축에 대하여 대칭이다.

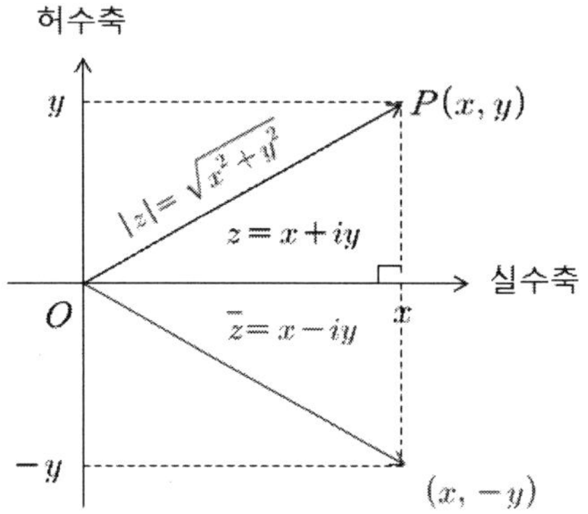

켤레복소수(complex conjugate)와 절댓값(absolute value)에 관하여 다음이 성립한다.

임의의 $z_1, z_2, z \in \mathbb{C}$에 대하여

① $\overline{(\bar{z})} = z$, $z + \bar{z} = 2\mathrm{Re}(z)$, $z - \bar{z} = 2i\,\mathrm{Im}(z)$, $z\bar{z} = |z|^2$

② $\bar{z} = z$이면 z은 실수이다.

③ $\overline{z_1 + z_2} = \overline{z_1} + \overline{z_2}$ $\overline{z_1 - z_2} = \overline{z_1} - \overline{z_2}$

④ $\overline{z_1 z_2} = \overline{z_1} \cdot \overline{z_2}$, $\overline{\left(\frac{z_1}{z_2}\right)} = \frac{\overline{z_1}}{\overline{z_2}}$

⑤ $|z_1 z_2| = |z_1||z_2|$, $\left|\frac{z_1}{z_2}\right| = \frac{|z_1|}{|z_2|}$

⑥ $||z_1| - |z_2|| \le |z_1 \pm z_2| \le |z_1| + |z_2|$

예제 2 복소수 $z_1 = 3 - 4i$와 $z_2 = -7 + 5i$에 대하여 다음을 계산하라.

(a) $\overline{z_1}$ (b) $z_1\overline{z_1}$ (c) $\frac{\overline{z_1}}{\overline{z_2}}$ (d) $|z_2|$

http://matrix.skku.ac.kr/KOFAC/

```
z1 = 3 - 4*I
z2 = -7 + 5*I
```

```
print ( conjugate(z1) )
print ( z1*conjugate(z1) )
print ( conjugate(z1)/conjugate(z2) )
print ( abs(z2) )
```

답. 4*I + 3 # $\overline{z_1}$

25 # $z_1\overline{z_1}$

-13/74*I - 41/74 # $\dfrac{\overline{z_1}}{\overline{z_2}}$

sqrt(74) # $|z_2|$ ■

직교좌표계를 이용하여 복소수 $z = x + iy$를 복소평면상의 점 (x, y)로 대응시켰던 것과 같이 앞서 학습한 극좌표를 이용하면 복소수도 r과 θ로 나타낼 수 있다.

아래 그림과 같이 원점에서부터 $P(x, y)$까지의 거리를 r, 벡터 $\overrightarrow{OP}$와 실수축의 양의 방향과 이루는 각을 θ라 하자.

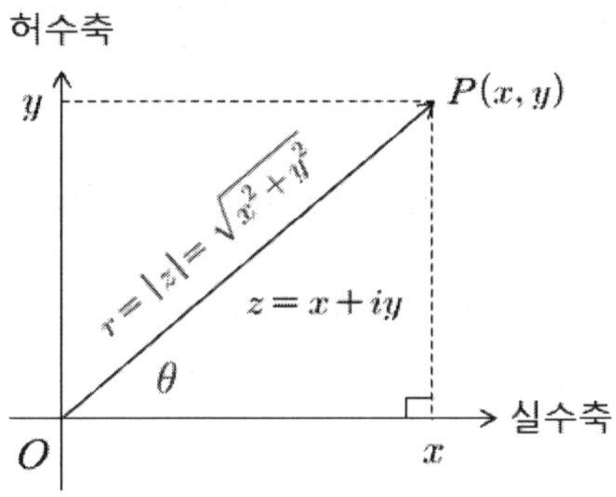

그러면 다음 관계가 성립한다.

$$r = |z| = \sqrt{x^2 + y^2}, \quad x = r\cos\theta, \ y = r\sin\theta$$

따라서

$$z = x + iy = r\left(\frac{x}{r} + i\frac{y}{r}\right) = r(\cos\theta + i\sin\theta) \ (= re^{i\theta})$$

로 나타낼 수 있다. 이를 복소수의 **극형식**(polar form)이라 한다. 이때 θ를 복소수 z의 **편각**(argument)이라 하고 $\arg(z)$로 쓴다.

그러면 복소수의 거듭제곱의 절댓값과 각(편각, argument)에 관한 아래의 아름다운 정리들이 성립한다.

드무아브르의 정리(de Moivre's theorem)

$z=r(\cos\theta+i\sin\theta)$일 때, 임의의 정수 n에 대하여 $z^n=r^n(\cos n\theta+i\sin n\theta)$이다.
(오일러 공식에서 유도되는, 절댓값이 1인 복소수의 실수지수 거듭제곱을 단순화시켜 주는 공식이다.)

오일러의 공식(Euler's formula) (삼각함수와 지수함수에 대한 관계를 나타낸다.)

$$e^{ix}=\cos x+i\sin x$$

이 식을 이용하면 드무아브르정리는 바로 얻어진다. $z=re^{i\theta}$일 때

$$(\cos\theta+i\sin\theta)^n=(e^{i\theta})^n=\ e^{i(n\theta)}=\cos n\theta+i\sin n\theta.$$

참고 동일한 복소수에 대해서 편각 θ는 유일하지 않다. 예를 들어, θ가 z의 편각이면, 임의의 정수 n에 대하여 $\theta+2n\pi$도 z의 편각이 된다. 또 $z=0$일 때, θ는 정의되지 않는다. 특히 $-\pi<\theta\leq\pi$인 편각을 **주편각**(principal argument)이라 하고 $\mathrm{Arg}(z)$로 나타낸다. 임의의 $\arg(z)$에 대해 $\arg(z)=\mathrm{Arg}(z)+2n\pi$가 성립하는 정수 n이 존재한다.

예제 3 복소수 $z=2+2i$를 극형식(polar form)으로 나타내어라.

http://matrix.skku.ac.kr/KOFAC/

```
z = 2 + 2*I
r = abs ( z )                  # 절댓값
x = real_part ( z )            # 실수부분
y = imag_part ( z )            # 허수부분
t = arctan ( x/y )             # 편각
print ( "r =", r )
print ( "arg(z) =", t )
```

답.
```
r = 2*sqrt(2)                  # 절댓값
arg(z) = 1/4*pi                # 편각
```

따라서 z의 극형식(polar form)은 다음과 같다.

$$z=r(\cos\theta+i\sin\theta)=2\sqrt{2}\left(\cos\frac{\pi}{4}+i\sin\frac{\pi}{4}\right)$$ ■

복소수의 연산에서 덧셈이나 뺄셈은 $x+iy$ 형태로 표현하는 것이 편리하고, 곱셈, 나눗셈, 지수의 계산에서는 극형식으로 표현하는 것이 편리하다. 예를 들어, 극형식으로 표현된 두 복소수

$$z_1 = r_1(\cos\theta_1 + i\sin\theta_1),\ z_2 = r_2(\cos\theta_2 + i\sin\theta_2)$$

가 있을 때, 두 복소수의 곱은 삼각함수의 합과 차의 공식을 이용하여 다음과 같이 계산할 수 있다.

$$\begin{aligned} z_1 \cdot z_2 &= r_1 r_2(\cos\theta_1 + i\sin\theta_1)(\cos\theta_2 + i\sin\theta_2) \\ &= r_1 r_2[(\cos\theta_1\cos\theta_2 - \sin\theta_1\sin\theta_2) + i(\sin\theta_1\cos\theta_2 + \cos\theta_1\sin\theta_2)] \\ &= r_1 r_2[\cos(\theta_1+\theta_2) + i\sin(\theta_1+\theta_2)] = r_1 r_2\, e^{i(\theta_1+\theta_2)} \end{aligned}$$

따라서 다음이 성립한다.

$$|z_1 z_2| = |z_1||z_2|,\ \arg(z_1 z_2) = \arg(z_1) + \arg(z_2) + 2n\pi \ (n\text{은 정수})$$ ■

여기서 편각(argument)은 유일하지 않으므로 $2n\pi$ (n은 정수)가 포함되었다. 주편각에 대하여 $\mathrm{Arg}(z_1 z_2) = \mathrm{Arg}(z_1) + \mathrm{Arg}(z_2)$은 일반적으로 성립하지 않는다.

예제 4 $z_1 = -1-i,\ z_2 = -i$일 때 $\mathrm{Arg}(z_1 z_2) \neq \mathrm{Arg}(z_1) + \mathrm{Arg}(z_2)$임을 보여라.

http://matrix.skku.ac.kr/KOFAC/

```
z1 = -1 - I; z2 = -I
z = z1*z2
t1 = arg(z1)                    # 편각
t2 = arg(z2)
t = arg(z)
print ( "arg(z1) =", t1 )
print ( "arg(z2) =", t2 )
print ( "arg(z) =", t )
```

답. arg(z1) = -3/4*pi # z_1의 주편각(principal argument)

arg(z2) = -1/2*pi # z_2의 주편각

arg(z) = 3/4*pi # $z_1 z_2$의 주편각

따라서 $\mathrm{Arg}(z_1 z_2) \neq \mathrm{Arg}(z_1) + \mathrm{Arg}(z_2)$ 이다. ■

마찬가지로 극형식으로 표현된 복소수 $z = r(\cos\theta + i\sin\theta)$에 대하여,

$$\bar{z} = r(\cos\theta - i\sin\theta) = r(\cos(-\theta) + i\sin(-\theta)) = re^{-i\theta},\quad z\bar{z} = r^2$$

이므로

$$\frac{1}{z} = \frac{\bar{z}}{z\bar{z}} = \frac{\bar{z}}{r^2} = \frac{1}{r}(\cos(-\theta) + i\sin(-\theta)) = \frac{1}{r}e^{-i\theta}$$

가 된다. 그러므로 $z_2 \neq 0$일 때,

$$\begin{aligned}\frac{z_1}{z_2} &= z_1 \cdot \frac{1}{z_2} = r_1(\cos\theta_1 + i\sin\theta_1) \cdot \frac{1}{r_2}(\cos(-\theta_2) + i\sin(-\theta_2)) \\ &= \frac{r_1}{r_2}[\cos(\theta_1 - \theta_2) + i\sin(\theta_1 - \theta_2)] = \frac{r_1}{r_2}\, e^{i(\theta_1 - \theta_2)}\end{aligned}$$

이다. 따라서 $\frac{z_1}{z_2}$의 절댓값과 편각(argument)은 다음과 같다.

$$\left|\frac{z_1}{z_2}\right| = \frac{|z_1|}{|z_2|},\quad \arg\left(\frac{z_1}{z_2}\right) = \arg(z_1) - \arg(z_2) + 2n\pi\,(n\text{은 정수})$$ ■

복소수의 거듭제곱의 절댓값과 편각에 관하여 다음 정리가 성립한다.

예제 5 $z^3 = 1$을 만족하는 복소수를 모두 구하여라.

풀이. $z = r(\cos\theta + i\sin\theta)$라 하면, $z^3 = r^3(\cos 3\theta + i\sin 3\theta)$이고 $1 = \cos 0 + i\sin 0$이므로

$r^3 = 1$, $3\theta = 0 + 2n\pi$ (n은 정수)가 된다. 따라서 $r = 1$이고, $\theta = \frac{2n\pi}{3}$를 얻는다.

① $n = 0$일때, $\theta = 0$이고, $z = 1(\cos 0 + i\sin 0) = 1$이다.

② $n = 1$일때, $\theta = \frac{2\pi}{3}$이고, $z = 1(\cos\frac{2\pi}{3} + i\sin\frac{2\pi}{3}) = \frac{-1 + i\sqrt{3}}{2}$이다.

③ $n = 2$일때, $\theta = \frac{4\pi}{3}$이고, $z = 1(\cos\frac{4\pi}{3} + i\sin\frac{4\pi}{3}) = \frac{-1 - i\sqrt{3}}{2}$이다.

④ $n = 3$일때, $\theta = 2\pi$이므로 ①의 경우와 같다. 실제로 $n \geq 4$ 또는 $n < 0$일 때, 위의 ①~③에서 계산한 z가 반복되므로 $z^3 = 1$을 만족하는 복소수는 1, $\frac{-1 + i\sqrt{3}}{2}$, $\frac{-1 - i\sqrt{3}}{2}$이다.

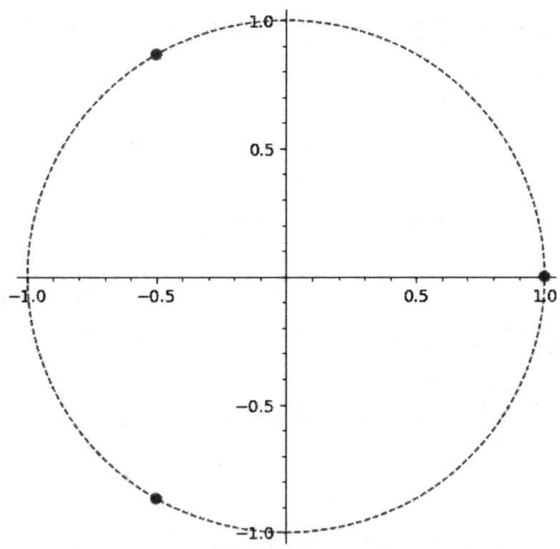

http://matrix.skku.ac.kr/KOFAC/

```
var ( 'z' )
solve ( z^3 == 1, z )
```

답. [z == 1/2*I*sqrt(3) - 1/2, z == -1/2*I*sqrt(3) - 1/2, z == 1]

\# $\frac{-1+i\sqrt{3}}{2}$, $\frac{-1-i\sqrt{3}}{2}$, 1 ■

참고 0이 아닌 복소수 w에 대하여 방정식 $z^n = w$를 만족하는 복소수 z를 구할 때는 먼저 z와 w의 극형식을 각각 $z = r(\cos\theta + i\sin\theta)$와 $w = \rho(\cos\phi + i\sin\phi)$라 한다. 이제 $z^n = w$ 즉 $r^n(\cos n\theta + i\sin n\theta) = \rho(\cos\phi + i\sin\phi)$으로부터 다음 관계식을 얻는다.

$$r^n = \rho, \quad \cos n\theta + i\sin n\theta = \cos\phi + i\sin\phi$$

이제 $r > 0$이므로 $r = \rho^{\frac{1}{n}}$이고, 편각은 유일하지 않으므로 $n\theta = \phi + 2k\pi$ (k는 정수)가 성립한다. 따라서 $z^n = w$를 만족하는 복소수 z는 k에 정수를 대입하여 다음과 같이 구하면 된다.

$$z = \rho^{\frac{1}{n}}\left[\cos\left(\frac{\phi + 2k\pi}{n}\right) + i\sin\left(\frac{\phi + 2k\pi}{n}\right)\right], \quad k = 0, 1, 2, \cdots, n-1$$

실제로 $k \geq n$ 또는 $k < 0$이면, z는 $k = 0, 1, 2, \cdots, n-1$일 때 계산한 z값들이 반복된다.

참고 $z^n = w$ 형태의 방정식의 해를 solve 명령어가 완벽히 구해주지는 않는다. 그리고 해를 구하더라도 값의 표현이 복잡할 수도 있다.

예제 6 $z^3 = i$을 만족하는 복소수를 모두 구하여라.

풀이. $i = \cos\frac{\pi}{2} + i\sin\frac{\pi}{2}$이므로 $z = \cos\frac{\frac{\pi}{2}+2k\pi}{3} + i\sin\frac{\frac{\pi}{2}+2k\pi}{3}$, $k = 0,1,2$이다.

따라서 $k=0$일 때, $z = \frac{\sqrt{3}+i}{2}$, $k=1$일 때, $z = \frac{-\sqrt{3}+i}{2}$, $k=2$일 때, $z = -i$를 얻는다.

http://matrix.skku.ac.kr/KOFAC/

```
w = I                                                              # 우변의 복소수
rho = abs(w)                                                       # 절댓값
phi = arg(w)                                                       # 편각(argument)
n = 3                                                              # 좌변의 지수
for k in range(n):
    print(rho^(1/n)*(cos((phi + 2*k*pi)/n) + I*sin((phi + 2*k*pi)/n)))  # 방정식의 해
```

답.

```
1/2*sqrt(3) + 1/2*I        # z = (sqrt(3)+i)/2
-1/2*sqrt(3) + 1/2*I       # z = (-sqrt(3)+i)/2
-I                         # z = -i
```

■

10.2 복소함수(complex function)

복소함수(complex function)는 간단히 말해 정의역과 치역이 복소수의 집합인 함수를 말한다. 따라서 복소수 $z = x + iy$ (x, y는 실수)의 값에 따라 복소수 $w = u + iv$ (u, v는 실수)가 유일하게 결정되는 **복소함수** f는 다음과 같이 표현할 수 있다.

$$w = f(z) = f(x+iy) = u + iv = u(x,y) + iv(x,y)$$

여기서 $u(x,y)$, $v(x,y)$는 독립변수가 x, y인 **2변수 실수함수**이다.

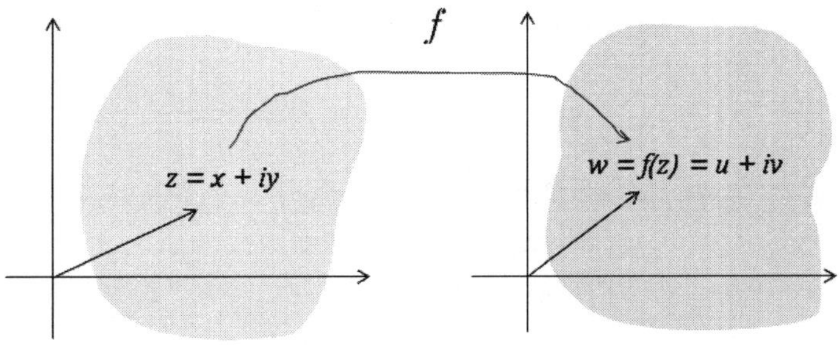

예제 7 복소함수 $w=f(z)=z^2$에 대하여 $u(x,y)$, $v(x,y)$를 구하고 $f(1+i)$의 값을 구하여라.

풀이. $w=z^2=(x+iy)^2=(x^2-y^2)+(2xy)i$이므로 $u(x,\ y)=x^2-y^2$, $v(x,\ y)=2xy$이고 $f(1+i)=(1+i)^2=(1-1)+2i=2i$이다.

http://matrix.skku.ac.kr/KOFAC/

```
var ('x, y, z')
f(z) = z^2                          # 복소함수
assume (x, 'real')                  # x를 실수라 가정
assume (y,'real')                   # y를 실수라 가정
w = f (x + I*y)
u(x, y) = w.real ()                 # u(x, y)
v(x, y) = w.imag ()                 # v(x, y)
print ("u(x, y) =", u(x, y))
print ("v(x, y) =", v(x, y))
print (f(1 + I))
```

답. u(x, y) = x^2 - y^2

v(x, y) = 2*x*y

2*I # $f(1+i)$ ■

예제 8 $w=f(z)=\overline{z}$에 대하여 $u(x,y)$, $v(x,y)$를 구하고 $f(1-i)$의 값을 구하여라.

풀이. $w=\overline{z}=\overline{x+iy}=x-iy$이므로 $u(x,\ y)=x$, $v(x,\ y)=-y$이고

$f(1-i)=\overline{1-i}=1+i$.

http://matrix.skku.ac.kr/KOFAC/

```
var ('x, y, z')
f(z) = conjugate (z)            # 복소함수
assume (x, 'real')              # x를 실수라 가정
assume (y, 'real')              # y를 실수라 가정
w = f(x + I*y)
u(x, y) = w.real ()             # u(x, y)
v(x, y) = w.imag ()             # v(x, y)
print ("u(x, y) =", u(x, y))
print ("v(x, y) =", v(x, y))
print (f(1 - I))
```

답. u(x, y) = x
v(x, y) = -y
I + 1 # $f(1-i)$ ■

복소함수에 대해서도 일변수 함수, 다변수 함수의 경우와 마찬가지로 극한, 연속, 미분, 적분 등을 정의하고 계산할 수 있다. 이에 대한 자세한 내용은 **공학수학**(engineering mathematics)에서 학습하도록 한다.

[참고]
http://matrix.skku.ac.kr/SKKU-EM-2020/
http://www.hanbit.co.kr/EM/sage/
http://matrix.skku.ac.kr/2020-EM/EM-1-Labs.htm
http://matrix.skku.ac.kr/2019-EM/EM-2-Labs.htm

[박사가 사랑한 수식(영화)] 다변수 미적분학을 코딩과 함께 배우면서, 실제로 대부분의 교과서에 있는, 손으로 다루는 계산은 모두 다 할 수 있다는 자신감을 회복하셨나요? 이제 복소함수를 학습하였으니, 세계에서 가장 아름다운 공식을 소개합니다.

삼각함수와 지수함수에 대한 관계를 복소수를 이용하여 나타내는 **오일러 공식**(Euler's formula) $e^{ix} = \cos x + i\sin x$ 에 x 대신 π를 대입한 **오일러의 항등식**은 위 영화를 본 많은 사람들이 세계에서 가장 아름다운 공식이라고 불렀습니다.

오일러의 항등식(Euler's identity) : $e^{i\pi} + 1 = 0$

두 개의 초월수 e와 π, 하나의 허수 i가 만나면서 가장 간단한 숫자인 0 과 1 로 표현됩니다. 자세한 설명은 https://youtu.be/CW1xvm8EiUU에서 보시고, 어린 아이였던 루트(root)가 커서 수학교사가 되어 학생들에게 자신의 경험을 설명하는 수업장면은 아래에서 보실 수 있습니다. https://www.youtube.com/watch?v=d4al1Ln_aeA 우리는 미적분학 13주차 테일러급수에서 자연지수 e와 무리수인 원주율 π를 급수로 표현하는 방법을 배웠고, 이번 다변수미적분학의 마지막 절에서 복소수 i의 연산에 대해 학습하였는데, 이런 수들이 모여서 자연의 질서를 표현해 준다는 것으로 본 강좌를 마치겠습니다.

[이상한 나라의 수학자] https://www.youtube.com/watch?v=IL0onSR5H2g

◪ 열린 문제 1 임의로 복소수를 생성하여 다양한 복소수 연산과 극형식을 구해보시오.

열린문제 모음 2

5주차 이변수함수의 극대 극소, 최대 최소

열린 문제 1 다른 교재를 참고하여 다양한 이변수함수 (또는 3변수함수)의 극댓값, 극솟값, 또는 안장점을 (임계점과 Hessian 행렬 H, 그리고 각 임계점에서의 Hessian 행렬의 고윳값을 찾는 H.eigenvalues() 명령어를 이용하여) 구하여라.

열린 문제 2 **라그랑주의 승수법**을 이용하여 방정식 $x^2+y^2+z^2+t^2=1$을 만족하는 함수 $f(x,\ y,\ z,\ t)=x+y+z+t$의 **최댓값과 최솟값**을 Sage 코드를 활용하여 구해보시오.

6주차 이중적분

열린 문제 1 다른 교재나 본인 전공에서 접하는 식이나 문제를 활용하여 폐(closed) 직사각형구간위에서 정의된 연속함수에 대한 이중적분을 구해보자.

열린 문제 2 다른 교재의 문제 중 두 함수에 의하여 둘러쌓인(enclosed)인 일반 영역 D에서 정의된 연속함수에 대한 이중적분을 풀어보자.

열린 문제 3 예제 11번과 유사한 연속인 이변수함수를 골라서, (Fubini 정리를 이용하여) 이중적분에서 적분순서를 바꾸어 보고, 두 적분의 결과값이 같다는 것을 확인하여라.

열린 문제 4 구간 D에서 상수함수 $f(x)=1$일 때 이것을 적분하면 D의 길이를 구할 수 있다. 영역 D에서 상수함수 $f(x,\ y)=1$을 적분하면 $\iint_D 1\,dA = A(D)$가 되어 **영역 D의 면적**(area)을 구할 수 있다. 영역 D에서 상수함수 $f(x,\ y,z)=1$을 적분하면 $\iiint_D 1\,dV$가 된다. **이 삼중적분의 기하학적인 의미는 무엇인가?**

Week 6 과제 위의 열린 문제를 풀어본 후, 본인이 요약/실습/질문/답변한 내용을 Q&A(문의게시판)에 공유하시오.

7주차 극좌표계에서 이중적분, 삼중적분

열린 문제 1 다양한 극곡선(Polar Curve)들을 그려보고, 이 곡선들이 만드는 영역의 넓이를 구해보자.

열린 문제 2 이번 절에서 학습한 이변수 함수와 관련한 곡면적(Surface Area) 구하는 유사한 문제를 찾아서 실습해보시오.

열린 문제 3 삼중적분(Triple Integral) 에 대한 푸비니(Fubini) 정리가 다른 삼중적분에서도 성립함을 확인하시오.

열린 문제 4 몇가지 삼중적분의 문제를 찾아서 앞에서 배운 코드를 이용하여 삼중적분의 값을 구해보시오.

Week 7 과제 위의 열린 문제를 풀어본 후, 본인이 요약/실습/질문/답변한 내용을 Q&A(문의게시판)에 공유하시오.

8주차 원기둥 좌표계, 구면 좌표계에서의 삼중적분

열린 문제 1 다른 교재의 문제 중 구면좌표의 한 점을 직교좌표 (x, y, z)로 나타내어라.

열린 문제 2 구면좌표계(Spherical Coordinate)에서의 **야코비안**(Jacobian)을 유도하라.

[예] 변수변환 T 가 다음과 같이 주어진 경우

$$x = \rho \sin\phi \cos\theta, \quad y = \rho \sin\phi \sin\theta, \quad z = \rho \cos\phi$$

T 의 야코비안은 다음과 같다.

$$\frac{\partial(x, y, z)}{\partial(\rho, \phi, \theta)} = \begin{vmatrix} \frac{\partial x}{\partial \rho} & \frac{\partial x}{\partial \phi} & \frac{\partial x}{\partial \theta} \\ \frac{\partial y}{\partial \rho} & \frac{\partial y}{\partial \phi} & \frac{\partial y}{\partial \theta} \\ \frac{\partial z}{\partial \rho} & \frac{\partial z}{\partial \phi} & \frac{\partial z}{\partial \theta} \end{vmatrix}$$

$$= \begin{vmatrix} \sin\phi\cos\theta & \rho\cos\phi\cos\theta & -\rho\sin\phi\sin\theta \\ \sin\phi\sin\theta & \rho\cos\phi\sin\theta & \rho\sin\phi\cos\theta \\ \cos\phi & -\rho\sin\phi & 0 \end{vmatrix} = \rho^2 \sin\phi \quad \blacksquare$$

◪ 열린 문제 3 함수 $F(r,\theta)=(e^r\cos\theta, e^r\sin\theta)$의 **야코비안**(Jacobian)을 유도하라.

Week 8 과제 위의 열린 문제를 풀어본 후, 본인이 요약/실습/질문/답변한 내용을 Q&A(문의게시판)에 공유하시오

9주차 벡터 미적분학(Vector Calculus)

◪ 열린 문제 1 $\iint_S \mathrm{curl}\,\mathbf{F}\cdot\mathbf{n}\,dS$를 구하라. 여기서 $\mathbf{F}=(z-x)\mathbf{i}+(x-y)\mathbf{j}+(y-z)\mathbf{k}$이고, S는 원기둥 $x^2+y^2=2$ 내부에 놓인 평면 $y+z=4$의 영역(area)이다.

◪ 열린 문제 2 원기둥 곡면 $y^2+z^2=9$와 평면 $x=2$에 의해 둘러싸인 제 1팔분공간(first octant)의 영역 V에서 아래 **발산 정리**(divergence theorem)가 성립함을 확인하라.

$$\iint_S \mathbf{F}\cdot\mathbf{n}\,dS=\iiint_V \nabla\cdot\mathbf{F}\,dV \quad (\text{이때 } \mathbf{F}=2x^2y\,\mathbf{i}-y^2\,\mathbf{j}+4xz^2\,\mathbf{k})$$

Week 9 과제 위의 열린 문제를 풀어본 후, 본인이 요약/실습/질문/답변한 내용을 Q&A(문의게시판)에 공유하시오.

10주차 복소수와 복소함수

◪ 열린 문제 1 임의로 복소수를 생성하여 다양한 복소수 연산과 극형식을 구해보시오.

Appendix

http://sage.skku.edu/, https://sagecell.sagemath.org/

http://math1.skku.ac.kr/, http://sage.knou.ac.kr/

http://matrix.skku.ac.kr/Cal-Book/

http://matrix.skku.ac.kr/Mobile-Sage-G/sage-grapher.html

https://www.sagemath.org/, https://cocalc.com/

```
var('t') # 변수정의 (매개변수방정식)
x=2+2*t; y=-3*t-2
parametric_plot((x, y), (t, -10, 10), rgbcolor='red')          # 직선 Plot
var('a, b, c, d, x, y, z, r, n') # 변수정의 (매개변수방정식)
f(x)=exp(-2*x)                      # 함수 정의
g(x)=f.taylor(x,2,4)                # 테일러전개
plot(f(x), (x, -2, 2))              # 함수의 그래프
implicit_plot(sin(x)-2*y==3, (x, -2, 2), (y, -2, 2)) # 음함수 그래프
solve(f(x)==0, x)                   # Solve 방정식 풀이
diff(f(x), x, 2)                    # f(x)의 2계 도함수
integral(f(x), x)                   # x에 관한 부정적분
integral(f(x), x, -2, 3)            # [-2, 3]까지의 정적분
limit(f(x), x=2)                    # 극한
limit(f(x), x=2, dir='+')           # 우극한
limit(f(x), x=2, dir='-')           # 좌극한
limit(f(x), x=+oo)                  # +infinity 에서의 극한
limit(f(x), x=-oo)                  # -infinity 에서의 극한
limit(ln(3*n)/ln(5*n), n=+oo)
a(n) = ((e)/10)^n
sum(a(n), n, 1, +oo)  # 급수의 계산

u(n)=1/(n*2^n)
rho=limit(abs(u(n+1)/u(n)), n=+oo)
R=1/rho; R                          # 수렴반경

x = (3, -4, 5)
a=sqrt(x[0]^2)                      # yz평면과의 거리
b=sqrt(x[1]^2)                      # zx평면과의 거리
c=sqrt(x[2]^2)                      # xz평면과의 거리
d=sqrt(x[1]^2 +x[2]^2)              # x 축과의 거리
e=sqrt(x[0]^2 +x[2]^2)              # y 축과의 거리
f=sqrt(x[0]^2 +x[1]^2)              # z 축과의 거리

f.partial_fractions(x)              # 부분분수
find_root(f(x), a, b)               # [a, b] 사이에서 근사해 구하기
a=vector(QQ, [2, -4, 3]);d= -2
a.norm()                            # 벡터의 크기
distance=abs(a.dot_product(a)+d)/a.norm()       # 거리
r(t)=(t-t^3, t^2, 0)                # 벡터함수 정의
dr=diff(r(t), t)
ddr=diff(r(t), t, 2)
T=dr.dot_product(ddr)/dr.norm()     #.dot_product()는 내적
N=(dr.cross_product(ddr)).norm() / dr.norm()     #.cross_product()는 외적
var('t') # 변수정의 (매개변수방정식)
r(t)=(t-t^3, t^2, 0)                # 벡터함수 정의
dr=diff(r(t),t)
g(t)=sqrt((dr[0]^2+dr[1]^2+dr[2]^2).simplify_trig());
k=integral(g(t), t, -5,5)           # arc length
S=integral(r(t), t)                 # integral은 적분하는 명령어
```

```
v=diff(r(t), t)                     # diff는 t에 관해 도함수 구하는 명령어
a=diff(v, t)                        # diff(r(t), t, 2) 와 a는 가속도 벡터함수
s= v.norm()                         # s는 속도의 크기, .norm()은 벡터의 크기를 구한다.
v2=v.subs(t=2)                      # v2는 t=2 일 때 속도
a2=a.subs(t=2)                      # a2는 t=2 일 때 가속도
p1=parametric_plot(r(t), (t, 0, 3))  # parametric_plot은 매개변수함수 그림
p2=line([r(2), r(2)+v2], color='red')  # line은 선분을 두 점을 잇는 선분
p3=line([r(2), r(2)+a2], color='green')
show(p1+p2+p3)
var('x, y, z')
p1=implicit_plot3d(x^2+y^2==5, (x, -3, 3), (y, -3, 3),  (z, -3, 3))
p2=implicit_plot3d(x*y==z, (x, -3, 3), (y, -3, 3), (z, -3, 3),
rgbcolor='green', opacity=0.4)
show(p1+p2)
contour_plot(f(x, y), (x, -1, 1), (y, -1, 1), fill=False, cmap='hsv', axes=True,
labels=True)                        # level curve 그리기

var('x, y, z')
f=x*y+y*z^2+x*z^3
f.gradient()                        # Find gradient
integral(integral(f, x, 0, y), y, 0, 1)# 이중적분
integral(integral(integral(f, x, 0, y), y, 0, 1),z,0,1)# 삼중적분
var('r,theta')
f=arctan(tan(theta))
integral(integral(f*r,r,1,2),theta,0,pi/4)          # 이중적분 (극좌표)

T = Cylindrical('height', ['radius', 'azimuth']) #cylindrical ->rectangular
T.transform(radius=1, azimuth= pi, height=2)
T = Spherical('radius', ['azimuth', 'inclination']) #spherical->rectangular
T.transform(radius=3, azimuth=pi/6, inclination=pi/6)

T=Cylindrical('radius', ['azimuth', 'height'])
theta, z=var('theta, z')
plot3d(3*cos(theta), (theta, 0, 2*pi), (z, -2, 2), transformation=T)

vf=plot_vector_field((x+y,x), (x,-3,3), (y,-3,3), aspect_ratio=1)  # 벡터필드

plot_vector_field3d((0,0,1), (x, -3,3), (y,-3,3), (z,-3,3))  #3차원 벡터필드

integral(f.dot_product(diff(r,t)),t,0,pi) # Line integral

A(x,y,z) = P*i+Q*j+R*k              # A의 curl, conservative if curl(F)=0.
curlA=(diff(R,y)-diff(Q,z))*i+(diff(P,z)-diff(R,x))*j+(diff(Q,x)-diff(P,y))*k
divA = diff(P,x)+diff(Q,y)+diff(R,z) # A의 divergence

integral(integral((diff(N,x)-diff(M,y))*r, r, 0, 3), t, 0, 2*pi)   # Green 정리
integral(integral(curl(F).dot_product(-n), r, 0, 1),t, 0, 2*pi)   # Stokes 정리
integral(integral(integral(Div,0,3),y,0,2),z,0,1)          # Divergence 정리
```

Calculus 2, Final Exam 기말고사 (샘플)

http://matrix.skku.ac.kr/Cal-Book/ http://matrix.skku.ac.kr/Lab-Book/Sage-Lab-Manual-1.htm
http://matrix.skku.ac.kr/cal-lab/sage-grapher.html ,
http://matrix.skku.ac.kr/cal-lab/sage-grapher-para.html

Ⅰ. Mark True(T) or False(F) in the blanks ( ).

...

3. (F) If a $= \langle a_1, a_2, a_3 \rangle$, b $= \langle b_1, b_2, b_3 \rangle$, and c $= \langle c_1, c_2, c_3 \rangle$, then

$$\mathrm{a} \times (\mathrm{b} \cdot c) = \begin{vmatrix} a_1 & a_2 & a_3 \\ b_1 & b_2 & b_3 \\ c_1 & c_2 & c_3 \end{vmatrix}. \ (\ \mathrm{a} \cdot (\mathrm{b} \times c)\ )$$

4. (T) Suppose $f(x, y)$ and it's derivatives f_x, f_y, f_{xy} and f_{yx} are defined in a domain containing a point (a, b) and all are continuous at (a, b). Then $f_{xy}(a, b) = f_{yx}(a, b)$.

5. (F) Let $z = f(x, y)$ have continuous first order partial derivatives and $y = g(x)$ be a differentiable function of x. Then the composition $z = f(x, g(x))$ is a differentiable function of x and $\frac{dz}{dx} = \frac{\partial z}{\partial x}\frac{dx}{dy} + \frac{\partial z}{\partial y}\frac{dy}{dx}$. $\left(\frac{dz}{dx} = \frac{\partial z}{\partial x} + \frac{\partial z}{\partial y}\frac{dy}{dx}\right)$

6. (T) Given a function f differentiable at (a, b), the line tangent to the level curve of f at (a, b) is orthogonal to the gradient $\nabla f(a, b)$.

7. (T) Let f be a continuous function on a polar rectangular region D given by $0 \le a \le r \le b$ and $\alpha \le \theta \le \beta$ where $0 \le \beta - \alpha \le 2\pi$. Then

$$\iint_D f(x,y)\,dA = \int_\alpha^\beta \int_a^b f(r\cos\theta, r\sin\theta)\, r\,dr\,d\theta = \int_a^b \int_\alpha^\beta f(r\cos\theta, r\sin\theta)\, r\,d\theta\,dr.$$

8. (T) Let $\phi : V \subseteq \mathbb{R}^3 \to \mathrm{W} \subseteq \mathbb{R}^3$ given by $\phi(u, v, w) = (x(u, v, w), y(u, v, w), z(u, v, w))$ be one-one and onto function having the 1st order continuous partial derivatives. We further assume that the Jacobian $\left| \frac{\partial(x, y, z)}{\partial(u, v, w)} \right| \neq 0$. Let $f : W \to \mathbb{R}$ be a continuous function. Then

$$\iiint_W f(x,y,z)\,dV = \iiint_V f[x(u,v,w), y(u,v,w), z(u,v,w)] \left| \frac{\partial(x,y,w)}{\partial(u,v,w)} \right| dudvdw.$$

9. (F) Suppose we write a two dimensional vector field in the form $\mathrm{F} = (M, N, 0)$ where M and N are functions of x and y. Then

$$\text{curl } \mathrm{F} = \nabla \times \mathrm{F} = \begin{vmatrix} \mathrm{i} & \mathrm{j} & \mathrm{k} \\ \frac{\partial}{\partial x} & \frac{\partial}{\partial y} & \frac{\partial}{\partial z} \\ M & N & 0 \end{vmatrix} = (N_x - M_y)\mathrm{k}, \text{ and so}$$

$(\nabla \times \mathrm{F}) \cdot \mathrm{k} = \langle 0, 0, N_x - M_y \rangle \cdot \langle 0, 0, 1 \rangle = N_x - M_y$. Thus Green's Theorem say

$$\int_C \mathrm{F} \cdot d\mathrm{r} = \int_C Mdx - Ndy = \iint_D (N_x - M_y)dA = \iint_D (\nabla \times \mathrm{F}) \cdot \mathrm{k}\,dA.\ (\int_C Mdx + Ndy)$$

10. (T) Let S be a smooth surface given the vector valued function $\mathrm{r}(u,v) = x(u,v)\mathrm{i} + y(u,v)\mathrm{j} + z(u,v)\mathbf{k}$, $(u,v) \in R^2$ and f be a continuous function. Then the surface integral of the function f over S is

$$\iint_S f(x,y,z)dS = \iint_R f(x(u,v), y(u,v), z(u,v)) \left| \frac{\partial \mathrm{r}}{\partial u} \times \frac{\partial \mathrm{r}}{\partial v} \right| dA.$$

11. (T) Let f be a scalar function and F a vector field. curl (grad f) is a vector field.
12. (F) Let f be a scalar function and F a vector field. grad (div F) is a scalar function. (vector field.)

Ⅱ. State or Define. Let f be a scalar function and **F** a vector field.

1. Choose 2 terminologies or concepts from each group (A, B, C) and state their meanings as much as you can.

A. ① ... ⑩ Arc Length ⑪ Curvature ⑫ Limit of a function with two variables ⑬ Cross product of two vectors ⑭ Cauchy-Schwarz Inequality ⑮ Triangle Inequality ⑯ Projection ⑰ Tangential and normal components of the acceleration vector, $\mathrm{a}_T = \frac{\mathrm{r}'(t) \cdot \mathrm{r}''(t)}{|\mathrm{r}'(t)|}$ and $\mathrm{a}_N = \frac{|\mathrm{r}'(t) \times \mathrm{r}''(t)|}{|\mathrm{r}'(t)|}$ ⑱ curvature

B. ① cylindrical coordinate, spherical coordinate ② level curves and level surfaces ③ meaning of grad f ④ directional derivative ⑤ conservative ⑥ potential function ⑦ curl and divergence ⑧ Lagrange multipliers

3. Let F be a vector field. Then F is called conservative if there is a scalar function f such that $\mathrm{grad}\, f = \mathrm{F}$.

C. ① Fubini's Theorem ② Green's Theorem ③ Stokes' Theorem ④ Gauss Divergence Theorem

4. **[Green's Theorem]** If R is a closed region in the xy-plane bounded by a simple closed curve C and if $M(x,\ y)$ and $N(x,\ y)$ are continuous functions of x and y having continuous first order partial derivatives in R, then $\int_C Mdx + Ndy = \iint_R \left(\frac{\partial N}{\partial x} - \frac{\partial M}{\partial y}\right) dx\,dy$ where C is traversed in the positive direction. **[Green's Theorem]** If R is a closed region in the xy-plane bounded by a simple closed curve C and if $M(x,\ y)$ and $N(x,\ y)$ are continuous functions of x and y having continuous first order partial derivatives in R, then $\int_C Mdx + Ndy = \iint_R \left(\frac{\partial N}{\partial x} - \frac{\partial M}{\partial y}\right) dx\,dy$ where C is traversed in the positive direction.

5. **[Stokes' Theorem]** Let $\mathrm{F} = P\mathrm{i} + Q\mathrm{j} + R\mathrm{k}$ be a vector field that components have continuous second order partial derivatives in a domain containing a surface S bounded by a simple closed curve C. Then $\int_C \mathrm{F} \cdot dr = \iint_S \mathrm{curl}\, \mathrm{F} \cdot d\mathrm{S}$ where C is traversed in the positive direction.

[Gauss Divergence Theorem] Let S be a closed surface in $\mathbb{R}^3$ which is the boundary of a solid region V. Let A be a vector field defined on some open set T containing V. Suppose the components of A have continuous first order partial derivatives and n is an unit normal vector that is directed outward from S. Then

$$\iint_S \mathrm{A} \cdot \mathrm{n}\, dS = \iiint_V \nabla \cdot \mathrm{A}\, dV = \iiint_V \mathrm{div}\ \mathrm{A}\, dV.$$

Ⅲ. Find or Explain or Fill the blanks.

1. ...

2. Explain why $\lim\limits_{(x,y)\to(0,0)} \dfrac{x^2+\sin^2 y}{2x^2+y^2}$ **does not exist.**

```
var('x, y')
f(x, y)=(x^2+sin(y)^2)/(2*x^2+y^2)
plot3d(f(x, y), (x, -2, 2), (y, -2, 2))
```

Sol ① $x=0,\ y\to 0$(즉 y축을 따라 원점으로 접근):

$$\lim_{(x,y)\to(0,0)} \frac{x^2+\sin^2 y}{2x^2+y^2} = \lim_{\substack{x=0\\ y\to 0}} \frac{0^2+\sin^2 y}{2\cdot 0^2+y^2} = \lim_{y\to 0}\frac{\sin^2 y}{y^2} = 1$$

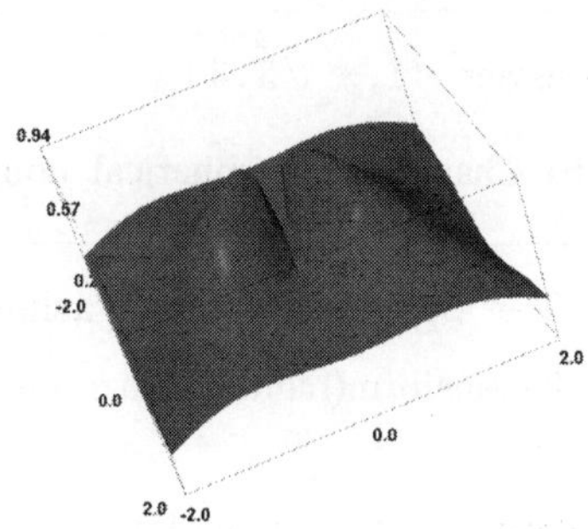

② $y=0,\ x\to 0$(즉 x축을 따라 원점으로 접근):

$$\lim_{(x,y)\to(0,0)} \frac{x^2+\sin^2 y}{2x^2+y^2} = \lim_{\substack{y=0\\ x\to 0}} \frac{x^2+\sin^2 0}{2x^2+0^2} = \lim_{x\to 0}\frac{x^2}{2x^2} = \frac{1}{2}$$

①과 ②의 경로를 따라 원점으로 다가갈 때 극한값이 다르므로 극한이 존재하지 않는다. ■

3. Find the velocity, acceleration and speed of a particle with the given position function

$$\mathrm{r}(t) = < 2t^2+1,\ t^3,\ 2t^2-1 >$$

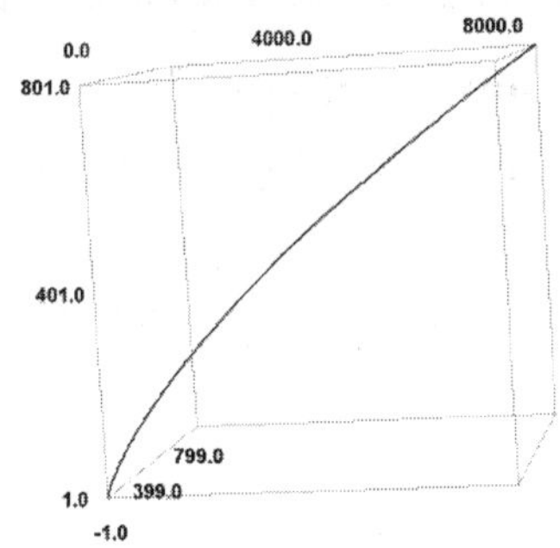

Sol $\mathrm{v}(t) = \mathrm{r}'(t) = < 4t,\ 3t^2,\ 4t >$

$\Rightarrow \mathrm{a}(t) = \mathrm{r}''(t) = < 4,\ 6t,\ 4 >$

$\Rightarrow \mathrm{s}(t) = |\mathrm{v}(t)| = \sqrt{(4t)^2+(3t^2)^2+(4t)^2}$

$= \sqrt{9t^4+32t^2}$

http://math1.skku.ac.kr/home/pub/1355/

```
var('t')
r(t)= (2*t^2 + 1, t^3, 2*t^2 - 1)
v= diff(r(t), t)              #v는 속도벡터함수, diff는 미분하는 명령어
a= diff(v(t), t)              #a는 가속도벡터함수
s= v.norm()                   #s는 속도의 크기, .norm()은 벡터의 크기를 구한다.
p1 = parametric_plot3d(r(t), (t, 0, 20), color='blue', width= 2)
show (p1)
r(t); v; a; s
```

Position Vector : **(2*t^2 + 1, t^3, 2*t^2 - 1)**
Velocity Vector : **(4*t, 3*t^2, 4*t)**
Acceleration Vector : **(4, 6*t, 4)**
Speed : $\sqrt{9t^4+32t^2}$ ■

4. (a) Change from cylindrical coordinates $(2, -\frac{\pi}{3}, 4)$ to rectangular coordinates.

```
T = Cylindrical('height', ['radius', 'azimuth'])
T.transform(radius=2, azimuth=- pi/3, height=4)
```

Answer: $(1, -\sqrt{3}, 4)$

(b) Change from spherical coordinates $(5, \frac{\pi}{3}, \frac{\pi}{2})$ to rectangular coordinates.

```
T = Spherical('radius', ['azimuth', 'inclination'])
T.transform(radius=5, azimuth=pi/3, inclination=pi/2)
```

Answer: $(\frac{5}{2}, \frac{5}{2}\sqrt{3}, 0)$ ■

5. Find the volume of the sphere with radius a.

▶▶ **Sol** The sphere $S=\{x^2+y^2+z^2 \le a^2\}$ can be described in spherical coordinates as $\{(\rho, \phi, \theta) | 0 \le \rho \le a, 0 \le \phi \le \pi, 0 \le \theta \le 2\pi\}$. Then,

$$V=\int_0^{2\pi}\int_0^{\pi}\int_0^{a} \rho^2 \sin\phi \, d\rho \, d\phi \, d\theta = \int_0^{2\pi}\int_0^{\pi}\left[\frac{1}{3}\rho^3\sin\phi\right]_0^a d\phi \, d\theta$$
$$=\frac{1}{3}a^3\int_0^{2\pi}\int_0^{\pi}\sin\phi \, d\phi \, d\theta$$
$$=\frac{1}{3}a^3\int_0^{2\pi}[-\cos\phi]_0^{\pi} d\theta = \frac{2}{3}a^3\int_0^{2\pi} d\theta = \frac{4}{3}\pi a^3$$

■

6. Find $\iiint_E (x+1)\,dV$, where

$$E=\{\,(x,y,z)\,|\;0 \le x \le 1,\;0 \le y \le x,\;-y^2 \le z \le x^2\}.$$

▶▶ **Sol** http://matrix.skku.ac.kr/cal-lab/cal-14-5-3(new).html

```
var('x, y, z')
f(x, y)=integral(x+1, (z, -y^2, x^2))
g(x)=integral(f(x, y), (y, 0, x))
integral(g, (x, 0, 1))
```

Answer: 3/5

$$\iiint_E (x+1)\,dV = \int_0^1 \int_0^x \int_{-y^2}^{x^2} (x+1)\,dz\,dy\,dx$$
$$= \int_0^1 \int_0^x [(x+1)z]_{-y^2}^{x^2}\,dy\,dx$$
$$= \int_0^1 \int_0^x (x+1)(x^2+y^2)\,dy\,dx$$
$$= \int_0^1 \left[(x+1)\left(x^2 y + \frac{1}{3}y^3\right)\right]_0^x dx$$
$$= \frac{4}{3}\int_0^1 (x^4+x^3)\,dx = \frac{3}{5}$$ ■

7. Find the equation of normal line: 점 $(1, 1, \frac{\pi}{4})$에서 곡면 $z = f(x, y) = \tan^{-1}\frac{x}{y}$에 접하는 접평면과 법선의 방정식을 구하여라.

▶▶ **Sol** $f_x(x, y) = \dfrac{1}{1+\left(\dfrac{x}{y}\right)^2}\dfrac{1}{y} = \dfrac{y}{x^2+y^2} \Rightarrow f_x(1,1) = \dfrac{1}{2}$

$f_y(x, y) = \dfrac{1}{1+\left(\dfrac{x}{y}\right)^2}\left(-\dfrac{x}{y^2}\right) = -\dfrac{x}{x^2+y^2} \Rightarrow f_y(1,1) = -\dfrac{1}{2}$

이므로 접평면의 방정식은 $\frac{1}{2}(x-1) - \frac{1}{2}(y-1) - (z - \frac{\pi}{4}) = 0,$

즉 $x - y - 2z + \frac{\pi}{2} = 0$이다.

법선의 방정식은 $\dfrac{x-1}{\frac{1}{2}} = \dfrac{y-1}{-\frac{1}{2}} = \dfrac{z-\frac{\pi}{4}}{-1},$

즉, $2(x-1) = -2(y-1) = -(z-\frac{\pi}{4})$이다. ■

8. Find a partial derivative $\frac{\partial z}{\partial y}$: 방정식 $x+2y+z-2\ln(xyz)=0$에 의해 결정되는 음함수의 편도함수 $\frac{\partial z}{\partial y}$를 구하여라.

▶▶ **Sol** $F(x, y, z) = x + 2y + z - 2\ln(xyz) = 0$이라 하자.

$F_x = 1 - 2\dfrac{yz}{xyz} = 1 - \dfrac{2}{x} = \dfrac{x-2}{x},$

$F_y = 2 - 2\dfrac{xz}{xyz} = 2 - \dfrac{2}{y} = \dfrac{2y-2}{y},$

$$F_z = 1 - 2\frac{xy}{xyz} = 1 - \frac{2}{z} = \frac{z-2}{z}$$ 에서

$$\therefore \ \frac{\partial z}{\partial x} = -\frac{F_x}{F_z} = -\frac{\frac{x-2}{x}}{\frac{z-2}{z}} = -\frac{z(x-2)}{x(z-2)}, \ \frac{\partial z}{\partial y} = -\frac{F_y}{F_z} = -\frac{\frac{2y-2}{y}}{\frac{z-2}{z}} = -\frac{2z(y-1)}{y(z-2)} \ ■$$

9. 함수 $f(x, y) = x^3 - y^3 + 3x^2 + 3y^2 - 9x$에 대하여 임계점을 모두 구하고 그 점에서 극대, 극소값을 갖는지 혹은 안장점인지를 판별하여라.

▶▶ **Sol** http://matrix.skku.ac.kr/Cal-Book/part2/CS-Sec-13-8-Sol.html

$$f_x(x, y) = 3x^2 + 6x - 9 = 0 \Rightarrow x = -3, 1, \ f_y(x, y) = -3y^2 + 6y = 0 \Rightarrow y = 0, 2$$

따라서 임계점 $(-3, 0), (-3, 2), (1, 0), (1, 2)$를 얻는다.

$f_{xx}(x, y) = 6x + 6$, $f_{xy} = 0$, $f_{yy} = -6y + 6$이므로 각점에 대하여 다음과 같이 판별하면

점 point	$A = f_{xx}$	$B = f_{xy}$	$C = f_{yy}$	$D = AC - B^2$
$(-3, 0)$	-12	0	6	$-$
$(-3, 2)$	-12	0	-6	$+$
$(1, 0)$	12	0	6	$+$
$(1, 2)$	12	0	-6	$-$

```
def extreme(f,a,b):
    f11=diff(f,x,x)(a,b)
    f22=diff(f,y,y)(a,b)
    f12=diff(f,x,y)(a,b)
    D=f11*f22-f12^2
    if(D>0):
        if(f11>0):
            return "local minimum"
        else:
            if(f11<0):
                return "local maximum"
            else:
                return "inconclusive"
    else:
        if(D<0):
            return "saddle point"
        else:
            if(D==0):
                return "inconclusive"
table = [["Critical Point", "Type"]]
f(x,y)= x^3-y^3+3*x^2+3*y^2-9*x
fx=f.diff(x)
fy=f.diff(y)
fxx=diff(f,x,x)
fyy=diff(f,y,y)
fxy=diff(f,x,y)
cpoints=solve([fx==0,fy==0],[x,y],solution_dict=True)
for sol in cpoints:
    if ((sol[x] in RR) and (sol[y] in RR)):
        a=sol[x].n()
        b=sol[y].n()
        table.append([(sol[x],sol[y]), extreme(f,a,b)])
html.table(table, header=True)
```

```
var('x, y')
f(x, y)=x^3-y^3+3*x^2+3*y^2-9*x
plot3d(f(x, y), (x, -5, 5), (y, -5, 5))
```

```
var ('x, y, z')
f(x,y)= x^3-y^3+3*x^2+3*y^2-9*x
fx=f.diff(x)
fy=f.diff(y)
fxx=diff(f,x,x)
fyy=diff(f,y,y)
fxy=diff(f,x,y)
cpoints=solve([fx==0,fy==0],[x,y],solution_dict=True)
for sol in cpoints:
    if ((sol[x] in RR) and (sol[y] in RR) ):
        print((sol[x],sol[y]))
```

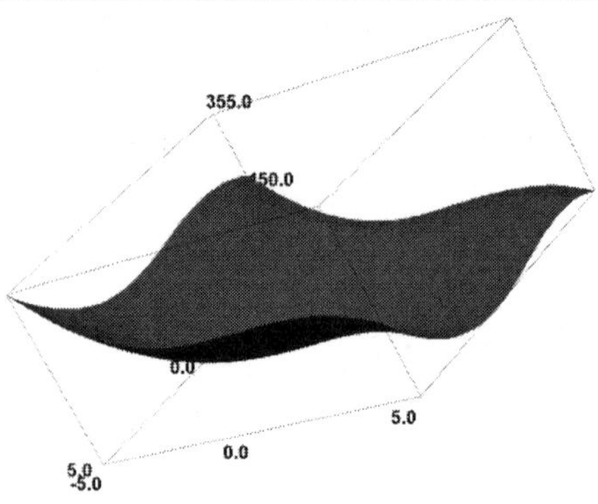

Critical Point	Type
(-3,0)	saddle point
(1,0)	local minimum
(-3,2)	local maximum
(1,2)	saddle point

Answer: $f(x,y)=x^3-y^3+3x^2+3y^2-9x$ 는 극소값 -5 과 극대값 31을 갖는다.

10. [Green's Theorem] Let C be the straight lines from $(0,0)$ to $(2,0)$, from $(2,0)$ to $(1,1)$, from $(1,1)$ to $(0,1)$, and from $(0,1)$ to$(0,0)$. Evaluate $\int_C e^{x^2}dx+xydy$.

Sol Let $P(x,\ y)=e^{x^2}$, $Q(x,\ y)=xy$. Then

$$\int_C P(x,\ y)dx+Q(x,\ y)dy=\iint_D \frac{\partial Q(x,\ y)}{\partial x}-\frac{\partial P(x,\ y)}{\partial y}dA=\iint_D ydA$$
$$=\int_0^1\int_0^{2-y} y\,dx\,dy=\frac{3}{2}.$$

■

Ⅳ. Prove or Explain (Fill the blanks).

1. Show that the function defined by $f(x,y)=\begin{cases}\dfrac{xy}{2x^2+3y^2}, & when\,(x,y)\neq(0,0)\\ 0 & when\,(x,y)=(0,0)\end{cases}$

is not continuous at $(0,\ 0)$ but its first order partial derivatives exist at $(0,\ 0)$.

Sol 먼저 $f(x,y)$가 $(0,0)$에서 연속이 아님을 보이자.

① $x=0,\ y\to0$(즉 y축을 따라 원점으로 접근):

$$\lim_{(x,y)\to(0,0)}\frac{xy}{2x^2+3y^2}=\lim_{\substack{x=0\\y\to0}}\frac{0\cdot y}{2\cdot0^2+3y^2}=\lim_{y\to0}\frac{0}{3y^2}=0$$

② $y=x,\ x\to0$(즉 직선 $y=x$를 따라 원점으로 접근):

$$\lim_{(x,y)\to(0,0)}\frac{xy}{2x^2+3y^2}=\lim_{\substack{y=x\\x\to0}}\frac{x\cdot x}{2x^2+3x^2}=\lim_{x\to0}\frac{x^2}{5x^2}=\frac{1}{5}$$

이므로, ① 과 ②의 경로를 따라 원점으로 다가갈 때 극한값이 다르므로 극한이 존재하지

않는다. 따라서 연속도 아니다. 그런데,

$$f_x(0,0)=\lim_{h\to 0}\frac{f(0+h,0)-f(0,0)}{h}=\lim_{h\to 0}\frac{\frac{h\cdot 0}{2h^2+3\cdot 0^2}}{h}=0.$$

$$f_y(0,0)=\lim_{h\to 0}\frac{f(0,0+h)-f(0,0)}{h}=\lim_{h\to 0}\frac{\frac{0\cdot h}{2\cdot 0^2+3h^2}}{h}=0$$ 이므로 $(0,0)$에서 $f(x,y)$의 편도함수는 존재한다.

2. Find $\frac{\partial z}{\partial v}$ when $z=x^2\ln y,\ x=\frac{v}{u},\ y=u^2+v^2.$

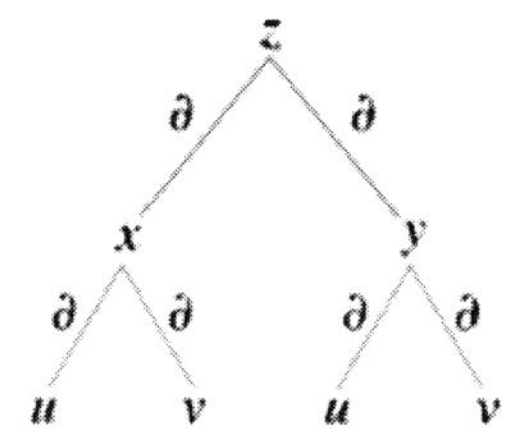

Figure 3

Sol $$\frac{\partial z}{\partial v}=\frac{\partial z}{\partial x}\frac{\partial x}{\partial v}+\frac{\partial z}{\partial y}\frac{\partial y}{\partial v}=2x\ln y\cdot\left(\frac{1}{u}\right)+\frac{x^2}{y}\cdot 2v$$

$$=\frac{2v\ln(u^2+v^2)}{u^2}+\frac{2v^3}{u^2(u^2+v^2)}$$

미적분학의 개념 http://matrix.skku.ac.kr/calculus-map/ by SGLee

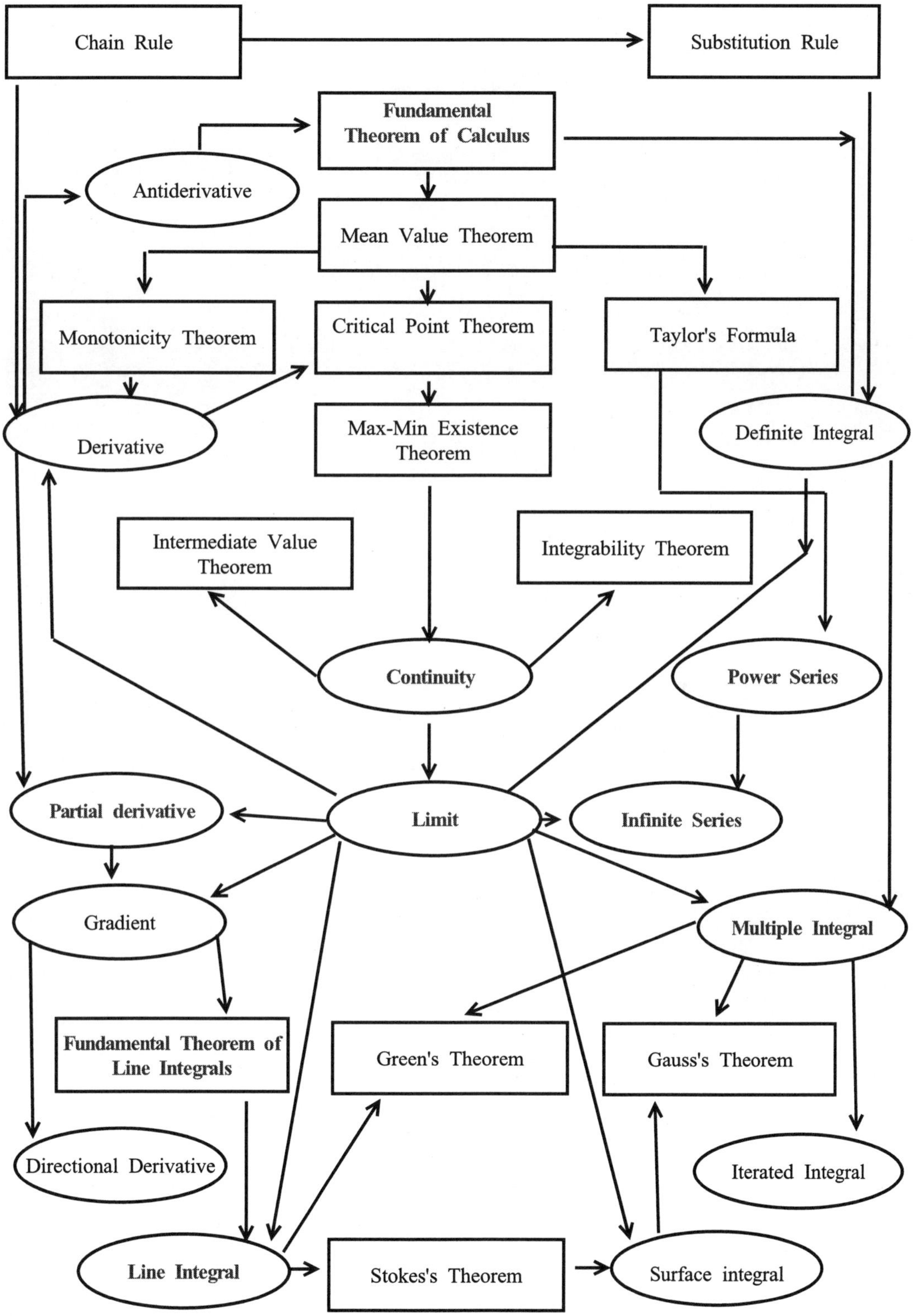

실습실 : http://matrix.skku.ac.krr/M-calculus/

다변수 미적분학 & 코딩

지은이 이상구 with 이재화, 유주연, 함윤미
펴낸이 조경희
펴낸곳 경문사
펴낸날 2022년 9월 1일 1판 1쇄
등 록 1979년 11월 9일 제1979-000023호
주 소 04057, 서울특별시 마포구 와우산로 174
전 화 (02)332-2004 팩스 (02)336-5193
이메일 kyungmoon@kyungmoon.com

값 18,000원

ISBN 979-11-6073-557-5